国家电网有限公司
STATE GRID
CORPORATION OF CHINA

U0161145

国家电网有限公司
技能人员专业培训教材

水轮机调速器机械检修

国家电网有限公司　组编

中国电力出版社
CHINA ELECTRIC POWER PRESS

图书在版编目（CIP）数据

水轮机调速器机械检修 / 国家电网有限公司组编. —北京：中国电力出版社，2020.7
国家电网有限公司技能人员专业培训教材
ISBN 978-7-5198-4441-7

Ⅰ．①水⋯　Ⅱ．①国⋯　Ⅲ．①水轮机–调速器–检修–技术培训–教材　Ⅳ．①TK730.8

中国版本图书馆 CIP 数据核字（2020）第 041676 号

出版发行：中国电力出版社
地　　址：北京市东城区北京站西街 19 号（邮政编码 100005）
网　　址：http://www.cepp.sgcc.com.cn
责任编辑：娄雪芳（010-63412375）　柳　璐
责任校对：黄　蓓　李　楠
装帧设计：郝晓燕　赵姗姗
责任印制：吴　迪

印　　刷：三河市百盛印装有限公司
版　　次：2020 年 7 月第一版
印　　次：2020 年 7 月北京第一次印刷
开　　本：710 毫米×980 毫米　16 开本
印　　张：18
字　　数：342 千字
印　　数：0001—1500 册
定　　价：58.00 元

本书编委会

前　言

为贯彻落实国家终身职业技能培训要求，全面加强国家电网有限公司新时代高技能人才队伍建设工作，有效提升技能人员岗位能力培训工作的针对性、有效性和规范性，加快建设一支纪律严明、素质优良、技艺精湛的高技能人才队伍，为建设具有中国特色国际领先的能源互联网企业提供强有力人才支撑，国家电网有限公司人力资源部组织公司系统技术技能专家，在《国家电网公司生产技能人员职业能力培训专用教材》（2010 年版）基础上，结合新理论、新技术、新方法、新设备，采用模块化结构，修编完成覆盖输电、变电、配电、营销、调度等 50 余个专业的培训教材。

本套专业培训教材是以各岗位小类的岗位能力培训规范为指导，以国家、行业及公司发布的法律法规、规章制度、规程规范、技术标准等为依据，以岗位能力提升、贴近工作实际为目的，以模块化教材为特点，语言简练、通俗易懂，专业术语完整准确，适用于培训教学、员工自学、资源开发等，也可作为相关大专院校教学参考书。

本书为《水轮机调速器机械检修》分册，由张成宏、游光华、冯庆志、李延峰、李冬华、曹爱民、战杰、王民、李建光、张永慧、孔繁臣、郭凯丽编写。在出版过程中，参与编写和审定的专家们以高度的责任感和严谨的作风，几易其稿，多次修订才最终定稿，在本套培训教材即将出版之际，谨向所有参与和支持本书籍出版的专家表示衷心的感谢！

由于编写人员水平有限，书中难免有错误和不足之处，敬请广大读者批评指正。

目　录

第一部分

接力器及机组过速限制装置改造与检修

第一章

接力器及机组过速限制装置更新改造

▲ 模块 1　接力器及机组过速限制装置更换改造工作概述（Z52E1001Ⅰ）

【模块描述】本模块介绍接力器及机组过速限制装置更换改造工作，通过接力器及机组过速限制装置类别、型号、参数、组成及动作原理等知识讲解，掌握接力器及机组过速限制装置更换改造工作内容、范围、基本要求。

【模块内容】

一、接力器类别、型号

反击式水轮机的导叶接力器结构形式很多，归纳起来分为直缸及环形两大类。直缸接力器中有导管直缸式、摇摆式、双直缸式和小直缸式，在环形接力器中分为缸动和活塞动两种。

二、接力器参数、组成及动作原理

1. 参数

接力器活塞直径、行程、数量及布置方式、工作压力、管路直径等。

2. 组成

以导管直缸式和摇摆式接力器为例。

（1）导管直缸式接力器的组成。导管直缸式接力器结构如图 1-1-1 所示。接力器由接力器缸体、活塞、活塞环、前后端盖、推拉杆、导管锁定装置、锁定缸、锁定装置的机械闭锁装置、指针及开关侧连接管路组成。

（2）摇摆式接力器的组成。摇摆式接力器结构如图 1-1-2 所示。由接力器缸体、前后缸盖、活塞、活塞环、推拉杆、分油器及关侧连接管（U 形管）、开侧连接管（Π形管）组成。

3. 导管直缸式和摇摆式接力器的结构特点

（1）导管直缸式接力器的结构特点。导管直缸式接力器是指接力器工作时，活塞是直线运动，控制环为圆弧运动，因此推拉杆在缸内有摆动，为使缸盖处易于油封，在推拉杆外装有导管，故称此接力器为导管直缸式接力器。

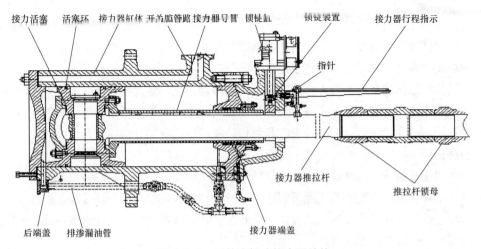

接力活塞　活塞环　接力器缸体　开关腔管路　接力腔导管　锁锭缸　锁锭装置　接力器行程指示

指针

接力器推拉杆

推拉杆锁母

后端盖　排渗漏油管　接力器端盖

图 1-1-1　导管直缸式接力器结构

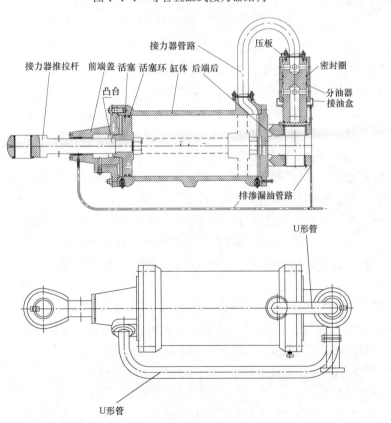

接力器管路　压板

密封圈

接力器推拉杆　前端盖　活塞　活塞环　缸体　后端后

分油器
接油盒

凸台

排渗漏油管路

U形管

U形管

图 1-1-2　摇摆式接力器结构

大中型水轮机通常采用两个接力器，一个设置接力器锁定装置，另一个不设锁定。接力器中间部分为缸体，在缸体内装有活塞和推拉杆，在活塞上固定着导管，对设置锁定的接力器在前端盖前方装有锁定缸，并带有锁定装置。

活塞与缸体间留有间隙，为防止活塞两侧串油，在活塞上装有活塞环，为防止导管与缸盖处漏油，装有盘根密封装置。在导叶关闭时，为避免活塞与缸体发生撞击，在活塞上与进油口位置对应处开有三角油口，关闭时遮住部分出油口，形成节流，起到缓冲作用。

活塞与推拉杆用圆柱销连接，推拉杆一般分为两段，中间用左右螺母连接，以便调整推拉杆长度，调整好后用螺母锁紧；另一段与控制环连接，在推拉杆上固定接力器行程指针，在指针上装有一螺栓，当导叶全关时，该螺栓顶住联锁装置连杆，使联锁阀退出，保证锁定闸落下。

接力器锁定装置的作用是当导叶全关时，把接力器活塞锁住在关闭位置，防止导叶被水冲开，同时保证关闭紧密，减少漏水。

（2）摆摆式接力器的结构特点。摆摆式接力器是指接力器的推拉杆不摆动，而是接力器缸带动整个接力器摆动，故称为摆摆式接力器。

活塞与缸体间留有间隙，为防止活塞两侧串油，在活塞上装有活塞环，在推拉杆上带有凸台，控制接力器行程用。

摆摆式接力器的活塞缸摆动，在结构上特殊的地方是接力器后缸盖与固定支座用轴销过渡配合连接，动作时整个接力器以销轴为轴摆动，接力器给油问题比较复杂，采用 U 形管、Π 形管分别与接力器缸体和销轴两端固定，在接力器缸体摆动时，U 形管、Π 形管和销轴一齐摆动同一角度，在销轴上开有油孔，分别与 U 形管、Π 形管相通，在销轴上装有配油套，分为开关两腔，分别与压力油管相连并固定不动。为防止分油器漏油，在分油器轴与套之间装有三道 O 形密封圈。随着技术进步，目前摆摆式接力器多采用高压软管代替分油器，彻底解决了分油器结构复杂、易漏油的问题。

摆摆式接力器的工作过程：当开腔给油时，压力油进入配油套（下腔），经销轴下方的油孔进入Π形管后，流入接力器开腔，使接力器打开；接力器关腔的油经 U 形管和销轴上方油孔及配油套关腔（上腔）进入油管而流回，在活塞移动的同时，接力器缸向某一方向摆动；当关腔给油时，动作过程与上述相反。

4. 动作原理

接力器由活塞将缸体分为两腔，即开腔和关腔。接力器的开侧腔排油，关侧腔给压力油时，接力器活塞带动控制环，使导叶向关闭方向转动。反之，接力器活塞带动控制环使导叶向开启方向转动。当开关腔油管不给压力油和排油时，则水轮机在某个开度下运行。接力器的给压力油与排油由水轮机调速器控制。

三、机组过速限制装置组成及动作原理

过速限制装置是机组的保护装置，我国的大多数水电厂装有过速限制装置。当机组发生飞逸时，又逢调速器故障不能及时关机，这时过速限制装置应投入，操作事故配压阀动作，去推动主接力器关闭导叶。过速限制装置动作后也是操作导叶的，所以，当导水机构发生故障时，过速限制装置是无法关机的。但是导水机构发生故障的可能性是比较小的，因而过速限制装置仍然得到了普遍的应用。过速限制装置的动作值由主机厂家确定，常规水电厂一般设定在机组转速上升到额定转速的150%时动作。

1. 机械液压过速保护装置组成

机械液压过速保护装置结构如图 1-1-3 所示，由过速探测器、过速保护器、离心块、配重块、齿盘、棘轮组成。

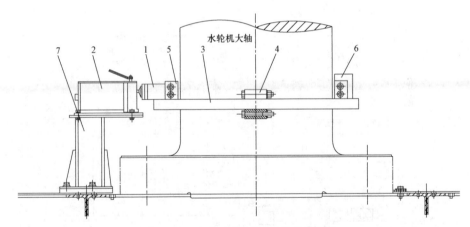

图 1-1-3 机械液压过速保护装置结构

1—过速探测器；2—过速保护器；3—齿盘；4—连接螺栓；5—底座；6—配重块；7—支架

2. 机组过速限制装置工作原理

机械过速保护装置结构如图 1-1-4 所示。机组过速限制装置工作原理如图 1-1-5 所示。当机组转速超过设定值时，作用在过速探测器离心块上的离心力大于弹簧的预紧力，离心块向外动作撞击摆轮，使之产生脱扣动作，在弹簧作用下在90°之内旋转，通过凸轮机构释放行程阀，切换控制油路。故障排除后，旋转轴端口复位键复归。

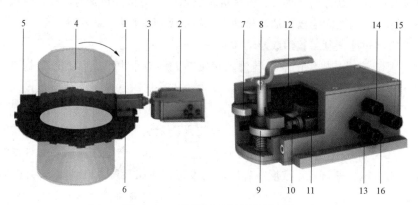

图 1-1-4　机械过速保护装置结构

1—过速探测器；2—过速保护器；3—离心块；4—水轮机主轴；5—配重块；6—齿盘；
7—棘轮；8—轴；9—凸轮；10—活塞；11—机械液压阀；12—过速机械位置开关；
13—A 工作腔；14—P 压力油口；15—B 工作腔；16—回油口

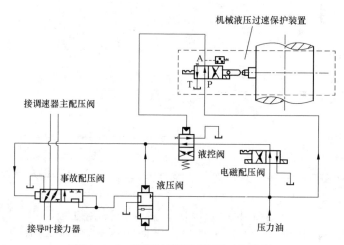

图 1-1-5　机组过速限制装置工作原理

【思考与练习】

1. 简述导管直缸式接力器的结构特点。

2. 简述摇摆式接力器的结构特点。

3. 过速限制装置在何种情况下投入？

◢ 模块 2　接力器的改造（Z52E1002 Ⅰ）

【模块描述】本模块介绍接力器的改造工艺，通过对接力器安装规范、拆除旧接力器的方法及新接力器安装等操作过程详细介绍，掌握工艺要求，调整试验步骤及验收标准。

【模块内容】

一、接力器的安装规范

接力器安装应符合下列要求。

（1）需在工地分解的接力器，应进行分解、清洗、检查和装配，各配合间隙应符合设计要求，各组合面间隙用 0.05mm 塞尺检查，不能通过；允许有局部间隙，用 0.10mm 塞尺检查，组合螺栓及销钉周围不应有间隙。

（2）接力器严密性耐压试验应按试验压力为实际工作压力的 1.25 倍，保持 30min，无渗漏现象。摇摆式接力器在试验时，分油器套应来回转动 3～5 次。

（3）接力器安装的水平偏差，在活塞处于全关、中间、全开位置时，测套筒或活塞杆水平不应大于 0.10mm/m。

（4）接力器的压紧行程应符合制造厂设计要求，制造厂无要求时，按表 1-1-1 接力器压紧行程值要求确定。

表 1-1-1　　　　　　　接 力 器 压 紧 行 程 值　　　　　　　（mm）

项　　目		转轮直径 D					说　明
		$D<3000$	$3000{\leqslant}D$ <6000	$6000{<}D$ <8000	$8000{\leqslant}D<$ $10\,000$	$D{\geqslant}$ $10\,000$	
直缸式接力器	带密封条的导叶	4～7	6～8	7～10	8～13	10～15	释放接力器油压，测量活塞返回距离的行程值
	不带密封条的导叶	3～6	5～7	6～9	7～12	9～14	
摇摆式接力器		导叶在全关位置，当接力器自无压升至工作油压的 50% 时，其活塞移动值即为压紧行程					如限位装置调整方便，也可按直缸接力器要求来确定

（5）节流装置的位置及开度大小应符合设计要求。

（6）接力器活塞移动应平稳灵活，活塞行程应符合设计要求。直缸式接力器两活塞行程偏差不应大于 1mm。

（7）摇摆式接力器的分油器配管后，接力器动作应灵活。

二、拆除旧接力器

以导管直缸式接力器及摇摆式接力器为例。

1. 拆除导管直缸式接力器（带锁定）

（1）接力器开关侧及油管路排净油。

（2）拆除接力器开度指示装置及反馈装置。

（3）测量接力器导管水平。

（4）拆除接力器及锁定装置的供排油管路，将油倒干净后，用塑料布包好。

（5）拆除接力器缸体与基础座连接销钉及螺栓。

（6）拆除接力器与控制环连接轴销，移出接力器推拉杆。

（7）整体吊出接力器，运至检修场地。

2. 拆除摇摆式接力器

（1）机组停机，导叶接力器在全关位置，锁定投入，排掉接力器及管路内的油。

（2）拆除接力器的反馈装置。

（3）测量接力器推拉杆水平。

（4）拆除与接力器、分油器连接的管路，将油倒干净后，用塑料布包好。

（5）拆除两个接力器推拉杆与调速环的连接轴销，并将接力器推拉杆移开一个角度。

（6）拆除分油器固定螺栓，并取下分油器。

（7）拆除接力器的后座与基础板连接的轴销并取下。

（8）移开接力器，并整体吊出，放到指定的检修现场。

三、安装新接力器

1. 导管直缸式接力器安装

（1）将接力器及与其配合表面清扫干净，无高点，测量基础法兰面垂直；测量轴销与轴套的配合符合图纸要求。

（2）接力器活塞放到全关位置，整体吊入接力器就位，装上接力器与基础法兰定位销，检查定位销紧固，装上连接螺栓并紧固，测量接力器导管水平符合0.10mm/m，否则在法兰面加垫方法调整其水平；法兰面间隙用 0.05mm 塞尺检查，不能通过。

（3）调速环拉到全关位置，将接力器推拉杆与调速环对位，测量接力器推拉杆的水平符合 0.10mm/m，装入轴销，否则使用刨削轴瓦或加垫方法来实现。

（4）安装接力器渗漏管路及接力器开关腔管路。

（5）安装锁定装置，检查锁定活塞动作无卡阻。

（6）安装接力器开度指示装置及反馈装置，紧固无松动。

2. 摇摆式接力器安装

（1）将接力器及与其配合表面清扫干净，测量轴销与轴套的配合符合图纸要求，测量接力器基础连接板水平。

（2）整体吊入接力器就位，落于底部支撑板上。

（3）将接力器后座与基础连接板对位，装入后座轴销，其配合符合图纸要求，测量接力器推拉杆的水平符合 0.10mm/m，否则处理接力器底部支撑板。

（4）装上分油器，并对称紧固螺栓。

（5）装接力器渗漏管路及接力器开关腔管路，将分油器轴销用限位板固定牢固，人为动作接力器，接力器与分油器动作无卡阻，无异常声响。

（6）接力器推拉杆与调速环对位，测量接力器推拉杆的水平符合 0.10mm/m，装入轴销。

四、调试

（1）接力器安装前耐压试验。

（2）接力器充油充压后动作及渗漏检查。

（3）两个接力器的行程测量、调整。

（4）接力器压紧行程测量、调整。

（5）接力器全关位置确定。

（6）接力器反馈装置调试。

五、验收

（1）用户组织专门技术人员按照接力器的订货技术要求进行验收。

（2）在厂方代表在场情况下进行现场开箱检查，包括接力器本体完好无损，数量和形式符合合同要求；检查随机供给的密封件齐全；随接力器供给的技术条件包括接力器原理、安装、维护、调整说明书及安装图和总装配图，接力器出厂检查试验报告、探伤报告、合格证书及装箱单，双方进行确认签字。

（3）现场安装调试后，按照接力器说明书及安装规范进行验收合格后，签署验收单。

（4）交付使用后，移交接力器安装的技术资料、竣工图纸及报告（包括现场试验记录和试验报告），齐全、准确。

【思考与练习】

1. 对接力器严密性耐压试验有何要求？

2. 简述拆除导管直缸式接力器（带锁定）基本步骤。

3. 接力器安装后的调试项目有哪些？

▲ 模块 3 机组过速限制装置的改造（Z52E1003Ⅰ）

【**模块描述**】本模块介绍机组过速限制装置的改造工艺，通过对机组过速限制装置安装规范、拆除旧机组过速限制装置的方法及新机组过速限制装置安装等操作过程详细介绍，掌握工艺要求，调整试验步骤及验收标准。

【**模块内容**】

机组过速限制装置由机械液压过速保护装置、电磁配压阀、油阀和事故配压阀组成，其中，事故配压阀串接在调速器至主接力器的油管路上。

一、机组过速限制装置安装规范

（1）机组过速限制装置的各销与轴套配合面无伤痕、锈蚀，动作灵活。

（2）机组过速限制装置各零部件无变形、毛刺，密封胶圈完好无损伤。

（3）检修后，对机组过速限制装置及其管路进行工作压力下的渗漏检查。

（4）机械液压过速保护装置安装时，其控制阀前端的撞块与过速（离心）摆的柱塞安装高程应一致，撞块与柱塞之间的间隙应小于柱塞的伸出长度［过速（离心）摆柱塞的伸出长度可在其未安装前，将柱塞手动推出进行测量］。

二、拆除旧过速限制装置

（1）调速系统排油排压。

（2）断开过速保护器电气接线。

（3）拆除过速探测器、过速保护器、离心块、配重块、齿盘、棘轮（进行某一零部件更换时可单独进行拆除）。

（4）拆除的各部件将油擦干净，用塑料布包好，防止漏油。

三、安装新过速限制装置

（1）利用原基础进行过速限制装置的安装，事故配压阀及油阀垂直度或水平允许偏差 0.15mm/m。

（2）安装前应确认过速探测器动作值已整定合格，过速保护器等加垫就位安装，对称把紧螺栓。

（3）各零部件进行清洗检查，涂油后进行回装，密封良好，无渗漏。

（4）连接各阀之间的压力油管路，无渗漏。

（5）完成电气接线。

（6）各零部件及管路刷漆。

（7）充油后进行调整试验。

四、调试

（1）调速系统充油充压，动作调速器机械液压机构，排除液压系统内的空气。

（2）事故配压阀应在复归状态。

（3）过速保护器未动作，且密封良好。

（4）导叶全开，手动操作过速保护器实现关闭导叶，记录导叶关闭时间，应符合设计要求。

（5）如果导叶关闭时间不符合要求，调整事故配压阀一端调节螺钉，来调整活塞的行程，即活塞动作后油口打开的大小，使事故配压阀动作情况下的导叶关闭时间符合设计要求。

（6）调整合格后将调节螺钉锁定。

五、验收

（1）用户组织专门技术人员按照订货的技术要求进行验收。

（2）在厂方代表在场的情况下进行现场开箱检查，包括过速限制装置本体完好无损，数量和形式符合合同要求；检查随机供给的密封件及备品备件齐全，并有互换性；随新产品供给的技术条件包括安装、维护及调整说明书、原理图、安装图及总装配图；过速限制装置出厂检查试验报告、合格证书及装箱单。

（3）现场安装调试后，按照说明书及验收规范进行验收。

（4）过速限制装置完好无损，备品备件、技术资料、竣工图纸齐全、准确（包括现场试验记录和试验报告）。

【思考与练习】

1. 简述过速限制装置安装规范。

2. 简述过速限制装置安装的基本过程。

3. 简述过速限制装置安装后的调试过程。

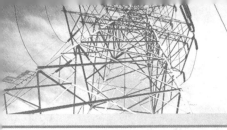

第二章

接力器及机组过速限制装置检修

▲ 模块1　接力器及机组过速限制装置检修工作流程（Z52E2001Ⅰ）

【模块描述】本模块包含接力器及机组过速限制装置的检修工作流程，通过检修内容及检修工作流程的案例分析及知识讲解，掌握制定接力器及机组过速限制装置检修计划的制订方法。

【模块内容】

一、接力器检修

1. 接力器检修标准

（1）接力器的各销与轴套配合面无伤痕、锈蚀，其间隙满足设计图纸要求；各组合面间隙用 0.05mm 塞尺检查，不能通过；组合螺栓及销钉周围不应有间隙。

（2）接力器活塞、活塞环及缸体内无严重磨损、锈蚀、伤痕，端盖密封条耐油、无损伤。

（3）检修组装后，接力器严密性耐压试验按试验压力为额定工作压力的 1.25 倍，保持 30min，无渗漏现象，摇摆式接力器在试验时，分油器套应来回转动 3～5 次。

（4）接力器安装的水平偏差，在活塞处于全关、中间、全开位置时，测套筒或活塞杆水平不应大于 0.10mm/m。

2. 接力器检修计划的制定

接力器计划性的检修工作大体上可分为定期检修和大修；定期检修是机组运行中安排有计划的定期检查试验，接力器没有单独的小修计划，随机组小修计划进行；接力器大修随机组检修计划进行，主要是进行部件的全部分解检修试验，以检测接力器的性能，消除漏油等缺陷，如存在严重的设备缺陷不能修复，可考虑更换。

3. 调整试验标准

（1）接力器调整试验具备的条件。调速器系统检修完毕、油压装置检修完毕、水轮发电机组机械设备检修完毕、漏油装置检修完毕，分为蜗壳无水和有水情况下的两种试验。

（2）调整试验标准。

1）接力器充油充压，检查接力器及管路无渗漏，接力器活塞移动平稳灵活，无别劲卡阻，无异常声响。

2）接力器能全行程开关，在全关、中间、全开位置时，测量接力器活塞行程应符合设计要求，测量两个接力器的行程，差值不大于 1mm。

3）接力器锁定能正确动作。

4）接力器反馈装置调试后反馈准确，正确反映接力器的行程。

5）接力器压紧行程测量、调整。接力器的压紧行程应符合制造厂设计要求，制造厂无要求时，按表 1-1-1 接力器压紧行程值要求确定。

二、机组过速限制装置检修

1. 机组过速限制装置检修标准

（1）机组过速限制装置的各销与轴套配合面无伤痕、锈蚀、动作灵活。

（2）机组过速限制装置活塞无变形、毛刺，密封胶圈完好无损伤。

（3）检修后，机组过速限制装置严密性耐压试验按额定工作压力的 1.25 倍进行，保持 30min，无渗漏现象。

（4）机组过速限制装置安装时，其控制阀前端的撞块与过速（离心）摆的柱塞安装高程应一致，撞块与柱塞之间的间隙应小于柱塞的伸出长度［过速（离心）摆柱塞的伸出长度可在其未安装前，将柱塞手动推出进行测量］。

2. 机组过速限制装置检修计划的制定

机组过速限制装置检修应结合机组大、小修计划进行；在大修中对其部件进行分解检修试验，以检测其性能，消除渗漏油等缺陷，并测试装置动作灵活可靠；如存在严重缺陷无法修复，应更换。

3. 机组过速限制装置试验标准

（1）机组过速限制装置调整试验具备的条件。水轮发电机组机械设备检修完毕、调速器系统检修完毕、油压装置充油充压已完毕并已投入自动状态、调速系统总油源阀处关闭状态、蜗壳进人孔已封闭，蜗壳及压力管道未充水。

（2）调整试验标准。

1）开启调速系统总油源阀对调速系统进行充油排气，检查机组过速限制装置控制阀（电磁阀及连接管路无渗漏）。

2）机组过速限制装置能正确动作（此项工作可人工操作控制阀前端的撞块，并检查事故配压阀的动作情况）。

3）机组过速限制装置动作时间测量。

【思考与练习】

1. 机组过速限制装置调整试验具备哪些条件？
2. 接力器调整试验标准有哪些？
3. 机组过速限制装置调整试验标准有哪些？

▲ 模块 2 接力器检修（Z52E2002Ⅰ）

【模块描述】本模块包含接力器检修工艺，通过接力器检修安全、技术组织措施讲解、工艺介绍及操作技能训练，熟悉接力器大修一般技术措施，掌握接力器大修时通用注意事项及工艺要求。

【模块内容】

一、接力器检修安全措施

开工作票，并交代安全措施。

（1）机组停机。

（2）落蜗壳进口门排水，并检查进口门无严重漏水。

（3）拉开压油装置压油泵电源，并挂标示牌，压油罐排油排压。

（4）关闭调速系统总油源阀，并挂标示牌。

二、接力器大修一般技术措施

（1）根据该设备存在的缺陷及问题，制定检修项目及检修技术方案。

（2）根据实际情况和检修工期，拟定检修进度网络图及安全措施。

（3）熟悉设备、图纸，明确检修任务、检修工艺及质量标准。

（4）检修工作前，对工作人员进行相关的技术交底和安全教育。

（5）设专人负责现场记录、技术总结，检修配件测绘等工作。

（6）根据检修内容，备全检修工具，提出备品备件、工具、材料计划。

（7）对检修设备完成检修前试验。

（8）实行三级验收制度，填写验收记录，验收人员签名。

（9）试运行期间，检修和验收人员应共同检查设备的技术状况和运行情况。

（10）设备检修后，应及时整理检修技术资料，编写检修总结报告。

（11）设置检修标准化作业牌，并放置作业指导书（卡）及安全措施。

三、接力器大修时通用注意事项及工艺要求

（1）在检修接力器的周围设置围栏，并挂标示牌。

（2）排油时，有专人监护，防止跑油。

（3）在检修中对端盖做好标记，并按标记组装，设备在安装前应进行全面清扫、

检查，对活塞与缸体的配合公差根据图纸要求进行校核记录。

（4）在拆卸零部件的过程中，应随时进行检查，发现异常和缺陷，应做好记录，以便修复或更换配件。

（5）装配活塞及销轴时应涂上汽轮机油，防止卡阻磨损，防止生锈。

（6）检查机械传动机构无别劲，动作灵活；各管口拆开后用白布包好，以免异物堵塞。

（7）拆管中时应将接力器及管路中的油排干净，活塞及活塞杆工作部分用毡子包好，防止碰伤，轴销及轴套的配合应达到配合要求。

（8）在接力器耐压试验时，周围禁止有人，耐压后压力泄至零后方可拆卸管路。

（9）对拆下来的螺栓、螺帽、销钉等部件应分类存放，并且卡片登记或做标记。

（10）检修现场应经常保持清洁，并有足够的照明；汽油等易燃易爆物品使用完毕后应放置在指定地点，妥善保管；破布应放在铁箱内。

四、接力器检修

1. 接力器的分解检修（以摇摆式接力器为例）

（1）拆下接力器及分油器的连接管路。

（2）拆下接力器的位移反馈传感器。

（3）拔下接力器推拉杆与调速环的轴销，从控制环耳柄内移开接力器推拉杆。

（4）拆下分油器，分解其活塞与衬套。

（5）拆下接力器的渗漏油管。

（6）拔下接力器与基础连接的后座销，移开后座连接板，吊出接力器整体。

（7）拆下接力器前后端盖螺栓，用顶丝顶开前后端盖，用电动葫芦拉开前后端盖。

（8）用导链吊平接力器活塞杆，并平行拔出接力器活塞，移开接力器活塞。

（9）分解接力器活塞与活塞杆连接的销轴，取下活塞。

（10）用油石将接力器活塞上的研磨及锈蚀部位处理好。

（11）用砂布和金相砂纸对接力器缸体内进行处理，去除研磨、锈蚀部位。

（12）检查活塞环磨损及弹性符合要求。

（13）用砂布和金相砂纸对接力器的前后轴销、轴套进行打磨配合处理。

（14）检查接力器活塞与其缸体配合，轴销和销套的配合测量，检查是否符合要求，并做好记录。

（15）检查接力器的密封材料及密封部位完好无损。

（16）检查接力器与后座轴销的连接板无变形。

（17）用汽油对接力器内部及其他部件进行清扫，用白布擦干，将各部件清扫干净。

2. 接力器回装

接力器回装按拆卸的相反顺序进行。

3. 接力器调整试验

（1）在接力器安装之前，进行接力器工作压力的 1.25 倍耐压试验，摇摆式接力器在试验时，分油器套应来回转动 3～5 次；保持 30min 无渗漏，然后整体安装。

（2）接力器充油充压，检查接力器及管路无渗漏，从全开到全关位置动作接力器，接力器活塞移动平稳灵活，无别劲卡阻，无异常声响，各密封处无渗漏。

（3）接力器能全行程开关，在全关、中间、全开位置时，测量接力器活塞行程应符合设计要求，测量两个接力器的行程，差值不大于 1mm，否则进行调整，调整后再进行试验测量，直到满足要求。

（4）接力器全关位置确定。接力器在全关位置时，投入锁定装置，能正确加闸与拔出，否则应调整接力器的全开、全关位置，然后再进行试验，直到锁定能正确动作。

（5）接力器反馈装置调试。接力器全关位置确定后，调速器切手动，按照接力器设计行程要求，全开导叶达到全行程，将反馈装置固定，再操作调速器检查接力器能达到全关全开要求。

（6）接力器压紧行程测量、调整。按照接力器的安装规范要求进行测量、调整。

【案例】直缸式接力器检修

（1）使用框型水平仪测量导管的水平度，导管偏差不超过 0.10mm。

（2）测量接力器缸体标高，并用木方将其垫好，松开接力器连接螺栓和支持螺栓，使用起重机将接力器整体吊出，为保证活塞水平，当活塞脱离缸体时，要使用木方垫好，保证水平，以防卡住。

（3）检查接力器活塞与缸体表面是否光滑，有无严重磨损，如发现磨损情况，及时使用油石进行处理，活塞环应富有弹性，开口符合要求，检查各部密封，及时进行更换。拆下推拉杆与活塞连接轴销的上、下端盖，并做好记号。顶出轴销，检查磨损情况。

（4）分解锁定装置，检查阀杆应没有变形和锈蚀情况，安装后不发卡，动作灵活。

（5）安装程序相反，装配后必须进行耐压试验，工作压力的 1.25 倍，保持 30min，然后降至正常工作压力保持 60min，整个试验中应无渗漏现象。

（6）推拉杆调整。在导水机构各处均无人员工作的情况下，手动操作调速器关闭导叶，然后在两个接力器活塞后端杆上各放一个标尺，并用其一定点为记号得一读数 A，关闭压油罐来油总管阀门，命令两人同时将接力器开侧排油阀打开（预先将漏油泵启动接点放在自动位置上，并设人监视漏油槽不使其跑油）。此时，由于导水机构各部的弹性恢复作用迫使接力器活塞向开侧方向移动，这一移动数值反应在标尺的读数 B，

则 *A*、*B* 之差即为导水机构的压紧行程。压紧行程应符合规定。若超出这个规定的范围，应进行调整。调整方法为将推拉杆连接螺母的两端背帽松开，若需将压紧行程调大，则转动螺母使拉杆缩短，控制环向闭侧旋转，调好后重新试验达到规定值即可。若需将压紧行程调小时，则方法相反。

推拉杆（如图 1-2-1 所示）拆装：分解前，在推拉杆连接螺母前后及连接螺母上各做记号 A、B、C，并量出各点间的距离 *L* 和 *T*。然后用导链、钢丝绳将控制环侧的拉杆吊起，使钢丝绳稍稍吃力，并保持拉杆的水平位置，然后松开两背帽及连接螺母。将连接螺母运走，将控制环耳环中的轴销压盖拆出，用千斤顶将轴销顶出。注意：耳环中的上下垫圈做好记号不得弄错，可将推拉杆移出运走。

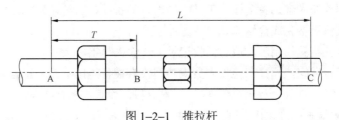

图 1-2-1　推拉杆

分解后用汽油、锉刀及油石等清扫、修理推拉杆和连接螺母的螺纹部分（修理螺纹根据情况而定）。推拉杆的螺纹应用凡士林油涂抹，用白布包扎，螺母的螺纹应涂以凡士林油妥善保管。安装时，先将接力器推拉杆移至分解前的位置上。把控制环侧的推拉杆吊入控制环内并找正，将背帽分别拧入拉杆两端，用连接螺母将两段推拉杆连上。拧动连接螺母调节 A、B 之间距离等于 *T* 后，校验 A、C 间距离等于 *L*，否则应松开连接螺母重新将两段按 *L* 与 *T* 之差值连上，直至使 AB=*T*，AC=*L* 时方可，将两背帽拧紧。然后将推拉杆轴销孔与控制环耳环孔对中，打入轴销，上好压盖，注入黄油。待其他项做完，且具备了条件后要进行一次导水机构压紧行程测定，其值应符合相关规程规定的质量标准。

【思考与练习】

1. 接力器检修安全措施有哪些？
2. 简述接力器的分解检修步骤。
3. 接力器安装检修过程中如何进行调整试验？

▲ 模块 3　机组过速限制装置检修（Z52E2003Ⅰ）

【模块描述】本模块涉及机组过速限制装置检修工艺，通过机组过速限制装置检修安全、技术组织措施讲解、工艺介绍及操作技能训练，熟悉机组过速限制装置大修一般技术措施，掌握机组过速限制装置大修时通用注意事项及工艺要求。

【模块内容】

一、过速限制装置检修安全、技术组织措施

（1）根据该设备存在的缺陷及问题，制定检修项目及检修技术方案。

（2）根据实际情况和检修工期，拟定检修进度网络图及安全措施。

（3）熟悉设备、图纸，明确检修任务，掌握检修工艺及质量标准。

（4）检修工作前，对工作人员进行相关的技术交底和安全教育。

（5）设专人负责现场记录、技术总结，检修配件测绘等工作。

（6）根据检修内容，备全检修工具，提出备品备件、工具、材料计划。

（7）对检修设备完成检修前试验。

（8）实行三级验收制度，填写验收记录，验收人员签名。

（9）试运行期间，检修和验收人员应共同检查设备的技术状况和运行情况。

（10）设备检修后，应及时整理检修技术资料，编写检修总结报告。

（11）设置检修标准化作业牌，并放置作业指导书（卡）及安全措施。

二、检修注意事项

（1）工作负责人开工作票，待运行人员做好检修措施后，方可进行作业。

（2）在检修设备周围设置围栏，并挂标示牌。

（3）不动与检修项目无关的设备，需要动运行设备时，与运行人员联系好后方可进行。进行非标准项目时，要按具体要求进行。

（4）部件分解前，必须了解结构，熟悉图纸，分解前应检查各部件动作是否灵活，并做记录。

（5）拆相同部件时，应分两处存放或做好标记，以免记错。对调整好的螺帽，不得任意松动。

（6）分解部件时，应注意密封材料的质量应良好，外壳上的孔和管口拆开后，应用木塞堵上或用白布包好，以免杂物掉入。拆下的零部件应妥善保管，以防损坏、丢失。

（7）零部件应用清洗剂清扫干净，并用干净的白布、绢布擦干。不准用带铁屑或其他脏布擦部件。

（8）清洗前，必须将零部件存在的缺陷处理好，刮痕或毛刺部分用细油石或金相砂纸处理好。对于一些手动阀门关不严或止口不平的，应用金刚砂或研磨膏在平台上或专用胎具上研磨，质量合格后，方可进行组装。

（9）组装时，应将有相对运动的部件涂上干净的汽轮机油。各零部件组装时，其相对位置应正确。活塞动作灵活、平稳；用扳手对称均匀地紧螺帽，用力要适当。

（10）组装管路前，应用压缩空气清扫管路，确保管路畅通、无杂物，方可进行组装。

（11）对拧入压力油腔或排油腔的螺栓应做好防渗漏措施。

（12）管路排油时，有些油管路的油不能排除，当检修需要拆除管路时，应先准备好接油器具，并将管路法兰螺栓松开，待油排净后，拆除管路法兰螺栓，取下管路（过重的管路拆除管路法兰螺栓前应做好管路吊装准备，避免伤人及损坏设备）。

三、过速保护器和过速探测器的检修

1. 过速保护器的检修

（1）拆下过速保护器中控制阀的供排油管；拆下阀体的紧固螺钉，取下阀盖，用专用工具抽出控制阀活塞。

（2）检查控制阀活塞的磨损情况，活塞止口及衬套止口处应完整，无毛刺。

（3）回装前将控制阀活塞上的研痕及毛刺用金相砂纸处理好，用汽油将各部件清洗干净，并用白布擦干。

（4）回装时，在控制阀活塞及衬套内壁上涂以干净的汽轮机油，并更换新的密封垫。

（5）检查过速保护器的撞块及复位装置是否灵活。

2. 过速探测器的检修

（1）将过速探测器分解，检查撞块铜套磨损情况并加以处理。

（2）检查过速探测器工作弹簧是否有断裂及变形。

（3）整定过速探测器动作值。

【思考与练习】

1. 如何进行过速保护器的检修？

2. 机组过速限制装置检修时应注意哪些事项？

3. 机组过速限制装置检修的安全和技术措施。

▲ 模块 4　接力器及机组过速限制装置维护的周期及规范 （Z52E2004Ⅰ）

【模块描述】 本模块包含接力器及机组过速限制装置维护基本知识，通过知识讲解，掌握接力器及机组过速限制装置维护周期及规范要求。

【模块内容】

接力器及机组过速限制装置除在 A、B 级检修中进行分解检修试验外，在正常投入运行后还需进行日常维护及保养。接力器及机组过速限制装置日常维护和保养可结合 C、D 级检修，日常维护工单的相关检查及巡回检查进行。通常，接力器及机组过速限制装置的日常维护只是对于其外观的整洁、防腐涂层、渗漏油、零部件的紧固等情况进行检查和处理。本模块主要介绍接力器及机组过速限制装置的组成、维护周期及规范，以及维护标准。

一、接力器及机组过速限制装置的组成

1. 接力器的组成

（1）导管直缸式接力器的组成。导管直缸式接力器结构如图 1-1-1 所示。

（2）摇摆式接力器的组成。摇摆式接力器结构如图 1-1-2 所示。

2. 机组过速限制装置组成

机械液压过速保护装置结构如图 1-1-3 所示。

二、接力器及机组过速限制装置的维护周期及规范

接力器及机组过速限制装置的维护周期通常结合调速系统的 C、D 级检修，日常维护工单及巡检工作进行。

三、接力器及机组过速限制装置的维护标准

（1）接力器前端盖、后端盖、锁定装置等密封部位无渗漏。

（2）接力器锁定装置的机械闭锁装置紧固螺栓、备帽及销轴无松动和窜动，闭锁装置构件无断裂和变形，动作灵活可靠。

（3）接力器锁定在全行程内动作灵活，行程开关动作可靠。

（4）接力器行程指针无松动。

（5）接力器推拉杆锁紧螺母无松动。

（6）接力器推拉杆与控制环连接销轴无窜动现象。

（7）接力器锁定装置固定部分螺栓无松动。

（8）接力器行程反馈工作正常。

（9）接力器导管无划伤及漏油现象。

（10）接力器连接油管无渗漏油现象。

（11）机组过速限制装置各管路接头无松动，无渗漏油现象。

（12）机组过速限制装置过速保护器（换向阀）无渗漏。

（13）机组过速限制装置过速保护器前端的离心块完好，并在正确位置。

（14）机组过速限制装置过速探测器的撞块表面无变形及误动现象。

（15）机组过速限制装置过速保护器（换向阀）和过速探测器的固定螺栓应无松动。

【思考与练习】

1. 接力器由哪些零部件组成？

2. 接力器的维护标准有哪些？

3. 机组过速限制装置的维护标准有哪些？

▲ 模块 5　接力器及机组过速限制装置维护保养
（Z52E2005Ⅰ）

【模块描述】本模块包含接力器及机组过速限制装置维护工艺要求，通过对接力器及机组过速限制装置的巡回检查项目、内容等讲解，掌握接力器及机组过速限制装置定期维护保养的工艺、质量标准、注意事项。

【模块内容】

接力器及机组过速限制装置的维护保养是为了保证其安全、稳定、可靠运行。进行维护保养前应仔细阅读制造厂提供的使用维护说明书和相关技术文件，并将具体规定和要求转化为维护保养制度。其维护保养工作可结合日常维护工单中的相关检查和巡回检查，对接力器及机组过速限制装置的运行情况、防腐涂层、渗漏油等进行仔细检查，认真分析缺陷发生的原因，并结合 C、D 级检修及日常维护工单的定检周期进行处理。本模块主要介绍接力器及机组过速限制装置的组成、工作原理及维护项目。

一、接力器及机组过速限制装置的组成及工作原理

1. 接力器的组成

导管直缸式接力器结构如图 1-1-1 所示。

2. 接力器的工作原理

接力器由活塞将缸体分为两腔，即开腔和关腔。接力器的开侧腔排油，关侧腔给压力油时，接力器活塞带动控制环，使导叶向关闭方向转动。反之，接力器活塞带动控制环使导叶向开启方向转动。当开关腔油管不给压力油和排油时，则水轮机在某个开度下运行。接力器的给压力油与排油由水轮机调速器来控制。

3. 机组过速限制装置组成及工作原理

（1）组成。机械过速保护装置结构如图 1-1-4 所示。

（2）工作原理。如图 1-1-4 所示，当机组发生 150% 过速时，作用在探测器 1 的离心块 3 上的离心力大于弹簧的预紧力，离心块向外动作撞击棘轮 7，使之产生脱扣动作，在弹簧作用下在 90°之内旋转，通过凸轮机构 9 释放行程阀，切换控制油路以控制事故配压阀动作，实现关闭导叶，停机。故障排除后，旋转轴 8 上部手柄复归。

二、接力器的维护保养

（1）检查前端盖、后端盖、锁定装置等的密封部位无渗漏。

（2）检查锁定装置的机械闭锁装置紧固螺栓、备帽及销轴无松动和窜动，闭锁装

置构件无断裂和变形，动作灵活可靠。

（3）检查锁定在全行程内动作灵活，行程开关动作可靠。

（4）检查行程指针无松动。

（5）检查推拉杆锁紧螺母无松动。

（6）检查推拉杆与控制环连接销轴无窜动现象。

（7）检查锁定装置固定部分螺栓无松动。

（8）检查行程反馈工作正常。

（9）检查导管无划伤及漏油现象。

（10）检查各连接油管无渗漏油现象。

（11）对锁定装置的机械闭锁装置活动部位注润滑油。

三、机组过速限制装置的维护保养

（1）检查各管路接头无松动，无渗漏油现象。

（2）检查过速保护器（换向阀）无渗漏。

（3）检查过速保护器前端的离心块完好，并在正确位置。

（4）检查过速探测器的撞块表面无变形及误动现象。

（5）检查过速保护器（换向阀）和过速探测器的固定螺栓应无松动。

四、维护保养工作的相关要求

（1）工作人员在完成设备的维护保养后，应做好相关的维护保养记录或巡回检查记录。

（2）工作人员在维护保养过程发现有隐患、重大缺陷应立即上报。

五、接力器及机组过速限制装置的维护标准

（1）接力器前端盖、后端盖、锁定装置等的密封部位无渗漏。

（2）接力器锁定装置的机械闭锁装置紧固螺栓、备帽及销轴无松动和窜动，闭锁装置构件无断裂和变形，动作灵活可靠。

（3）接力器锁定在全行程内动作灵活，行程开关动作可靠。

（4）接力器行程指针无松动。

（5）接力器推拉杆锁紧螺母无松动。

（6）接力器推拉杆与控制环连接销轴无窜动现象。

（7）接力器锁定装置固定部分螺栓无松动。

（8）接力器行程反馈工作正常。

（9）接力器导管无划伤及漏油现象。

（10）接力器连接油管无渗漏油现象。

（11）机组过速限制装置各管路接头无松动，无渗漏油现象。

（12）机组过速限制装置过速保护器（换向阀）无渗漏。

（13）机组过速限制装置过速保护器前端的离心块完好，并在正确位置。

（14）机组过速限制装置过速探测器的撞块表面无变形及误动现象。

（15）机组过速限制装置过速保护器（换向阀）和过速探测器的固定螺栓应无松动。

【思考与练习】

1. 接力器的维护保养内容有哪些？

2. 机组过速限制装置的维护保养内容有哪些？

3. 机械过速保护装置由哪几部分构成？

第二部分

水轮机调速器改造、检修、试验与故障处理

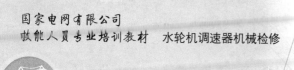
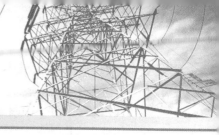

第三章

水轮机调速器的更新改造

◢ 模块 1　水轮机调速器更换改造工作概述
（Z52F1001Ⅱ）

【模块描述】本模块涉及水轮机调速器改造的基本工作，通过水轮机调速器类别、型号、参数、组成及动作原理等知识的讲解，掌握水轮机调速器更换改造工作流程。

【模块内容】

在水电厂设备改造过程中，经常会遇到水轮机调速器的更新改造工作。水轮机调速器的更新改造，有的是伴随着主机设备改造进行的，如更换水轮机转轮、主机增容改造等，因新机组功率的增大，使水轮机导水机构操作力矩增加，原调速器已不能适应主机设备的要求，只能被动更换；有的则是因为调速器本身运行时间较长、太过陈旧，加之缺陷较多，已经达不到系统的要求，也应适时更换。

一、水轮机调速器的类别、型号

1. 水轮机调速器的分类

（1）从被控制对象的多少来分，可分为单一调节调速器（简称单调调速器）和双重调节调速器（简称双调调速器）。一般单调调速器用于反击式机组中各类型的定桨式机组。被控对象只有导叶，靠调节导叶的开度大小来控制经过水轮机叶片的水流量。双调调速器用于各类反击式转桨机组类型。被控对象为导叶和桨叶，依靠调节导叶的开度及桨叶的角度来控制水流对水轮机输出的功，一般来说，转桨类机组存在导叶与桨叶的协联控制。

此外，冲击式机组被控对象比较多，归其为另一类 n 喷 n 折或者 n 喷 1 折型调速器，专门用于冲击式机组。根据冲击式机组的喷针数量及折向器的数量不同，调速器的控制对象也不同。

（2）水轮机调速器从整体上讲是一种机电一体化产品，机械执行部分采用液压控制。根据电液转换方式来划分，可分为数字式（SLT）、步进式（BWT）、比例数字式（PSWT）调速器，比例数字式一般为数字式和比例式结合在一起。数字式调速器利用电磁阀用数字脉冲控制阀的开关，达到控制接力器开关的效果。而步进式调速器利用电流驱动步进电动机正反转，产生竖直方向位移，协同引导阀、主配压阀控制接力器的开关。比例伺服阀通过比例控制器和主配压阀完成电液转换。

（3）根据使用的油压大小，分为常规油压调速器和高油压调速器。常规油压有2.5、4.0、6.3MPa，高油压一般为10MPa或16MPa。

其中，压力油罐的容量根据接力器油腔的大小而定。

（4）根据所控制机组容量的大小可分为大型调速器、中型和小型调速器。一般来说，小型调速器都采用数字式，国内常见型号产品有SLT-300、SLT-600、SLT-1000。中型调速器按客户要求及实际情况有多种形式，如果用X代替形式，如数字式、步进式及比例式，或者各种形式的结合，常见有X-1800、X-3000、X-5000、X-7500等型号。大型调速器有X-80、X-100、X-150、X-200、X-250等型号。

2. 调速器型号的编制方法

（1）型号的用途及编制原则。产品的型号为便于使用、制造、设计等各部门进行业务上的联系和简化技术文件中产品名称、规格、特性等的叙述而引用的一种代号，应以简明、不重复为基本原则。

产品的型号由汉语拼音字母及阿拉伯数字组成。汉语拼音字母取代产品名称中关键字的第一个拼音字母。如果选用字母造成型号重复或其他困难不能采用时，也可用产品名称中其他汉字拼音的第一个字母。

（2）调速器产品型号的构成及其内容的规定。水轮机调速器型号的编制由产品类别代号、规格代号、额定油压及制造厂代号四部分组成，水轮机调速器产品型号构成如图2-3-1所示。各部分用横线分开，并按下列顺序排列。

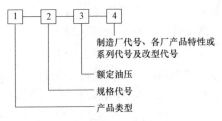

图2-3-1 水轮机调速器产品型号构成

型号的第一部分表示调速器的基本特征和类型。

型号的第二部分为数字，表示主要技术参数，如主配压阀直径、许用输油量或接力器容量、配套的机组功率等。

型号的第三部分表示额定油压，对分离式结构的电液调速器的电气柜及 2.5MPa

的额定油压这部分可省略。

型号的第四部分为制造厂代号、表征该产品特性或系列代号及改型代号，由各厂自行规定。如产品按统一设计图样生产，制造厂代号可省略，产品特性或系列代号及改型代号由产品技术归口单位规定。

（3）型号示例。

1）YT–6000–2.5 或 YT–6000。带压力罐的机械液压调速器，统一设计产品，接力器容量为6000N·m，额定压力为2.5MPa。

2）YDT–18000–4.0–SK05A。带压力罐的模拟式电气液压调速器，其接力器容量为180 000N·m，额定油压为4.0MPa，为天津市水电控制设备厂05系列第一次改型产品。

3）WST–100/50–4.0–HDJA。不带压力罐的微机型双调节电气液压调速器。主配压阀直径为100mm、许用输油量为50L/s、额定油压为4.0MPa，为哈尔滨电机厂A型产品。

二、水轮机调速器的参数、组成及动作原理

（一）KZT–150型调速器机械液压随动系统的参数、组成及动作原理

1. KZT–150型调速器型号解读

型号KZT–150的含义是块式直连型单一调节调速器，主配压阀直径150mm。

2. KZT–150型调速器机械液压随动系统主要部件

KZT–150型调速器机械液压随动系统主要由HDY–S型环喷式电液转换器、复中装置、定位手操机构、紧急停机及托起装置、引导阀、主配压阀、双重滤油器、液压集成块等组成。

3. 动作原理

（1）HDY–S型环喷式电液转换器工作原理。HDY–S型环喷式电液转换器结构示意如图2–3–2所示。HDY–S型环喷式电液转换器由动圈式力矩马达和环喷式液压放大两部分组成，线圈2与中心杆3刚性连接，中心杆通过滚动球铰与控制套连接。正常运行时，振动线圈通振动电流，其目的是增强自动防卡能力。当线圈通入工作电流时，线圈连同中心杆及控制套一起产生位移，其位移的方向和大小取决于输入电流的方向、大小和组合弹簧7的刚度。控制套的位移控制锯齿型阀塞上环和下环的压力，上环和下环分别与等压活塞的下腔和上腔连通，当控制套不动时，上环和下环压力相等，喷油量也相等，因而等压活塞稳定在一平衡位置。当控制套上移时，引起上环喷油间隙减小，下环喷油间隙增大，等压活塞下腔油压增大而上腔油压减小，故等压活塞随之上移到新的平衡位置，即上、下环压力相等的位置。同理，控制套下移，等压活塞也下移至新的平衡位置。HDY–S型环喷式电液转换器起到了把微小的输入电流转换成具

有较强操作力的位移输出的作用，其操作力可大于 $100\times9.8N$。HDY–S 型环喷式电液转换器的最大特点就是自动防卡阻能力比较强。首先，它的前置级是按液压防卡、自动调中原理设计的，即活塞的锥形段可减少液压卡紧力，而滚动球铰又可使控制套自如地与阀塞同心；其次，阀塞上环和下环的 4 个喷油孔都自轴径的切线方向引出，只要通入压力油，这种切线方向的射线流就会使控制套不停地旋转，从而增加了防卡能力；再次，上环和下环的开口较大，而且阀塞在此的开口为锥形，因而当上环的开口被堵时，活塞的下腔油压就会高于上腔油压，使活塞瞬间上移，上环开口增大，污物迅速被冲走，然后当上、下腔压力相等时，活塞又自动回到原来位置。同理，当下环开口被堵时，也起到自动清污的作用。

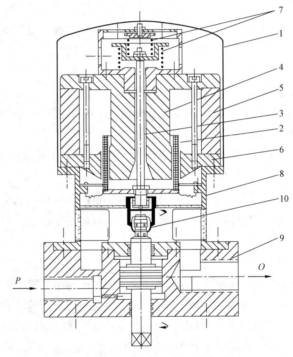

图 2–3–2　HDY–S 型环喷式电液转换器结构示意

1—外罩；2—线圈；3—中心杆；4—铁芯；5—永久磁钢；6—级靴；
7—组合弹簧；8—连接座；9—阀座；10—前置级

　　HDY–S 型环喷式电液转换器的响应频率约 7Hz，实际上，3Hz 都能满足水轮机调节系统的要求，其缺点是零位泄漏量较大（3～5L/min），而且其前置级的加工精度要求高，调整也比较困难。

　　（2）随动系统动作原理。电液调节中电气调节信号与主接力器位置反馈信号经综合比较并放大。此信号使电液转换器产生与其成比例的位移输出。由于电液转换器与引导阀通过平衡杆直接相连，此位移使引导阀产生相应位移。在差压作用下辅助接力器产生相应的位移，主配压阀产生位移，并向主接力器配油，导叶开度产生变化，一直到主接力器位置信号与电气调节器的调节信号相等为止。

（3）调速器自动运行。KZT-150 型调速器机械液压系统如图 2-3-3 所示，为导

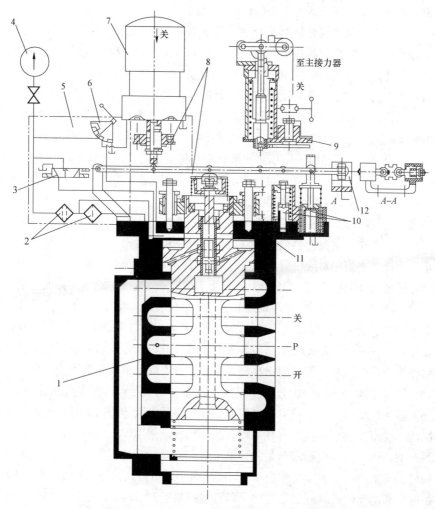

图 2-3-3　KZT-150 型调速器机械液压系统

1—主配压阀；2—双滤油器；3—紧急停机电磁阀；4—压力表；5—液压集成块；
6—手自动切换阀；7—环喷式电液转换器；8—手动复中装置；9—机械开限及手操机构；
10—紧急停机及托起装置；11—开关机时间调整螺栓；12—定位器

叶在 50%开度，开限在 100%工况下稳定运行。当电调有开导叶信号，此信号与导叶（主接）反馈信号比较，若产生开信号（增负荷）时，此信号输入电液转换器上部控制线圈，该电流和磁场互相作用产生电磁力，使线圈连同中心杆产生向上位移，和中心杆一体的旋转套也向上移动，移动后引起电液转换器环喷前置级的上环喷油间隙减少，电液转换器活塞下腔油压升高；同时，前置级的下环喷油间隙增大，电液转换器活塞上腔油压降低，于是等压活塞在差压作用下上移。

自动状态下，引导阀针杆随动于电液转换器，进而引导阀针杆产生向上位移，使辅助接力器上阀盘经引导阀接通排油，辅助接力器在下阀盘常压作用下，使主配压阀整体向上移动，打开主配压阀中间阀盘，并向主接力器开侧配油，主接力器向开侧移动。同时，电信号与主接位置反馈信号一直进行比较，直到导叶（主接）开度与电信号要求的一致，所有操作停止，各活塞均回复到中间位置，机组稳定于一个新的平衡状态（导叶开度增大，负荷增大）。反之（关导叶，负荷减小）所有动作原理与之相反。

（4）手动运行。将机械开限压到实际开度，将手自动切换阀（转阀）切至"手动"位置，此时一路油去托起装置，将托起活塞顶起，使平衡杆随动于机械手操，同时将电液转换器油压切除，电液转换器失去作用。

当需要关导叶时，将手轮摇向关侧，手操中心柱下压平衡杆，引导阀向下动作，主配压阀向下动作，主接力器向关侧移动，同时，机械复原软性回复手操中心柱，对应停止于手操与主接相对应位置。反之，若开导叶，则原理与之相反。

（5）机械开度限制原理。调速器于自动运行工况，机械手操作为机械开限可作为调速器的一级保护。例如，机械开限处于80%开度位置。机组自动运行，当导叶至80%时，此时主接力器通过机械反馈及手操机构传动机构，已将手操中心柱停于80%开度，即中心柱已压住平衡杆，此时平衡。若此时仍然有开机信号（增负荷）电液转换器向上位移而平衡杆受限制已不能向上移动，即引导阀不能上移、主配不能上移，不能开（增）大导叶开度，限制于80%开度。但是此时能进行关导叶和紧急停机操作。

（6）紧急停机操作。水轮发电机组自动化回路发出紧急停机信号，无论手动、自动工况均能实现紧急停机操作。紧急停机触点闭合，紧急停机电磁阀通电，其阀芯被推向另一侧，压力油经电磁阀至紧急停机装置的活塞，在油压作用下使其顶部挂盖压住平衡杆迅速下降以实现紧急停机（也可在机旁手压电磁阀按钮以实现紧急停机）。紧急停机电磁阀动作全关导叶后，需将手操机械开限压到零，以防止误开机。

（7）自动开、停机操作。机组处于开主阀备用状态，此时电液转换器有关信号，且机械开限在80%位置。若此时调速器接受开机信号，平衡表偏向开侧导叶迅速开启到空载以上开度，待机组转速上升到额定转速的70%～80%后，导叶压回到空载开度，完成自动开机过程，机组稳定运行于空载工况待并网。机组自动稳定运行，调速器接受关机令后，电液转换器产生向下位移，使导叶迅速关闭，同时机组自动地完成相应的自动停机操作，机组处于备用状态，此时平衡表有偏向关侧信号，预防误开机。

（8）手动开、停机操作。机组大修后第一次启动机组用手动开机方式，水轮发电机组具备开机条件，调速器机械开限在零，调速器在手动状态，手操机构指示与导叶开度一致，将手操机构开到启动开度，然后升到空载开度，稳定机组转速。手动停机操作，只需将手操压到零关闭导叶即完成停机操作。

4. KZT-150 型调速器机械液压随动系统主要参数

KZT-150 型调速器机械液压随动系统主要参数见表 2-3-1。

表 2-3-1　　　　KZT-150 型调速器机械液压随动系统主要参数

	形式	HDY-S 型环喷式电液转换器
电液转换器	最大工作行程	±6mm
	活塞最大负载能力	＞1000N
	工作电流	200mA（并联）；50mA（串联）
	振动电流	20～30mA（约 50Hz）
	最大不灵敏度	＜0.5%
	油压漂移	＜1%
	耗油量	＞3L/min
辅接及主配	形式	单阀盘王字型
	主配压阀工作行程	±12mm
	主配活塞直径	150mm
	主配双向最大行程	28mm
	主配单边搭叠量	0.40mm
	引导阀单边搭叠量	0.15mm
	引导阀针杆直径	20mm
	辅助接力器直径	190mm

（二）步进电机调速器及其主要参数

BWT 步进式水轮机调速器适用于大中型混流式、轴流式、贯流式水轮发电机组的自动调节与控制。本系列调速器的额定工作油压为 2.5、4.0、6.3MPa，主配压阀直径为 80、100、150、200、250mm。它能使水轮发电机组在各种工况下稳定运行，可实现机组的自动或手动开停机、并网运行、调节机组负荷、事故紧急停机等。

BWT 步进式水轮机调速器具备自动、电手动和机械手动三种操作方式。调速器具有速度与加速度检测、转速控制、开度控制、功率控制、电力系统频率自动跟踪、快速同步、导叶电气开限、参数自适应、在线自诊断、容错及故障处理、故障滤波等功能。调速器能现地和远方进行机组的手/自动开停机和紧急停机；能以数字量通信和开关量触点两种形式接收电厂监控系统的控制信号，并向电站监控系统实时传递调速系统有关信息。BWT 无油步进式调速器系统框图如图 2-3-4 所示。

1. 主要技术参数

（1）额定输入电压：AC 220V（1±10%）、DC 220V（1±10%）或 110V（1±10%）。

（2）调节规律：补偿 PID。

（3）测频方式：残压测频或残压＋。

（4）暂态转差系数：$b_t = 3\% \sim 300\%$（调整分辨率 1%）。

（5）永态转差系数：$b_p = 0 \sim 10\%$（调整分辨率 1%）。

（6）积分时间系数：$t_d = 2 \sim 30s$（调整分辨率 1s）。

（7）加速度时间常数：$t_n = 0 \sim 5s$（调整分辨率 0.1s）。

（8）频率给定范围：$f_G = 42.5 \sim 57.5Hz$（调整分辨率 0.01Hz）。

（9）频率死区范围：$f_E = 0 \sim \pm 1.5Hz$、$0 \sim \pm 3.0Hz$（调整分辨率 0.01Hz）。

（10）功率死区范围：$P_E = 0 \sim 5\%$（调整分辨率 0.1%）。

（11）功率给定范围：$P_G = 0 \sim 120\%$（调整分辨率 0.1%）。

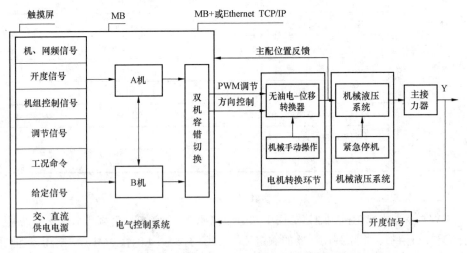

图 2-3-4　BWT 无油步进式调速器系统框图

2. 主要调节性能指标

（1）测频分辨率：残压小于等于 0.000 83Hz，齿盘小于等于 0.01Hz。

（2）静特性转速死区：$i_x<0.02\%$，最大非线性度 $\varepsilon<0.2\%$。

（3）空载频率摆动值：$\leq\pm0.15\%$（即$\leq\pm0.075$Hz）。

（4）甩 25%负荷：接力器不动时间小于等于 0.2s。

（5）甩 100%负荷，过渡过程超过额定转速的 3%的波峰数 $N<2$，调节时间 $t<40$s。

3. 输入输出信号范围

（1）导叶反馈：$Y_a=0\sim100\%$（$0\sim10$V、$4\sim20$mA）。

（2）桨叶反馈：$P_a=0\sim100\%$（$0\sim10$V、$4\sim20$mA）。

（3）开度给定：$Y_g=0\sim100\%$。

（4）功率给定：$P_g=0\sim120\%$。

（5）功率反馈：$P_a=0\sim100\%$（$0\sim10$V、$4\sim20$mA、$0\sim4000$ 数字量）。

（6）频率输入：残压 $0.2\sim110$V，齿盘 脉冲方波大于 12V。

（7）占空比 PWM 范围：$5\sim200$ms。

（8）最大 PWM 脉冲电流：3A。

（9）输入开关量信号：无源触点。

（10）输出开关量信号：容量为 AC 220V/5A 或 DC 24V/5A 独立无源触点。

4. 系统组成

（1）电气控制系统。BWT 水轮机调速系统的电气部分采用高性能可编程控制器 PLC，可根据用户要求配置单机或冗余双机电气控制系统，如果是双机结构，那么两套从输入至输出，以及电源配置完全相同，相互完全独立。双机间采用智能全容错冗余热备方式，在运行过程中，未参与控制的备用通道退出而不影响调速系统的正常工作，且退出的通道能进行停电检修。

两套完全独立的冗余系统的运行方式为：① 全容错在线热备，自动无扰切换；② 单机后备式运行，人为切换。

系统采用的是归零的结构设计，在稳定运行或故障情况下自动复中零输出，以保证在调速器内部发生故障时，不造成水轮机运行不稳定和功率波动，在外部系统事故时，能保证机组安全停机。调速器具有远方控制和现地控制功能，并有相应触点输出，能与电站计算机监控系统进行数字信号、模拟信号及开关输入输出信号的通信和数据交换。

（2）机械液压系统。机械部分主要由电转机构、机械手动操作机构、引导阀、主配压阀、紧急停机电磁阀等组成，无明管无杠杆、静态无油耗、切换无扰动、直连结构型的机械液压随动系统。BWT 无油步进式调速器系统框图如图 2-3-5 所示。

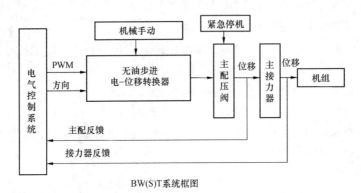

BW(S)T系统框图

图 2-3-5 BWT 无油步进式调速器系统框图

1）无油单弹簧自复中电–位移转换器。步进电机示意如图 2-3-6 所示。电–位移转换器是水电站调速器中连接电气部分和机械液压部分的关键元件。将电机的转矩和转角转换成具有一定操作力的位移输出，并具有断电自动复中回零的功能。它的作用是将调节器电气部分输出的综合电气信号转换成具有一定操作力和位移量的机械位移信号，从而驱动末级液压放大系统，完成对水轮发电机组进行调节的任务。

该装置包括筒体，与筒体连接的电机其轴通过连接装置与滚珠丝杆副穿入筒体中，滚珠丝杆通过丝杆螺母与连接套连接。连接套穿过两彼此分开的具有一段行程的弹簧套，复中弹簧设在弹簧套中，筒体设有两弹簧套的限位装置。电–位移转换过程由纯机械传动完成，滚珠丝杆运动灵活、可靠、摩擦阻力小，并且能可逆运行。传动部分无液压件，无油耗。

采用弹簧力直接作用在高精度大导程滚珠丝杆上，当电源消失后，能迅速使连接套回到中位，使与之相连的主配引导阀自动准确回复到中间位置，保持接力器在原开度位置不变。复中机构仅为一根弹簧，结构简单，动作可靠，调节维护方便。

2）步进电机与驱动器。驱动器与步进电机的连线必须按图接好，线的颜色不能接错。

驱动器的供电电源为 +24V，电流为 3A，当驱动器的供电电源消失后，步进电机处于自由状态，复中弹簧张力作用于上、下弹簧套限位复中。这时，可人为操作电机上的手柄来控制机组接力器的开、关。

由调速器电气系统输出高、低电平开关信号到驱动器的正转/反转端，使步进电机正、反方向的旋转控制接力器的开或关。输出脉宽调制信号占空比 PWM 到驱动器的停止/运行端，控制步进电机的旋转角度来调节接力器的速度。驱动器的速度控制端加一恒定的电压（2~3.5V）控制步进电机的最高转速。

调整驱动电流的拨码开关出厂已调好，不需要调整。

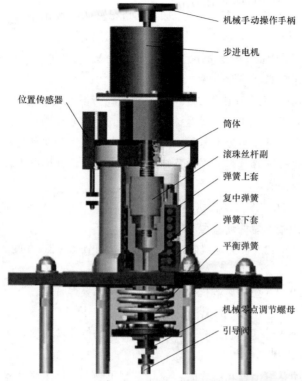

机械手动操作手柄

步进电机

位置传感器

筒体

滚珠丝杆副

弹簧上套

复中弹簧

弹簧下套

平衡弹簧

机械零点调节螺母

引导阀

图 2-3-6 步进电机示意

运行电流：顺时针逐渐增大，决定步进电机旋转时的扭力，一般调到 8 刻度左右。

停止电流：顺时针逐渐增大，决定步进电机停止时的扭力，一般调到 8 刻度左右。

高速：顺时针逐渐增大，决定步进电机的高速特性，一般调到 4 刻度左右。

低速：顺时针逐渐增大，决定步进电机的低速特性，一般调到 4 刻度左右。

响应时间（转速上升到额定值的时间）：顺时针逐渐增大，决定步进电机由静止到额定转速的时间，一般调到 2～4 刻度。

在稳态接力器不动的工况下，微调驱动器低速及响应时间电位器，使步进电机上的操作手柄有明显的微微颤动，以克服机械响应的滞后和死区。

3）主配压阀。主配压阀组中各液压元件及油路采用组合式集成结构，不发卡和漏油。主配压阀直径为 $\phi80\sim\phi250$ 动作灵活、可靠、导向性能好，360° 旋转、上、中、下动作灵活，无任何卡绊现象，侧盖旁路回油，通油能力强，能有效地控制油流，满足开、关接力器时间的要求。

主配压阀为锻件整体加工。材料为优质合金钢 40Cr，粗加工后进行高温时效处理

（消除心部应力，提高切削性能），半精加工后进行渗碳、淬火处理（提高表面硬度和耐磨性），最后进行精加工和表面防锈处理或手动研磨。这样加工出的零件既具有好的心部韧性，又有高的表面硬度和耐磨性，表面洛氏硬度处理可达 60～64HRC。主配压阀加工精度高，无泄漏，外形美观，耐磨损、抗油污。

BWT 调速器额定工作油压为 2.5、4.0、6.3MPa，导叶接力器的全关和全开时间 3～100s 范围内独立可调。采用双螺母互锁和两螺钉固定的方式锁定接力器开启和关闭时间的整定值，安全可靠，不会因运行中的振动或人为过失而变动。对接力器开、关时间的整定满足水轮机过渡过程调保计算结果的要求，在任何情况下导叶动作速度不超出整定后的最大容许值。

（三）WBST–150–2.5 型水轮机调速器参数、组成及动作原理

1. WBST–150–2.5 型调速器型号解读

型号 WBST–150–2.5 含义是双微机步进式双重调节调速器，主配压阀直径150mm，额定油压 2.5MPa。

2. WBST–150–2.5 型调速器机械液压随动系统主要部件

双调节调速器由导、轮叶的无油自复中步进式电–位移转换装置，导、轮叶液压随动系统，调速器油滤过器、应急阀、导叶主接力器的位移传感器、轮叶主接力器的位移传感器等部件组成。

（1）液压随动系统由导叶引导阀、导叶主配压阀、导叶主接力器和轮叶引导阀、轮叶主配压阀、轮叶主接力器等组成。

（2）无油自复中型步进式电–位移转换装置由（导、轮叶）的可编程控制器、步进电机、滚珠丝杆、复中弹簧、中位传感器等组成。

轮叶接力器的动作过程与导叶相同。

导叶与轮叶的协联——电气协联，轮叶按照导叶的开度和水头自动选择相应的协联曲线，停机后导叶全关，自动将轮叶开到启动角度。

当机组遇到事故需紧急停机时，自动控制回路向紧急停机电磁阀发出紧急停机命令，紧急停机电磁阀动作，将导叶辅助接力器的油通过紧急停机电磁阀排出，实现紧急停机。

（3）紧急停机电磁阀的动作原理。具备电动控制和手动控制两种方式。电控制时，接受自动回路的命令，只需脉冲控制信号就能使应急阀动作；控制信号消失后，液压自保持。

（4）刮片式滤油器动作原理。调速器正常运行时，无需更换或清扫滤芯，发现压差过大时，只需旋转几圈滤油器上的把手。待小修时，卸下滤油器底部堵头，清出杂质即可。

【思考与练习】

1. 简述调速器型号的编制方法。

2. 简述 KZT–150 型调速器的机械液压系统动作原理。

3. 简述水轮机调速器的分类方法。

▲ 模块 2　水轮机调速器安装规范、调试及验收
标准（Z52F1002 Ⅱ）

【模块描述】本模块包含水轮机调速器安装规范、调试及验收标准，通过对水轮机调速器调整试验步骤、验收标准及安装工艺要求讲解，掌握水轮机调速器安装规范、拆除旧调速器的方法及步骤。

【模块内容】

一、安装规范

1. 水轮机调速器形式及工作容量的选择

水轮机调速器是水电厂综合自动化重要的基础设备，其技术水平和可靠性直接关系到水电厂的安全发电和电能质量。因此，当电站和机组容量较大，在系统中承担调频任务，更换调速器时应选择调节品质好、自动化程度高的调速器；当机组容量小，在系统中地位不重要，长时间承担基荷时，可从实际出发，选择自动化程度相对较低的调速器。

目前，国内主要调速器生产厂家生产的调速器无论在自动化程度、技术指标，还是在可靠性上都接近国际先进水平，其性能与国外水平相当，完全能够满足我国水电建设的需求。随着计算机技术发展，水轮机调速器更新换代加快。液压行业新技术在调速器中的运用越来越快。如果从价格上，特别是售后服务上考虑应优先选择国产调速器。

对于增容改造的机组，特别是导叶接力器容积发生改变的，要重新计算选择调速器的工作容量。大型调速器工作容量的选择主要是选择合适的主配压阀直径。调速器的更新改造应根据现场实际需要合理选择。选择结构先进、使用可靠的调速器能大大减轻今后运行与维护的工作量。

2. 更换调速器注意事项

（1）各项性能指标及可靠性较好，能满足生产和工艺要求。

（2）结构合理、零件标准化、通用化，工艺先进，使用、维修方便。

（3）安全保护装置、调节装置、专用工具齐全、可靠。

受水电厂原设计的限制，新调速器应尽可能安装在原调速器的安装位置上，水电厂应给调速器生产厂家提供调速器现场安装空间的详细数据，要充分考虑到新调速器的某些环节可能对电厂其他设备的影响，如不同的测速方式、接力器位移的传递方式影响到相关设备布置等。还要考虑到设备的布置方便于以后的检修等诸多问题。

重要水电厂大型调速器的生产加工过程，水电厂应委托监理工程师进行全过程监理。调速器出厂前，调速器生产厂家必须组织由水电厂验收人员参加的调速器出厂前验收，验收内容包括调速器加工质量验收和调速器出厂前试验验收。

设备到货后，应尽快会同有关部门和电气、仪表、设备的安装人员和订货、保管人员等共同开箱验收。按照装箱单、使用说明书及订货合同上的要求，认真检查设备各部位的外表有无损伤、锈蚀（有条件的，应拆封清洗、检查验收设备内部）；随机零部件、工具、各种验收合格证及安装图纸（包括易损件图纸）、技术资料等是否齐全。同时，应做好验收记录。对重要零部件应仔细检查，并做无损探伤。发现问题，应当场拍照和记录，及时报有关部门处理。如验收后暂时不安装，可重新涂油，按原包装封好入库保存。

安装工作开始前，负责安装的技术人员和操作者必须熟悉设备技术文件和有关技术资料，了解其结构、性能和装配数据，周密考虑装配方法和程序。调速器一些精密部件（如电液转换器、步进电机）在制造厂内一般进行了严密的装配和调试，安装时最好不要拆卸、解体，以免破坏原装配状态，除非制造商提供的技术文件中有详细的允许拆卸的说明。安装时，应对结合部位进行检查，如有损坏、变形和锈蚀现象，应处理后安装。特别要检查调速器在运输过程中是否受到损坏，如主配压阀进、出口的防尘盖是否损坏而使污物进入主配压阀腔内等。

3. GB/T 8564—2003《水轮发电机组安装技术规范》对调速器系统的安装与调试要求

（1）回油箱（调速器油箱）、压力罐安装允许偏差，应符合表 2-3-2 回油箱（调速器油箱）、压力罐安装允许偏差要求。

表 2-3-2　　　　　回油箱（调速器油箱）、压力罐安装允许偏差

序号	项目		允许偏差	说　　明
1	中心	mm	5	测量设备上标记与机组 X、Y 基准线距离
2	高程		±5	
3	水平度	mm/m	1	测量回油箱（调速器油箱）四角高程
4	压力罐垂直		1	X、Y 方向挂线测量

（2）凡需进行分解的调速器，其各部件清洗、组装、调整后符合制造厂图纸要求。

（3）调速器机械柜内各指示器及杠杆，应按图纸尺寸进行调整，各机构位置误差一般不大于 1mm。

（4）导叶和轮叶接力器处于中间位置时（相当于 50%开度），回复机构各拐臂和连杆的位置，应符合设计要求，其垂直或水平偏差不应大于 1mm/m。回复机构的连接应牢固，并按设计要求做负载试验。

（5）调速器机械部分调整试验。

（6）调速系统第一次充油应缓慢进行，充油压力一般不超过额定油压的 50%；接力器全行程动作数次，应无异常现象。压油装置各部油位，应符合设计要求。

（7）手动操作导叶接力器开度限制，检查机械柜上指示器的指示值，应与导叶接力器和轮叶接力器的行程一致。其偏差前者不应大于活塞全行程的 1%，后者不应大于 0.5°。

（8）导叶、轮叶的紧急关闭、开启时间及导叶分段关闭行程、时间与设计值的偏差，不应超过设计值的±5%，但最终应满足调节保证计算的要求。

关闭与开启时间一般取开度 75%～25%之间所需时间的两倍。

（9）事故配压阀关闭导叶的时间与设计值的偏差，不应超过设计值的±5%；但最终应满足调节保证计算的要求。

（10）从开、关两个方向测绘导叶接力器行程与导叶开度的关系曲线。每点应测 4～8 个导叶开度，取其平均值；在导叶全开时，应测量全部导叶的开度值，其偏差一般不超过设计值的±2%。

（11）从开、关两个方向测绘在不同水头协联关系下的导叶接力器与轮叶接力器行程关系曲线，应符合设计要求，其随动系统的不准确度，应小于全行程的 1.5%。

（12）检查回复机构死行程，其值一般不大于接力器全行程的 0.2%。

（13）在蜗壳无水时，测量导叶和桨叶操作机构的最低操作油压，一般不大于额定油压的 16%。

二、拆除旧调速器

水轮机调速器一般整体拆除。在进行必要的停机、停电、排压、排油等安全措施后，即可将其拆除。水轮机调速器整体拆除工作流程如下。

（1）对集油槽进行排油。

（2）将旧调速器及管路内的压力油全部排掉。

（3）拆除电气回路接线。

（4）拆除调速器主供油管及回油管、接力器开闭侧油管及渗漏油管路。双调调速器还应拆除桨叶接力器开闭侧管路。拆除时注意检查管路内有无存油，及时排净，避免污染地面。

（5）拆除机械反馈杆件等其他所有附件。

（6）拆除旧调速器基础固定螺栓。

（7）整体吊出调速器，报废或交有关部门保管。

三、建立新调速器基础并安装

1. 调速器基础的安装

（1）安装基础架。一般调速器的基础部件都是埋设在楼板的混凝土内。按预留的孔将基础架安装就位，基础架的高程和水平应符合安装要求，高程偏差不超过－5～0mm。中心和分布位置偏差不大于 10mm，水平偏差不大于 1mm/m。调整用的楔子板应成对使用，高程、水平调整合格后埋设的千斤顶、基础螺栓、拉紧器、楔子板、基础板等均应点焊牢固，然后浇筑混凝土。基础牢固后，复测基础的高程和水平。对于老电站更换调速器，就不需要重新安装基础架，利用原来的基础架装过渡连接板，同样必须校正水平和点焊牢固。

（2）安装底板。由于出厂时主配压阀和操作机构等与底板是组装好的，一般在现场不必重新解体。因而，可根据安装图将组装好的底板和主配压阀一起吊装至基础架上固定，吊装时应注意方位和校底板水平。

2. 管路的配制

先将弯管组件分别按安装图装好，再配制调速器与油压装置及接力器的连接管道。

管道安装前应先对管道内部用清水或蒸汽清扫干净，一般压力油连接管路均使用法兰连接，管道的安装一般应先进行预装，预装时检查法兰的连接，管路的水平、垂直及弯曲度等是否符合要求。预装完毕后，可先将管路拆下，正式焊接法兰。新焊接的管路内部必须清扫干净，然后再进行法兰的平面检查及耐压试验等工作。法兰连接需要采用韧性较好的垫料，同时也要有平整的法兰接触面，以免渗漏。

3. 注意事项

所有零部件的装配，都必须符合有关图纸的技术要求。装配前，所有零部件都必须清洗干净，特别是液压集成的阀盖和主配压阀及其他有内部管道的零部件，都要用压缩空气吹净暗管内杂质，并用汽油反复冲洗干净。

各处 O 形密封垫均不得碰伤或漏装。

主配压阀的阀体和底板连接顺序是先将密封垫装置阀体和底板之间，然后，将阀体和底板用螺栓连接牢固，再连接阀体侧面的法兰和管道等。

4. 机械液压系统的拆装和清洗

（1）拆卸和清洗柜内全部零件，用清洗剂清洗后并用压缩空气吹净，用清洁布包好待装。按主配压阀和操作机构的总装配图，从上至下进行解体、清洗。

（2）对主配压阀阀体、活塞、引导阀衬套、引导阀活塞和复中活塞、复中缸体等精密零件千万要仔细，切勿碰伤。特别是主配和引导阀活塞的控制口锐边千万不要碰伤。

（3）部件拆卸前必须了解它的结构，当无图纸时，可先拆卸而待结构全部了解后，再进行组装。

（4）对于相互配合的零件，若无明显标志，在拆卸前应做好相对记号。

（5）对于相同部件的拆卸工作应分别两处进行，以免搞混。

（6）对于有销钉的组合面，在拆卸前应先松开螺栓，后拔销钉，在装配时应先打销钉后紧螺栓。拆卸下来的螺栓与销钉，当部件拆卸后应拧回原来位置，以免丢失。

（7）机件的清洗应用干净的汽油和少毛的棉布进行。对较小的油孔应保证畅通。

（8）机件清扫完毕后应用白布擦拭后妥善保管，最好立即组合。组合前检查零件有无毛刺，如有应使用油石与砂布研磨消除。

（9）组合前零件内部应涂润滑油，组合后各活动部分动作灵活而平稳。

（10）各处采用的垫的厚度最好与原来一样，以免影响活塞的行程。

（11）组合时应按原记号进行，组合螺栓及法兰螺栓应对称均匀地拧紧。

四、调试

1. 调速器机械部分检查与调整

（1）机械部分分解检查，将所有零件的锈蚀部位处理好，清扫干净后重新组装，组装后各部件应动作灵活。

（2）新配制的油管路应清扫干净，管路连接后应无渗漏点。

（3）压力油罐油压、油面正常。油压装置工作正常。

（4）调速器充油。将压力油罐的油压降至额定油压的 0.5 倍以下，缓慢向调速器充油，检查调速器的各密封点在低油压下应无渗漏现象。利用手操机构手动操作调速器，使接力器由全关到全开往返动作数次，排除管路系统中的空气，同时观察接力器的动作情况，应无卡滞。

2. 充水前调整项目

（1）调速器零位调整。

（2）最低油压试验。手动调整压油槽的压力，使压油槽的压力逐渐下降，同时利用机械手操机构，手动操作调速器，使接力器反复开关，得出能使接力器正常开、关的最低油压。

（3）导叶开度与接力器行程关系曲线的测定。

（4）接力器直线关闭时间测定。

（5）调速器静特性试验。

1）调速器静特性曲线应近似为直线。

2）主接力器的转速死区应不超过 0.04%。

3）校核 b_p 值：$|\Delta b_p| \leqslant 0.25\%$。

3. 充水后试验

（1）手动空载转速摆动测量。机组手动开机至空载额定工况运行，测量机组转速，观察 3min，记录机组转速摆动的相对值；将励磁投入，机组在手动空载有励工况下，观察 3min 机组转速摆动的情况。转速摆动的相对值应小于 0.15%。

（2）自动空载转速摆动测量。调速器参数整定为空载运行参数，自动开机至空载额定转速，开机过程采用录波器录制开机过程（转速、行程）。当机组转速达到额定时，测量机组转速 3min，记录机组转速摆动相对值，不应超过额定转速的 0.15%。

（3）空载扰动试验。机组在空载无励的工况下运行，选择不同的调节参数，分别用频给键给定扰动信号由 48~52Hz、52~48Hz，观察并记录机组转速和接力器行程的过渡过程。根据过渡过程确定最佳的空载运行参数。调节时间应小于 $12t_w$；最大超调量小于扰动量的 30%；调节次数不超过 2 次。

（4）甩负荷试验。$E=0$，$f_g=50Hz$，$L_d=100\%$，调速器参数为修前调速器参数，机组分别带额定负荷的 25%、50%、75%、100%。然后将其甩掉。采集机组转速、接力器行程、蜗壳水压、发电机功率、定子电流等值的变化过程。

1）甩 100%负荷时，机组转速上升率小于等于 50%。

2）甩 100%负荷时，水压上升率小于等于 50%。

3）甩 25%额定负荷时，接力器不动时间不大于 0.2s。

4）甩 100%额定负荷后，在转速变化过程中，超过稳态转速 3%额定转速值以上的波峰不超过两次。

5）从机组甩负荷时起，到机组转速相对偏差小于±1%为止的调节时间 t_E 符合 GB/T 9652.1—2019《水轮机调速系统技术条件》的要求。

（5）带负荷连续 72h 运行试验。调节系统和装置的全部调整试验及机组所有其他试验完成后，应拆除全部试验接线，使机组所有设备恢复到正常运行状态，全面清理现场，然后进行带负荷 72h 连续运行试验。试验中应对各有关部位进行巡回监视，并做好运行情况的详细记录。

五、验收

（1）产品应按照规定程序批准的图纸和文件制造。大、中型电液调节装置在交货前，应按有关标准及订货合同的要求，由用户组织专门力量进行验收。验收的程序、技术要求及负责单位，应在产品订货合同加以明确。

（2）标志、包装、运输和保管应符合 GB/T 13384—2008《机电产品包装通用技条件》的规定。

（3）设备运到使用现场后，应在规定的时间内，在厂方代表在场或认可的情况下，进行现场开箱检查。检查应包括以下内容。

1）产品应完好无损，品种和数量均符合合同要求。

2）按合同规定随产品供给用户的易损坏及备品备件齐全，并具有互换性。

3）随产品一起供给用户的技术文件包括产品原理、安装、维护及调整说明书；产品原理图、安装图及总装配图；产品出厂检查试验报告，合格证明书装箱单。

（4）电液调节装置经现场安装、调整、试验完毕，并连续运行 72h 合格后，应对其进行投产前的交接验收。验收包括以下内容。

1）各项性能指标均符合技术规程及有关技术条件的要求。

2）设备本体完好无损，备品、备件、技术资料及竣工图纸、文件齐全（包括现场试验记录和试验报告）。

【思考与练习】

1. 更换调速器应注意哪些事项？

2. 简述水轮机调速器整体拆除工作流程。

3. 简述机械液压系统的拆装和清洗项目。

4. 简述水轮机调速器充水前调整项目。

模块 3 水轮机调速器的更新改造方案
（Z52F1003Ⅱ）

【模块描述】本模块介绍水轮机调速器改造方案的制订，通过案例的学习和方案编制，掌握正确编写水轮机调速器的更换改造工作方案。

【模块内容】

水轮机调速器改造工作方案的编写，一般包括以下几个方面。

（一）工程概况

工程概况包括工程项目、施工目的、工期要求、工程施工特点及施工单位。

（二）施工组织机构及组织管理措施

1. 建立施工组织机构（略）

2. 建立健全工程管理制度（略）

（三）施工准备

施工准备包括技术资料准备、工器具及材料准备、劳动力配置、施工现场准备。

（四）施工步骤、方法及质量标准

1. 作业流程（略）

2. 施工步骤和方法（略）

3. 施工质量标准（略）

（五）编制施工进度计划

工程的计划开竣工日期及进度用工程进度横道图表示。

（六）质量管理控制措施

1. 质量管理措施（略）

2. 质量控制措施（略）

（1）设立三级验收点。

（2）现场检查验收制度。

（七）环保及文明生产控制措施（略）

（八）安全组织技术措施

1. 危险点分析及控制措施（略）

2. 一般安全措施（略）

（九）施工平面布置图（略）

【案例】WBST–150–2.5 型水轮机调速器设备改造工作方案的案例

（一）工程概况

工程名称为某机调速器更换，由于原调速器的反馈机构是由钢丝绳构成，经过长时间的运行，调速器反馈信号虽然能满足机组运行需求，但出现机械与电气配合不协调，维护量大，出现钢丝绳断股、空载过速、负荷调整不稳等，机械部件杠杆与钢丝绳死区大反馈慢等，建设单位为使调速器稳定运行以保证机组安全发电提高机组可靠性，特提出更换。

本次调速器更换为 WBST–150–2.5 型，随着主设备的更换，调速器的底座、管路位置发生了变化，需要进行底座安装及管路配制，增加了工程量，工程由×××单位承揽施工，计划工期 15 天。

（二）施工组织机构及组织管理措施

1. 建立施工组织机构

施工组织机构见表 2–3–3。

表 2–3–3　　　　　　　　施 工 组 织 机 构

组织机构	机构人员	职　责
项目经理		负责工程的进度、质量、安全监督与协调工作

组织机构	机构人员	职　责
施工负责人		负责施工现场的技术、质量、安全检查与协调工作
安全负责人		负责现场施工的安全管理工作
技术负责人		负责工程施工的全面质量、技术管理工作
材料保管员		负责现场施工的材料、工器具保管与出入库
主要施工人员		

2. 建立健全工程管理制度

工程管理制度包括质量检查和验收制度，技术交底制度；施工图纸学习及会审制度、分工负责及现场检查指导制度、材料出入库制度、安全操作制度及考核制度等。

（三）施工准备

1. 技术资料准备

根据工程的技术要求及设备说明书，编制并审批施工方案及施工安全措施，准备项目验收单，收集新设备图纸及说明书，准备验收规范。

2. 工器具及材料准备

编制主要施工机械、工器具配置计划表。

3. 劳动力配置计划表

编制劳动力配置计划表。

4. 施工现场准备

对现场进行勘察和测量，确定施工场地，并设置作业围栏。

（四）施工步骤、方法及质量标准

1. 施工步骤和方法

（1）调速系统排油、排压。在系统排油过程中，与维护部油务班做好联系，派专人监护，做好防止跑油措施，调速器排油时要撬起或压下主配，并保持一段时间，防止拆卸调速器时大量跑油。

（2）电气拆线。拆除位移转换装置、传感器及拒动触点的接线。

（3）拆除油管路及主配压阀，运至指定地点存放。拆除调速器下方平台上的围栏，并由起重班做好防护措施，工作人员登高作业时要带上安全带，拆除调速器下方导、轮叶各压力油管和回油管，松开主配压阀与底板的连接螺栓，由起重人员与施工人员协调配合将主配压阀移走，将分解和拆除的管路及主配压阀运送到指定地点存放。

（4）新调速器运至现场，并检查。新调速器由起重人员运送至安装地点，检查调速器各油腔内是否有异物，各阀门或活塞动作是否灵活，各部件无伤痕锈蚀，并用白布和塑料布包好，配件是否齐全，各部件固定牢固。

（5）新调速器机械部分安装。将原底板按照新调速器的底板大小划线后用气焊切割，用角向磨光机打平找正，然后将新调速器底板焊接在原底板上牢固严密不漏油，同时测量水平，起重人员将新主配压阀运至调速器检修平台上，并吊至底板上用地脚螺栓把紧，安装导、轮叶油路板（油路畅通）、滤油器、电磁阀、止回阀（检查各密封胶圈良好）、位移转换装置和压力表等，检查动作部件灵活无卡阻。

（6）管路安装刷漆。对新管路内外进行去锈检查无砂眼，按底座位置重新配置管路，对正管路法兰并焊接，防止法兰倾斜，压力油和回油管路，以及导、轮叶开腔和关腔油管路逐根对正焊接，安装时一定要检查各油管内无杂物，做到管路不别劲，密封圈有压缩量，法兰面要对称把紧，无漏油，高处作业时使用安全带并系在牢固的地方，管路安装结束后，对各设备管路进行全面清扫，刷防锈底漆和面漆，在面漆干后，标明介质流向。

（7）反馈元件安装。回装调速器分段关闭钢丝绳，在接力器上游前端盖处安装位移传感器，行程满足设计要求。在受油器外罩的开度指示牌处安装一位移传感器，另一端固定在轮叶接力器指针上，行程满足设计要求。

（8）调速柜体及电气部分安装。由起重人员将调速柜吊至基础板上，并进行固定，电气人员安装电气元件。

（9）调速系统充油、充压。在系统充油、充压过程中，应设专人监视检查各部位。给压油罐充油时，要检查总油源阀关闭，低压时打开总油源阀时要缓慢开启，并且要慢慢操作调速器对调速系统进行排气，检查新调速器和各管路是否有渗漏油，同时注意漏油装置、集油槽和压油槽的油位油压情况，防止跑油。

（10）调速器安装后调试及试运行。调速器机械零位调整；导叶开机时间、关机时间，轮叶开机时间、关机时间测量调整；传感器行程测量调整；调速器的 PCC 控制参数调整试验；调速器静特性试验及随动系统不准确度试验；调速器模拟试验；机组空载试验、甩负荷试验。

2. 施工质量标准

（1）无油自复中步进电机式电-位移转换装置，转动灵活可靠，断电后、在弹簧力作用下，自动回复零位，液压系统回到中间位置。

（2）调速器的导、轮叶液压传动部件动作灵活，活塞动作灵活，无卡阻。

（3）调速器的导、轮叶传动部件安全可靠，手动动作可靠。

（4）导、轮叶的液压系统密封可靠，无渗漏。

（5）调速器底座各管路接口法兰连接固定，无漏油。

（6）调速器应急阀，动作灵活，无漏油。

（7）机械调速柜底座水平度不大于 0.15mm/m。

（8）调速器导、轮叶液压机构动作平稳、无振动，开关导、轮叶在任一位置时，接力器无摆动，满足全行程要求；调速器开关机时间满足调保计算要求。

（9）轮叶启动角度为 2.5°。

（10）静特性曲线应近似为直线，调速器的转速死区不超过 0.02%。

（11）导、轮叶协联系统不准确度不大于 0.8%。

（12）自动空载运行 3min 机组转速相对摆动值不超过 ±0.15%。

（13）机组甩 25%负荷时接力器不动时间不超过 0.2s，甩 100%负荷时机组转速上升和水压上升不超过调保计算值。

（五）编制施工进度计划

施工进度见表 2-3-4。

表 2-3-4　　　　　　　　　施　工　进　度

分部分项工程名称	施工进度（天）														
	1	2	3	4	5	6	7	8	9	10	11	12	13	14	15
施工准备	—	—													
调速系统排油、排压				—											
反馈机构和调速柜拆除					—										
拆除调速器管路						—									
新调速器检查，并运至现场		—	—												
机械部分安装测量调整						—	—	—	—						
管路安装刷漆										—					
钢丝绳和反馈元件安装											—				
调速柜体及电气元件安装												—			
调速系统充油、充压												—			
新调速器安装后调试及试运行													—	—	—
现场清理															—

（六）质量管理控制措施

1. 质量管理措施

（1）施工作业前根据组织技术措施编制，并学习标准化作业指导书、指导卡。

（2）施工作业前向甲方提交开工报告、工作票，完工后及时提交详细、准确、真实的技术报告。

（3）工程施工过程自检合格后，及时填写验收单，并请现场质检员验收签字。

2. 质量控制措施

（1）设立三级验收点。质量见证点（W）见表 2-3-5，停工待检点（H）见表 2-3-6。

表 2-3-5 **质 量 见 证 点（W）**

序号	验收项目	验收规范
1	导、轮叶引导阀质量验收	厂家图纸技术要求
2	导、轮叶辅助接力器与主配压阀质量验收	厂家图纸技术要求
3	紧急停机电磁阀动作检查	厂家图纸技术要求
4	调速器底座及导、轮叶管路安装质量检查	GB/T 8564—2003《水轮发电机组安装技术规范》
5	导、轮叶步进电机及转换装置检查	厂家图纸及说明书

表 2-3-6 **停 工 待 检 点（H）**

序号	验收项目	验收规范
1	调速器调试与试运行	（1）DL/T 496—2016《水轮机电液调节系统及装置调整试验导则》。 （2）现场调速器检修技术规程。 （3）厂家调速器说明书

（2）现场检查验收制度。项目部工程管理人员、专业组技术负责人员要随时检查、指导工程施工，检查施工工艺及质量标准，发现问题及时提出整改措施，并检查、验收、签字。

（七）环保及文明生产控制措施

略。

（八）安全组织技术措施

1. 危险点分析及控制措施

危险点分析及控制措施见表 2-3-7。

表 2–3–7　　　　　　　　　　　　危险点分析及控制措施

作业活动	危险源	风险	现有控制措施
调速器更型改造	拆卸管路前，没动作导、轮叶主配进行排油、排压	拆管路时，造成大量跑油，污染地面或造成人员滑倒摔伤	操作调速器的手操机构动作导、轮叶主配活塞，并保持一段时间
	使用电气工具	人员伤害	戴上护目镜，使用触电保安器
	高处作业	人员伤害	系好安全带、捆好安全绳
	动火作业	人员及设备伤害	按照动火票要求进行布置现场
	调速器调试	人员伤害	水车室门前设置标识牌，并设专人监护，专人指挥协调
	集油槽下部工作，不戴安全帽	造成人员撞伤头部	作业人员要严格按规定要求佩戴安全帽

2. 一般安全措施

（1）施工前，作业组负责人向本工作组成员明确交代工作任务，安全措施及危险点控制措施。

（2）严格执行工作票、动火票制度，并严格按其安全措施执行。

（3）每天施工前，作业负责人必须检查设备无异常变动，检查安全措施（机组停机，锁定投入，关闭锁定油源阀，并挂标示牌；落蜗壳进口门排水，并检查进口门无严重漏水；拉开压油装置压油泵电源，并挂标示牌，压油罐排油排压；关闭调速系统总油源阀，并挂标示牌）无变更，否则应进行完善后再作业。

（4）作业中的孔洞必须用硬板盖好，并设置围栏挂好警告标示牌。

（5）排油时应做好监视，防止跑油，若地面上有油应擦净。

（6）工作负责人不能离开工作现场，收工时切掉电源。

（九）施工平面布置图（略）

【思考与练习】

1. 水轮机调速器改造工作方案的编写，一般包括几个方面？

2. 绘出水轮机调速器改造作业流程图。

3. 结合本单位实际编制水轮机调速器更换的施工进度计划。

◢ 模块 4　管路配置及检验（Z52F1004Ⅱ）

【模块描述】本模块包含管道配置及检验，通过管路检修及配置、弯管工艺、铜管的弯制与连接工艺、检验方法等讲解与实操，掌握管道检修及弯管工艺要求、铜管的弯制与连接操作技能和质量检验方法。

【模块内容】

一、管道检修

管道的连接方法有焊接、法兰连接和螺纹连接三种。

（1）在高压管道系统中，除与设备连接处采用法兰连接外，大都采用焊接，以减少泄漏。

（2）在不影响设备检修和管道组装的前提下，其他管道系统也应尽量少采用法兰连接。

（3）螺纹连接主要用于工业水管道系统及其他低温低压管道系统。

（一）焊接管道与法兰连接管道检修

1. 焊接管道的检修

（1）高压管道的原有焊缝在检修时，必须按照相关金属技术监督规程的有关规定进行检查。

（2）一般低压管道的焊缝，只需进行外观检查，查看是否有渗透、裂纹及焊缝的锈蚀。

（3）对于高温高压管道进行蠕变检查。

（4）新配制的管子应进行材质检查，并按相关焊接规程加工成坡口进行施焊。对于高压管道的焊缝应做无损探伤检查。

2. 法兰密封面的形式及新法兰的检查

法兰密封面的形式、特性和适用范围见表2-3-8。

表2-3-8　　　　　　　　法兰密封面的形式、特性和适用范围

名称	简图	特性和适用范围
普通密封面		结构简单，加工方便。多用于低中压管道系统中。在放置密封垫时，不易放正
单止口密封面		密封性能比普通密封面好，安装时便于对中，能防止非金属软垫由于内压作用被挤出。配用高压石棉垫时，可承受6.4MPa的压力；当配用金属齿形垫时，可承受20MPa的压力
双止口密封面		密封面窄，易于压紧，密封垫不会因内压或变形而被挤出，密封可靠。法兰对中困难，受压后密封垫不易取出。多用于有毒介质或密封要求严格的场合。使用的垫料与可承受的压力与单止口密封面基本相同，但不宜采用金属齿形垫

名称	简图	特性和适用范围
平面沟槽 密封面		安装时便于对中，不会因密封垫而影响装配尺寸基准，耐冲击振动。配用橡胶 O 形圈时，可承受压力达 32MPa 或更高，密封性好。广泛用于液压系统和真空系统
梯形槽密封面		与八角形截面或椭圆形截面的金属垫配用，密封可靠。多用于压力高于 6.4MPa 的场合
镜面密封面		密封面的精度要求高，并要精磨成镜面，加工困难。不加密封垫或加镜面金属垫，多用于特殊场合
研合密封面		两密封面需刮研，中间一般不加密封垫，多用于设备的中分面

法兰的材质取决于所接触介质的理化性质及工作参数。

新法兰在与管道焊接前，应做以下检查：

（1）法兰的材质是否符合使用要求，重要的法兰应有材质证明及施焊、热处理的说明。

（2）法兰的几何尺寸是否符合图纸要求，相配对的法兰止口、螺孔是否匹配。

（3）重要法兰应配有配套的紧固螺栓。

3. 法兰与管道的组装要求

用法兰连接的管道，要做到装复后法兰不漏，需按以下要求进行组装：

（1）组装前，必须将法兰结合面原有的旧垫铲除干净，但不得把法兰表面刮伤，并检查内外焊缝的锈蚀程度。

（2）法兰密封面应平整、无伤痕。有些法兰厚度不符合要求（非标准法兰），加之施焊不当，法兰面成一凸形。对这样的法兰应进行更换，法兰的焊接如图 2-3-7 所示。

（3）组装时，两法兰面在未紧螺栓的情况下不得歪斜，其平行差不超过 1～1.5mm。如因管道变形或原安装不合格，致使两法兰面错位、歪斜或螺孔不同心，如图 2-3-8 所示为不合格的法兰对口面，则不允许强行对口或用螺栓强行拉拢，应采取校正管子的方法或对管道的支撑进行调整。总的要求是法兰及螺栓不应承受因管道不对口所产生的附加应力。

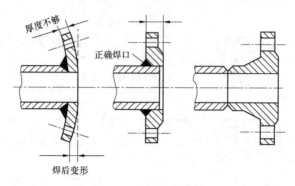

图 2-3-7　法兰的焊接

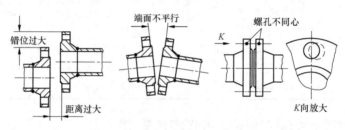

图 2-3-8　不合格的法兰对口面

（4）正确选用垫料，常用的垫料见表 2-3-9。正确制作密封垫，以及正确安放密封垫。

（5）法兰螺栓对称拧紧后，要求两法兰面平行。低压法兰用钢尺检查，目视合格即可；高压法兰应用游标卡尺进行检测。高压法兰螺栓的紧度，应达到设计的扭矩值。

表 2-3-9　　　　　　　　　　　　常用的垫料

种　类	材　料	压力 （MPa）	温度 （℃）	介　质
纸垫	软钢纸板	<0.4	<120	油类
橡皮垫 夹布橡胶垫	天然橡胶 普通橡胶板 夹布橡胶	<0.6 <0.6	−60~100 −40~60 −30~60	水、空气、稀盐（硫）酸 水、空气 水、空气、油
橡胶石棉垫	高压橡胶石棉板 中压橡胶石棉板 低压橡胶石棉板	<6 <4 <1.5	<450 <350 <200	空气、蒸汽、水<98% 硫酸、<35%盐酸
	耐油橡胶石棉板	<4	<400	油、氢气、碱类
O 形橡胶圈	耐油、耐低温、耐高温的橡胶	<32	−60~200	油、空气、水蒸气
	耐酸碱的橡胶	2.5	−25~80	浓度20%的硫酸、盐酸

续表

种　类	材　料	压力(MPa)	温度(℃)	介　质
金属平垫	紫铜、铝、铅、软钢、不锈钢、合金钢	<20	600	蒸汽、水、油、酸、碱
金属齿形垫、异形金属垫（八角形、梯形、椭圆形的垫）	10（08）钢、（0Cr13） 铝、合金钢	>4 >6.4	600 600	

（二）螺纹连接管道检修

1. 螺纹连接管道的检修工艺

用螺纹连接的管道，其管径一般不超过 80mm，其管件如弯头、接头、三通等均为通用的标准件。这些标准件通常用可锻铸铁（马铁）或钢材制作。

管端螺纹用管子板牙扳制。扳好的外螺纹有一定的锥度。这种锥形螺纹紧后不易泄漏，因而在装配时螺栓不需拧入过多，一般有 3～4 扣即可。同时也不宜将管件拧得过紧，过紧会使其胀裂。

螺纹管道的配制及其装配顺序如下：

（1）用管子割刀将管子截取所需长度。

（2）用管子板牙扳丝，扳丝长度不宜过长，只要管端露出工具有 1～2 扣丝牙即可，如图 2-3-9（a）所示。

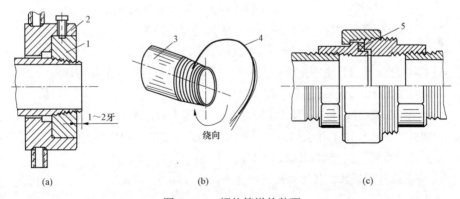

图 2-3-9　螺纹管道的装配

（a）用板牙扳丝；（b）涂漆缠麻；（c）活接头（油任）结构

1—板牙；2—扳丝架；3—管子；4—麻丝；5—石棉胶垫

（3）在螺纹部位抹、缠密封材料，通常只在螺栓上加密封材料。一是在管螺纹部位抹上一层白铅油或白厚漆，再沿螺纹的尾部向外顺时针方向缠上新麻丝（也可将麻头压住由外向内缠），如图 2-3-9（b）所示；二是用生胶带缠绕在螺纹上，一般缠两层即可。生胶带是新型密封材料，使用方便，清洁、可靠，可替代老的密封材料。

（4）管道安装到一定长度后，必须装活接头。若有阀门，则在阀门前或阀门后装活接头。活接头俗称油任，如图 2-3-9（c）所示。安装油任的目的是便于管道检修。在油任的接口面要放置环形垫料，油任对口时应平行，不许强行对口。

2. 螺纹连接管道的检修常用工具

螺纹连接管道的检修常用工具有管子割刀、管子板牙、管子钳等。

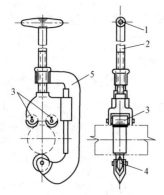

图 2-3-10　管子割刀结构

1—手柄；2—进刀螺杆；3—滚轮；
4—刀片；5—刀架

（1）管子割刀。管子割刀是切割管材的专用工具。管子割刀结构如图 2-3-10 所示。用这种割刀切割的管材断面平整、垂直。由于切割时割口受挤压，故割口有缩口现象，并在内口出现锋边。缩口利于扳丝时起扣，锋边则应用半圆锉锉平。

切割操作如下：

1）将管子用管虎钳固定，把割刀架套在管子上，并把刀片刃口对准割线，然后拧紧进刀螺杆，握住手柄绕管子转动，每转一周进刀一次，每次进刀量以半圈为好，连续转动和进刀直至切断管子为止。

2）在切割过程中必须定时向刀片和转轴上注机油，以保证刀片冷却和轴颈润滑。

3）在切割有焊疤的管子时，应先将割缝处的焊疤锉平。

4）对于椭圆管子及有弯的管子，不宜用管子割刀切割。

5）割口至管端的长度不足滚轮宽度的一半时，也不宜用管子割刀切割。

（2）管子板牙。管子板牙是扳制管螺纹的专用工具。常用的有以下几种：

1）管螺纹圆板牙。与钳工套丝用的圆板牙结构相同。使用时，将圆板牙装入圆铰手内，其扳丝方法与钳工套丝相似。每种圆板牙只能套制一种规格的管螺纹，一次成型，故扳丝效率高。但管螺纹圆板牙只适用于小口径的管子扳丝。

2）可调式管子板牙。其优点是适应性强，且可扳制大口径管子的螺纹；缺点是笨重，携带及使用不方便。

3）电动扳丝机有手提式和固定式两类。手提式只具有扳丝功能；固定式既可切管又可扳丝。

4）上述各类扳丝机具在使用时，必须定时向板牙上注入机油，从而保证刀具刃口的润滑冷却，提高板牙的使用寿命，并可提高螺纹的精度。

（3）管子钳。管子钳是拆装螺纹管子的专用钳具，其规格与活动扳手相同。管子钳结构和使用方法如图2-3-11所示。在使用时，钳口开度要适度，并将活动钳头向外翘起，使两钳口形成一个角度（θ），将管子紧紧地卡住。只有这样，在用力时管子钳才不打滑。

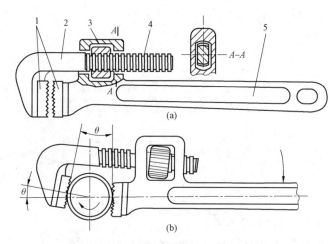

图2-3-11　管子钳结构和使用方法
（a）管子钳的结构；（b）管子钳的使用方法
1—钳口（工具钢）；2—活动钳头；3—方牙螺母；4—方形螺纹；5—钳身

另外，还有一种专门用于大口径管子拆装的管子钳，称为链钳。它是用板链代替活动钳头。由于链子很长，故可适应大口径管子的拆装。

3. 管螺纹的技术规范

目前，管螺纹尚采用英制标准，而且对套制管螺纹的管子规格也有特殊的统一规定。这点应注意，不要与其他管子的规格相混淆。管螺纹及管子的公英制对照见表2-3-10。

表2-3-10　　　　　　　　　管螺纹及管子的公英制对照

公称口径		管子（mm）		管螺纹	
mm	in	外径	壁厚	基面处外径（mm）	每英寸牙数
15	1/2	21.25	2.75	20.956	14
20	3/4	26.75		26.442	
25	1	33.50	3.25	33.250	11

续表

公称口径		管子（mm）		管螺纹	
mm	in	外径	壁厚	基面处外径（mm）	每英寸牙数
32	$1\frac{1}{4}$	42.25	3.25	41.912	
40	$1\frac{1}{2}$	48.00	3.50	47.805	11
50	2	60.00		59.616	
70	$2\frac{1}{2}$	75.50	3.75	75.187	
80	3	88.50	4.00	87.887	

举例说明：如公称口径为 25mm，英制为 1in（1in=25.4mm）的管子，其套丝的管子外径实际为 33.5mm，内径为 33.5–（2×3.25）=27mm。也就是说，25mm（1in）的概念既不是外径也不是内径。因此，在配制管件时（如车制接头），也必须按其特殊标准进行绘图与加工。

（三）管道检修及改装的注意事项

（1）拆卸管道前，要检查管道与运行中的管道系统是否断开，并将管道上的疏水、排污阀门打开，排除管内汽、水。在确认排空后，方可拆卸管道。

（2）在割管或拆法兰前，必须将管子拟分开的两端临时固定牢，以保证管道分开后不发生过多的位移。

（3）在拆卸有保温层的管道时，应尽量不损坏保温层。

（4）在改装管道时，管子之间不得接触，也不得触及设备及建筑物。管道之间的距离应保证不影响管子的膨胀及敷设保温层。在改装管道的同时，应将支吊架装好。在管道上两个固定支架之间，必须安置供膨胀用的 U 形弯或伸缩节。

（5）在组装管道时，应认真冲洗管子内壁，并仔细检查在未检修的管子内是否有异物。

（四）密封垫的制作与密封垫料的选用原则

1. 密封垫的制作

密封垫的制作方法如图 2–3–12 所示。

在制作密封垫中应注意以下几点：

（1）垫的内孔必须略大于工件的内孔。

（2）带止口的法兰，其垫应能在凹口内转动，不允许卡死，以防产生卷边而影响密封。

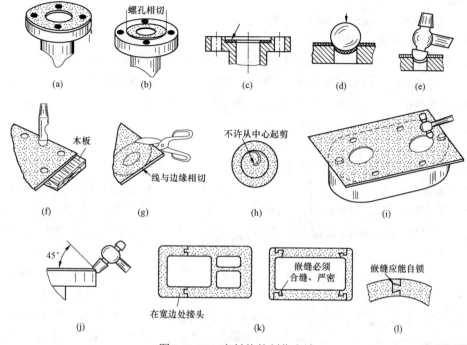

图 2-3-12　密封垫的制作方法

（a）带螺孔的法兰垫；（b）不带螺孔的法兰垫；（c）止口法兰垫；（d）用滚珠冲孔；
（e）用手锤敲打孔；（f）用空心冲冲孔；（g）用剪刀剪垫；（h）剪内孔的错误方法；
（i）用手锤敲打内孔；（j）用手锤敲打边缘；（k）方框型垫的镶嵌方法；（l）圆形垫的镶嵌方法

（3）对重要工件用的垫不允许用手锤敲打，以防损伤其工作面。

（4）垫的内孔不要做得过大，以防垫在安放时发生过大的位移。

（5）制垫时必须注意节约，尽量从垫料的边缘起线，并将大垫的内孔、边角料留作制小垫用。

2. 法兰密封垫料的选用原则

密封垫料应满足以下条件：

（1）与相接触的介质不起化学反应。

（2）有足够的强度，当法兰用螺栓紧固后，能承受管内的压力，并且在管温影响下强度值变化不大。

（3）材质均匀，无裂纹及老化现象，厚薄一致。

（4）在选用密封垫材时，应力求避免选用很昂贵的材料。

（5）密封垫的厚度应尽可能选得薄些，因厚的垫料并不能改善密封性能，且往往适得其反。

（6）应考虑法兰密封面的平整程度。

二、弯管工艺

弯管工艺大致可分为加热弯制与常温下弯制（即冷弯）。无论采用哪种弯管工艺，管子在弯曲处的壁厚及形状均要发生变化。这种变化不仅影响管子的强度，而且影响介质在管内的流动。因此，对管子的弯制除了解其工艺外，还应了解管子在弯曲时的截面变化。

1. 弯管的截面变化及弯曲半径

管子弯曲时截面的变化如图 2-3-13 所示。

由图 2-3-13 可看出，在中心线以外的各层线段都不同程度地伸长；在中心线以内的各层线段都不同程度地缩短；这种变化表示了构件受力后的变形，外层受拉，内层受压；在接近中心线的一层在弯曲时长度没有变化，即这一层没有受拉，也没有受压，称为中性层。

实际上管子在弯曲时，中性层以外的金属不仅受拉伸长，管壁变薄，而且外弧管壁被拉平；中性层以内的金属受压缩短，管壁变厚，挤压变形达到一定极限后管壁就出现突肋、折皱，中性层内移，管子弯曲后截面形状如图 2-3-14 所示。这样的截面不仅管子的截面积减小了，而且由于外层的管壁被拉薄，管子强度直接受到影响；为防止管子在弯曲时产生缺陷，要求管子的弯曲半径不能太小。弯曲半径越小，上述的缺陷就越严重；弯曲半径大，对材料的强度及减小流体在弯道处的阻力是有利的；但弯曲半径过大，弯管工作量和装配的工作量及管道所占的空间也将增大，管道的总体布置也困难。

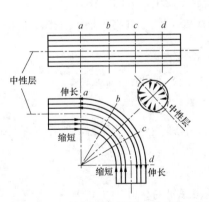

图 2-3-13　管子弯曲时截面的变化

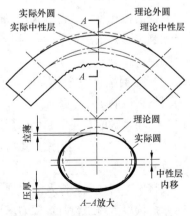

图 2-3-14　管子弯曲后截面形状

　　综上所述，平衡其利弊，在工艺上以管子外层壁厚的减薄率作为确定弯曲半径值的依据。壁厚的减薄率可按式（2-3-1）计算

$$V = \frac{100D}{2R+D}$$ （2-3-1）

式中　V——相对于原壁厚的减薄率，%；

　　　D——管子外径，mm；

　　　R——弯曲半径，mm。

　　例如，管径$\phi100$，弯曲半径300mm，则减薄率为

$$V = \frac{100\times100}{2\times300+100} = 14.3\%$$

　　按规定，管壁的减薄率一般控制在15%以内。根据这一数值，即可计算出弯曲半径的最小值。同时，弯管的方法不同，管子在受力变形等方面也有较大的差别，故最小弯曲半径也各异。其最小弯曲半径如下：

　　（1）冷弯管时，弯曲半径不小于管外径的4倍。用弯管机弯管时，其弯曲半径不小于管外径的2倍。

　　（2）热弯管时（充砂），弯曲半径不小于管外径的3.5倍。

　　（3）高压汽水管道的弯头均采用加厚管弯制，弯头外层最薄处的壁厚不得小于直管的理论计算壁厚。

　　2. 热弯管工艺

　　这里所述的热弯管，仅限于钢管采取充砂、加热弯制弯头的方法。其步骤如下：

　　（1）制作弯管样板。为使管子弯得准确，需做一弯曲形状的样板。其制作方法是按图纸尺寸以1:1的比例放实样图（或对照实物），用细圆钢按实样图的中心线弯好，并焊上拉筋，防止样板变形，弯管样板如图2-3-15所示。由于热弯管在冷却时会伸直，故样板要多弯3°～5°。

　　（2）管子灌砂。

　　1）管子灌砂是为了将管子空心弯曲改变成实心弯曲，从而改善管子在热弯时出现的折皱、鼓包等不良现象，并可在弯管加热过程中吸收热量和保存热量。另外，砂子耐高温、易装、易取，故采用砂子做填充物。

　　2）弯管用砂要经过筛选、清除杂物。砂粒的大小要根据管径决定。筛选后的砂粒必须经火烘干，不许含有水分，以免加热后产生蒸汽发生伤人和跑砂事故。

　　3）灌砂前，先将管子的一端用堵头堵住。堵头有木质和铁质两种，如图2-3-16所示。

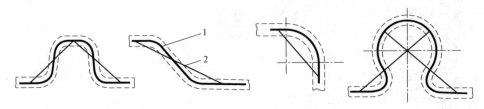

图 2-3-15 弯管样板

1—细圆钢；2—拉筋

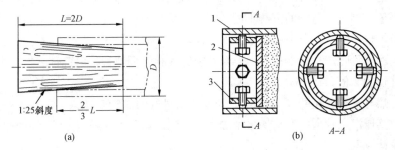

(a)   (b)

图 2-3-16 堵头

（a）木塞（硬木制作）；（b）铁堵（钢板焊制）

1—管子；2—圆铁板（略小于管内径）；3—钢管套（内装顶丝）

4）灌砂时，管子应立着进行，边灌边振实，直到灌满振实为止。振实砂粒的方法，通过用手锤或大锤敲打，或者用机械振砂。经过敲打，砂粒不再下降，同时也没有空响声方可封口。封口的堵头必须紧靠砂面。

必须指出：灌砂工序直接关系到弯头的质量，管内的砂灌得不实相当于不灌。

（3）管子加热长度及加热方法。

1）根据弯曲半径尺计算管子弧长 L，弯曲部位的标记如图 2-3-17 所示。弧长 L（mm）可用式（2-3-2）求出

$$L = \frac{\pi R}{180°} \alpha \tag{2-3-2}$$

式中　R——弯曲半径，mm；

　　　α——弯曲角度，（°）。

2）按图纸尺寸，将计算好的弧长及起弯点、加热长度用粉笔（不许用油漆类）在管子上标出记号。记号须沿圆周标出。

3）加热的方法取决于管径及弯制的数量。少量小直径的管子，可用氧–乙炔焰加热；管径大且数量多的一般采用焦炭加热为好。用焦炭加热的方法如下。

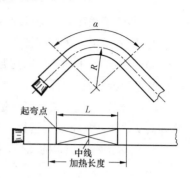

a. 用焦炭生好地炉，将管子的待弯段放在炉火上，上面再盖层焦炭，并用铁板铺盖。

b. 在加热过程中，要随时转动管子和调节送风量，使管子加热段受热均匀。

图 2–3–17　弯曲部位的标记

c. 待管子加热到 950℃ 左右时，应将风门调小或停止送风。

d. 为使管内砂粒热透，管子不要过早取出，应在炉中稳定一段时间。

（4）弯管。

1）将加热好的管子放置在弯管平台上。如果是有缝管，则其管缝应朝正上方。

2）用水冷却加热段的两端非弯曲部位（仅限于碳钢管子），再将样板放在加热段的中心线上，均匀施力，使弯曲段沿着样板弧线弯曲，热弯管示意如图 2–3–18 所示。

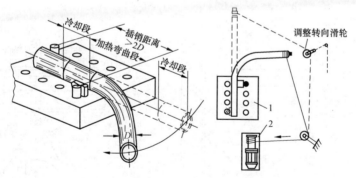

图 2–3–18　热弯管示意

1—弯管平台；2—卷扬机（用于弯制大直径管子）

3）对已弯到位的弯曲部位，可随时浇水冷却，防止继续弯曲。

4）当管子温度低于 700℃ 时，就应停止弯曲。

5）若一次弯曲未能成型，则可进行二次加热再弯曲，但次数不宜多。因为多一次加热，多一次烧损。弯好后的管子让其自然冷却。

（5）除砂。

1）待管子稍冷后，即可除砂。

2）除砂常用手锤敲打管壁。

3）但由于管子加热段在高温作用下，砂粒与管内壁常常烧结在一起，很难清理，必要时可用绞管机进行除砂。

4）在现场多采用喷砂工具进行冲刷，喷砂工具（喷枪）示意如图 2-3-19 所示。冲刷要从管子两端反复地进行，待管壁出现金属光泽时方可停止。

5）为防止喷砂灰尘的飞扬，可在管子的另一端装个专用吸尘器，使管内形成负压。

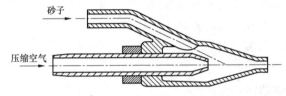

图 2-3-19　喷砂工具（喷枪）示意

3. 冷弯管工艺

（1）冷弯管方法。冷弯管大都采用弯管机或模具弯制。

（2）弯管机的工作原理。弯管机的工作原理如图 2-3-20 所示，从图中两种情况可看出，是小滚轮迫使管子在 A-A 剖面（两轮中心连线）开始弯曲。

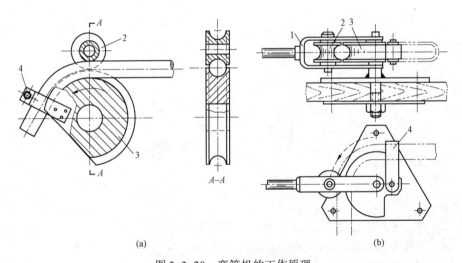

(a)　　　　　　　　　　　(b)

图 2-3-20　弯管机的工作原理

（a）小滚轮定位，大轮转动；（b）小滚轮沿着大轮滚动

1—滚动架；2—小滚轮；3—大轮；4—管卡

（3）冷弯管的变形。管子在弯曲变形时，上方的管壁受拉而伸长，下方的管壁则受压而缩短。由于金属管壁在伸长变薄和缩短变厚时具有保持原状的特性。因此，弯头内外侧的管壁都被压缩，向中性层移动，弯曲部位的中性层管径增大，结果管截面变成椭圆形。

（4）弯管变形的控制。

1）为防止弯管时不圆度过大，除应考虑管子弯曲半径不要过小外，还应在设计加工大轮、小滚轮时从结构上加以考虑。

2）在设计、制造大轮和小滚轮时，大轮上半圆槽的半径要等于管半径，不留间隙。

小滚轮上的半圆槽两边应与管外径采用过盈配合，而其底槽应比管子半径深 1～2mm，大轮与小滚轮的半圆槽如图 2-3-21 所示。

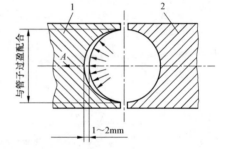

图 2-3-21　大轮与小滚轮的半圆槽
1—小滚轮；2—大轮

3）管子在弯曲时，其两侧的中性层位置由于小滚轮槽边限制，中性层位置的管径不能增大，而只能向外（图 2-3-21 中 A 向）变形，呈半椭圆预变形。

4）当管子离开滚轮时，其中性层位置失去限制而变形（直径增大），但已有的半椭圆预变形可同此时要发生的变形抵消一部分，这样弯出的管子不圆度较小。

（5）常用的冷弯管机有以下几种：

1）手动弯管机（如图 2-3-20 所示）。这种弯管机通常固定在工作台上。弯管时把管子夹在管卡中固定牢，用手扳动把手，小滚轮沿着大轮滚动，即可成型。该机只适用于弯制φ38 以下的管子。

2）电动弯管机。电动弯管机示意如图 2-3-22 所示。电动弯管机大都采用大轮转动，小滚轮定位或成型模具定位。大轮由电动机通过减速箱带动旋转，其转速一般只有 1～2r/min。

从以上两种冷弯管机的结构中可看出，一副大小轮（相当于模具）只能弯制同一管径和弯曲半径相等的管子。

3）手动液压弯管机如图 2-3-23 所示。弯管时，管子被两个导向块支顶着，用手连续摇动手压油泵的压杆，手压油泵出口的高压油将工作活塞推向前进，工作活塞顶着管型模具移动，迫使管子弯曲。

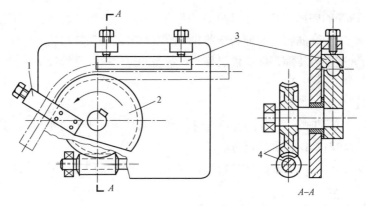

图 2-3-22 电动弯管机示意

1—管卡；2—大轮；3—外侧成型模具；4—减速箱

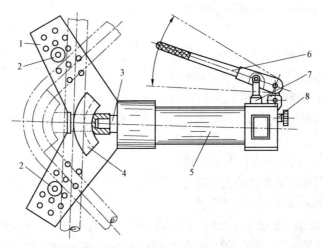

图 2-3-23 手动液压弯管机

1—孔板（上下各一块）；2—导向块；3—活塞杆；4—管型模具；

5—工作缸；6—压杆；7—手压油泵；8—放油阀

两个导向块用穿销固定在孔板上，导向块之间的距离可根据管径的大小进行调整。管型模具是管子成型的工具，用来控制管子弯曲时的不圆度。该机配有用于不同管径的成型模具（公英制各一套）。在使用时必须根据管径选用相应规格的模具。

三、铜管的弯制与连接工艺

（一）铜管的检验和胀管前的准备工作

1. 新铜管工艺性能试验及热处理

新铜管的外表面要求无裂纹、砂眼、重皮、折弯等缺陷。工艺性能试验有两项内容：其一，将选样铜管锯成 20～30mm 几段，两端锉平，并压扁成椭圆断面，其短径为长径的 1/2，管不容许出现裂纹；其二，再锯 50mm 长几段，向管内打入顶角为 45°的圆锥棒，管头呈漏斗状，被胀大的上口直径要比原管径大 30%，而不出现裂纹，如图 2-3-24（a）所示。

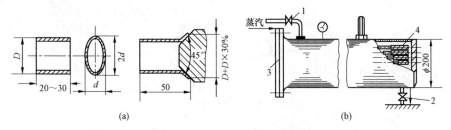

图 2-3-24 铜管工艺性能试验及回火装置（单位：mm）
（a）工艺性能试验；（b）回火装置
1—蒸汽阀；2—疏水阀；3—堵板；4—铜管

将合格的管子截成需要的长段，并做单根水压试验及无损探伤检验，再进行回火处理。回火的方法如下：把铜管装在回火加热筒内 [见图 2-3-24（b）]，通入蒸汽，以 20～30℃/min 的升温速度升至 300～350℃，恒温 1h 后关闭蒸汽阀 1，打开疏水阀 2 进行冷却，待筒温降至 0℃ 以下时即可打开堵板 3，待冷却至常温后将铜管取出。

2. 胀铜管前准备工作

（1）用氧-乙炔焰或喷灯将铜管两端胀接部位加热至暗红色，再进行退火处理，并用砂布将退火部位打磨干净（包括内壁）。

（2）清除管头切口毛刺，检查管头端面是否垂直于管中心线，若不垂直，则进行修正。

（3）将管板孔擦干净，并用砂布打磨，去除铁锈，但要防止孔径增大或孔失圆。

（4）用游标卡尺检查管板孔径及管子外径，其差值应为 0.20～0.50mm，差值过大会造成铜管在胀接时破裂。

（5）检查并清洗胀管器，胀管器的胀杆与滚柱的外表面应光滑，无损伤、失圆现象。

（二）坏铜管取出及胀管

1. 坏铜管取出

取铜管的方法如图 2-3-25 所示。需要更换的管子应做出记号，用不淬火的鸭嘴扁錾，将铜管两端胀口，并挤成如图 2-3-25（a）所示的形状，从一端用平头冲向另一端将铜管冲出一小段，再用手虎钳夹住管头把管子拉出。在拉管时，要防止把管子拉断。若管子很紧，用手虎钳拉不出时，则可采用图 2–3–25（b）所示的夹具将管子拉出（在装夹具前，在管内塞一节圆铁芯）。

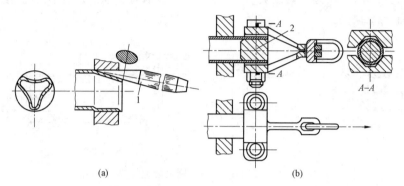

图 2–3–25 取铜管的方法

（a）挤扁胀口的方法；（b）夹管工具

1—鸭嘴扁錾；2—圆铁芯

坏铜管取出后，如果不及时装新铜管而用堵头堵塞时，应用紫铜堵头，以防损坏管板孔。堵塞铜管的根数不得超过铜管总数的 5%～10%。

当铜管需全部更换时，可用风铲将管子由设备的内部隔板处铲断，再用平头冲从两端隔板上冲出管头。

2. 胀管

胀管是检修工作中经常遇到的工艺。胀管器结构如图 2–3–26 所示。具体胀管工艺（如图 2–3–27 所示）如下：

（1）如图 2–3–27（a）所示，将铜管穿入管板孔内，管端面露出管板外的长度控制在 2mm 左右。

（2）如图 2–3–27（a）所示，将胀管器插入铜管内，插入深度以滚柱的前端不超出管板的厚度为限，即胀接的深度不能超出管板厚，但也不允许过小，其胀接深度 H 一般为管板厚度 δ 的 85%左右为宜，胀接的过渡段应在管孔内。

（3）放好胀管器后，将胀杆推紧，使滚柱紧紧地挤住铜管的内壁；用专用扳手沿顺时针方向转动胀杆，当管子胀大并与管孔壁接触后管子不再活动，再把胀杆转 2～3 圈，即完成胀接工作。

（4）如图 2–3–27（b）所示，管子胀好后，逆转胀杆，退出胀管器；再用翻边工具进行翻边以增加管端与孔壁的紧力，同时也可减少水流的阻力及水流对管端的冲刷；翻边的锥度为 30°～40°，翻边后管子的折弯部位应稍入管孔。

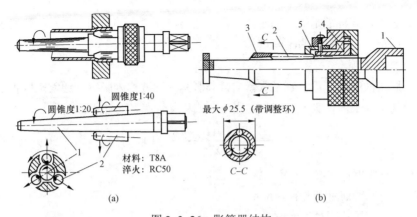

图 2-3-26　胀管器结构

（a）斜柱式；（b）前进式

1—胀杆；2—滚柱（胀珠）；3—保持架；4—外壳；5—调整环

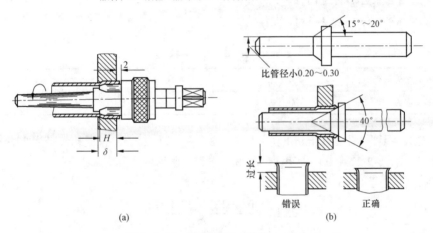

图 2-3-27　胀管工艺（单位：mm）

（a）管端露出值及胀接深度；（b）翻边工具及对翻边要求

　　换管与胀管应尽量使用电动或风动工具。电动胀管的效率比手工操作的高近 10 倍，并可自动控制胀管紧度及能自动翻边。

　　胀接工作结束后，即可进行水压试验，要求胀口无渗漏现象。若有渗漏，则应查明渗漏原因，如属胀紧程度不够，允许进行补胀一次。

　　3. 胀管可能产生的缺陷及其原因

　　（1）胀口管壁出现层皮和剥落的薄片或裂纹，其原因可能是铜管退火不够或翻边角度过大，另外，胀管的时间过长也会出现层皮。

　　（2）胀不牢，可能是胀管时间过短、胀管器偏小或管孔不圆。

（3）过胀，其特征是管子的胀紧部位有明显的圈槽，其原因可能是胀管器插入过深、胀杆的锥度过大、胀的时间过长。

4. 胀接的胀度

（1）胀接的胀度计算。管子胀紧后，其胀紧的程度称为胀度，通常是以管子胀后管壁减薄的程度来衡量胀紧程度的。胀度（或称胀管率）的计算公式为

$$H = \frac{(d_2 - d_1) - (D_2 - D_1)}{D_2} \times 100\% \qquad （2-3-3）$$

式中　H ——胀度；

　　　D_1 ——胀管前管子外径，mm；

　　　D_2 ——管板孔直径，mm；

　　　d_1 ——胀管前管子内径，mm；

　　　d_2 ——胀管后管子内径，mm。

胀度标准可采用表 2-3-11 推荐的数据。

表 2-3-11　　　　　　　　　胀 度 标 准 （推 荐 值）

管壁厚/管外径	0.05	0.08	0.12
推荐胀度 H （%）	0.7~1.20	1.0~2.0	1.8~3.0

例如，铜管外径为 22mm，内径为 18mm，壁厚为 2mm，管板孔直径为 22.3mm，管壁厚/管外径=2/22=0.09，胀度取 1.5 %。求管子胀后内径 d_2。

解：代入式（2-3-3）

$$0.015 = \frac{(d_2 - 18) - (22.3 - 22)}{22.3}$$

则　　　　　　　　　　$d_2 = 18.635$ （mm）

铜管胀后的实际壁厚为

$$\frac{22.3 - 18.635}{2} = 1.83 \text{（mm）}$$

管子的减薄率为

$$\frac{2 - 1.83}{2} \times 100\% = 8.4\%$$

（2）胀杆的锥度与胀管器直径扩大值的关系。胀接时，可根据胀杆的锥度与胀管器直径扩大值的关系，计算出胀杆需要前进的深度，以此来控制胀度。

以上述例题为例，设胀杆锥度为 1/40，求达到要求的胀度时胀杆前进值。

解：锥度 1/40，即胀杆每前进 1mm，胀管器直径扩大值为 1/40=0.025（mm）

铜管的内径胀前与胀后的直径差为 18.635-18=0.635（mm）

则胀杆的前进值为 0.635/0.025=25.4（mm）

（三）铜管的弯制方法与连接

1. 铜管的弯制方法

铜管的弯制指的是小口径铜管，如仪表管、小口径油管等。

弯制时，管材可在退火或不退火状态下进行。铜管（铜材和铝材）的退火方法与钢材相反，其工艺是将铜管加热（用炉火、乙炔焰、喷灯均可）至 450℃ 左右（外表颜色发生改变）后，再将加热部位放入水中，冷却后取出即可。也可在加热后，置于空气中冷却。但在空气中冷却的铜管硬度略高于水中冷却的铜管硬度。铜管的弯制方法如下。

（1）用模具弯制。弯管时铜管可不退火，不用充填物，与冷弯钢管的方法相同。其模具的设计取决于需弯制的形状、弯制圆弧时，可参照图 2-3-20 设计。若为黄铜管且弯制半径又很小，为防止弯管时铜管破裂，就应进行退火处理。

（2）用弹簧弯制。弹簧的放置位置如图 2-3-28 所示。将弹簧放入铜管内需要弯制的部位，以限制管子弯曲时的挤压变形。弹簧的长度应超过弯曲段的弧长，弹簧的外径应略小于铜管内径，管子的弯曲部位需退火。

弹簧安放的方法：将弹簧按卷紧的方向拧入管内，边卷边向管内推进，直至弯曲部位为止。弯管时，可将铜管子紧靠在与弯曲半径相同的圆柱体上进行。

取弹簧的方法与放弹簧的方法相同，边卷紧边向管外拉。

弹簧的钢丝直径不宜过细，过细起不到定型的作用。

图 2-3-28　弹簧的放置位置

（3）充填弯制。

1）先将铜管退火。

2）然后把熔化后的充填物（树脂、沥青）灌入铜管内。

3）待充填物冷凝后，再将铜管靠在模具上进行弯曲。

4）充填物也可用细砂，但弯制后必须将铜管内的砂全部清除干净。

5）对于弯制后要求有较好刚性的铜管，最好采取不退火弯制，因退火后材质变软，极易变形。

2. 铜管的密封连接

铜管与设备（或管子）的连接方法，常采用以下几种方法：

（1）用密封圈进行挤压密封连接如图 2-3-29（a）所示。这种连接法适用于液压不太大的管道，其优点是使用方便，不损伤铜管。

（2）平头加密封垫连接如图 2-3-29（b）所示。该法密封性能好，但制作平头工艺要求较严。

（3）锥形接头连接如图 2-3-29（c）所示。该法密封简便易行，但铜锥头极易损伤。

铜管的扩口方法如图 2-3-30 所示。扩口前铜管头需进行退火处理。

工步一，将铜管用半圆卡具固定在台虎钳上，铜管露出的长度 h 要与接头件相匹配。

工步二，用 90°圆锥冲进行扩口，形成锥形接头，即可用于图 2-3-29（c）所示的锥形接头连接。

工步三，用定心平头冲进行翻边，形成平头接头。

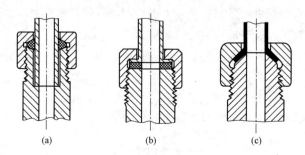

(a) (b) (c)

图 2-3-29 铜管的密封连接

（a）用密封圈进行挤压密封连接；（b）平头加密封垫连接；（c）锥形接头连接

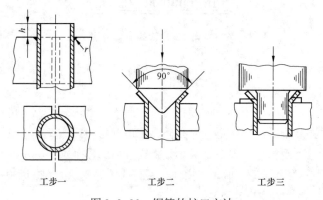

工步一 工步二 工步三

图 2-3-30 铜管的扩口方法

为保证接头牢固、可靠，一些重要的铜管（包括钢管、不锈钢管）接头，多采用焊接上一个车制的强度高的连接头，用来替代直接在管端制作接头的工艺。

3. 铜管的焊接连接

铜管的接头应尽量避免直接对接，应采用如图 2-3-31 所示的铜管焊接接头连接法。重要的焊口要用银焊或铜焊；低压、无振动的铜管允许采用锡焊。

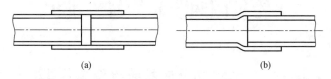

图 2-3-31　铜管焊接接头连接法
（a）套管式；（b）承插式

接头无论是套管式或承插式，其管孔与管头的配合均不许松动，否则将影响接头施焊后的强度。

【思考与练习】

1. 法兰密封垫料应满足哪些条件？

2. 管子弯曲成型后，为何一定要多弯些（即有一定的过弯量）？

3. 叙述在弯管过程中管弯处出现扁形或管壁破裂的原因（包括热弯与冷弯）。

4. 简述管道法兰产生变形的原因。

5. 分析管子的胀度过大或过小的不利之处。

第四章

水轮机调速器的检修、维护

▲ 模块 1　水轮机调速器的检修工作流程及质量标准（Z52F2001Ⅱ）

【模块描述】本模块包含水轮机调速器的检修工作流程及质量标准，通过调速器检修（大、小修）计划编制、管路阀门分解、清洗及安装工艺等知识讲解，掌握水轮机调速器机械液压系统检修内容、工作流程及质量标准。

【模块内容】

一、水轮机调速器检修工作流程

检修策划→编制标准化检修作业指导书→工作负责人填写工作票、工作票签发人签发后交至运行→工作许可人许可后调速器进入检修状态→调速器检修前试验→确认导叶不再有开关动作后，联系运行人员对调速器、油压装置做检修安全措施→分解调速器（做必要的分解记录）→各零部件的清洗、检查、处理（已损坏的零件要更换新的）→回装（依照分解记录）→试验调整（低油压下机械液压系统初步调整、额定油压下机械液压系统动作调整、机电联调试验）→工作票交代→检修工作结束。

检修工作结束后，要在规定的时间内完成检修报告。

二、调速器检修标准

（1）导、轮叶主配压阀、引导阀检修标准。

1）导、轮叶主配压阀活塞工作行程、遮程、活塞与衬套的配合间隙满足设计图纸要求。

2）导、轮叶引导阀活塞工作行程、遮程、活塞与衬套的配合间隙满足设计图纸要求。

3）导、轮叶步进电机（或电液转换器等电/机转换装置）工作特性满足设计图纸要求。

4）活塞及衬套应无伤痕、毛刺、高点、锈蚀，各棱角无损伤。组装后动作灵活，上下动作灵活，能靠自重自由下落，无发卡现象。

（2）导、轮叶位移转换装置检修标准。轴承转动灵活，润滑良好，无框动；螺杆与移动套无损伤、毛刺，转动灵活；弹性挡圈及弹片弹性良好，无锈蚀。

（3）紧急停机电磁阀检修标准。开停机活塞动作灵活；调速器充压后，开停机活塞手自动切换动作灵活。

（4）油滤过器清扫干净，油压差满足调速器厂家要求。

（5）引导阀与位移转换装置连接的万向连轴轴承无卡阻，润滑良好。

（6）无油自复中步进电机式电–位移转换装置转动灵活可靠，断电后、在弹簧力作用下，自动回复零位，液压系统回到中间位置。

（7）调速器的导、轮叶液压传动部件动作灵活，活塞动作灵活，无卡阻。

（8）调速器的导、轮叶传动部件安全可靠，手动动作可靠。

（9）导、轮叶的液压系统密封可靠，无渗漏。

（10）调速器底座各管路接口法兰连接固定，无漏油。

（11）调速器应急阀动作灵活，无漏油。

（12）调速器导、轮叶液压机构动作平稳、无振动，开关导轮叶在任一位置时，接力器无摆动，满足全行程要求；调速器开关机时间满足调保计算要求。

（13）导、轮叶全开及全关机时间满足调保计算要求。

（14）导叶自动工况下，导叶全关，轮叶启动角度满足设计图纸要求。

（15）静特性曲线应近似为直线，调速器的转速死区不超过 0.02%。

（16）导、轮叶协联系统不准确度不大于 0.8%。

（17）自动空载运行 3min，机组转速相对摆动值不超过 ±0.15%。

（18）机组甩 25%负荷时接力器不动时间不超过 0.2s；甩 100%负荷时，甩 100%额定负荷后转速波动超过 3%的波动次数不超过 2 次，从机组甩负荷时起，到机组转速相对偏差不超过 ±1%为止的调节时间 t_E 符合 GB/T 9652.1—2019《水轮机调速系统技术条件》要求，机组转速上升和水压上升不超过调保计算值。

三、调速器检修计划制定

调速器计划性的检修工作大体上可分为定期检修和大修；定期检修是机组运行中安排有计划的定期检查试验；调速器大修主要是解决运行中出现，并临时性检修无法予以消除的严重的设备缺陷，进行部件的全部分解检修试验；还有临时性检修内容通常是消除调速器的异常工作状态，防止由此引起的机组停机事故。

1. 调速器小修计划的制定

调速器小修计划的制定包括标准项目和非标准项目、小修计划工期、进度、检修单位（班组）及负责人、机组检修的安全措施及计划的审批。

（1）标准项目。调速器的标准检修、试验项目。

（2）非标准项目。根据调速器运行缺陷制定消缺方案进行消除缺陷。

2. 调速器大修计划的制定

调速器大修计划的制定包括制定标准项目和非标准项目、大修工期、进度、检修单位（班组）及负责人、安全措施及计划审批。

（1）标准项目。调速器检修的标准项目。

（2）非标准项目。非标准项目包括调速器运行缺陷与设备隐患、更改工程项目。

四、管路阀门分解、清洗及安装

检查确认管路的油排干净后，才可分解油管路，同时要做好措施，防止管路中残留的汽轮机油流到地面上。分解下的油管路检查完好后清扫干净，两端管口封好后，有序摆放在检修场地待安装。

（一）检修油管路的注意事项

（1）管路上明示介质流向的箭头应保存完好。

（2）检查管路连接法兰密封面应完好，可采用在法兰面上涂抹红丹粉的方法检查法兰面的平整度。法兰连接螺栓、螺母完好，所有连接螺栓应一致，不宜过长或过短。

（3）通过法兰连接的两根油管路如果在分解下螺栓后错口很大，管路重新安装后，要对管路加热进行消除应力处理。

（4）对于内壁有锈蚀的管路要进行除锈，锈蚀严重的要重新配制管路。

（5）管路安装前做渗漏试验，12h 无渗漏；压力油管路要做耐压试验，用额定压力的 1.25 倍耐压 30min，检查管路特别是焊口部位应无渗漏。

（6）压力油管路须采用硬质密封垫，排油管路可采用柔软的密封垫，但必须是耐油材料的。

（7）对漆面破损的部位重新涂漆。涂漆要符合以下要求：压力油管、进油管、净油管先涂刷防锈底漆干好后，再涂刷橙色调和漆或磁漆；回油管、排油管、污油管先涂刷防锈底漆干好后，再涂刷黄色调和漆或磁漆。

（二）阀门的分解、清洗及安装

（1）分解阀门时要保证阀门标志牌、箭头等完好。

（2）重新更换阀门的填料（油麻盘根或石墨盘根），填料的规格要合适，更换填料的量也要合适。

（3）检查阀门的操作手柄应完好。手柄上不应有操作阀门时伤及人手的突出部分。

（4）法兰连接的阀门检查密封平面应完好，螺纹连接的阀门检查螺纹应完整无损。

（5）检查阀门的密封部位应完好，阀体内部清洗、吹扫干净。

（6）压力油管路阀门进行煤油试验时，至少保持 4h，应无渗漏现象。

（7）止回阀回装时注意介质流向不得装反。

【思考与练习】

1. 简述水轮机调速器检修工作流程。

2. 简述导、轮叶主配压阀、引导阀检修标准。

3. 检修油管路应注意哪些内容？

4. 如何进行阀门的分解、清洗及安装？

◢ 模块 2　电液转换部件检修（Z52F2002Ⅱ）

【模块描述】本模块介绍电液转换部件的检修工艺，通过案例分析及操作技能训练，掌握电液转换部件检修注意事项、工艺要求及质量标准。本模块还涉及了水轮机调速器常用的电/机转换装置的类型。

【模块内容】

电/机转换装置是电-机转换器和电-液转换器的总称，前者将微机调节器送来的电气信号转换、放大成具有一定驱动力的机械位移输出，后者则把微机调节器送来的电气信号转换、放大成相应的液压流量控制信号输出。

电/机转换装置一般与主配压阀相接口，电-机转换器与带引导阀的机械位移输入型主配压阀相配合，电-液转换器则与带辅助接力器的液压控制型主配压阀接口。

电/机转换装置是电液调速器的重要部件，在很大程度上影响着水轮机控制系统的静态、动态性能和可靠性，也是调速器机械液压系统中最受重视、发展最迅速的部件之一。

在符合规定的使用条件下，要求电/机转换装置应能正确、可靠地工作；要求电/机转换装置死区小、截止频率高、放大系数稳定、油压漂移小；在可能的条件下，应加大其驱动力，降低电/机转换装置对油质的要求，最好具有方便的手动操作机构。当电/机转换装置电源消失时，对于电-机转换器来说，最好应具有使电/机转换装置恢复至中间平衡位置的功能，而电-液转换器则最好应与相应主配压阀活塞机械反馈一起使被控制的主配压阀复中，从而实现电源消失时接力器基本保持在掉电前的位置。这既提高了调速器的可靠性，也符合我国的运行习惯和要求。

一、电/机转换装置的类型

（一）电液转换器

在电气液压型调速器中，测速、综合比较、调差、缓冲、开度限制等均已由电气回路来完成，电气柜输出的是综合电气信号。机械柜仅是一个液压放大装置。为实现电气部分与机械部分的联系，需要将电气柜输出的综合电气信号转换成机械位移，通过液压放大，最后去操作导水机构。

　　电液转换器就是实现这个转换工作的关键元件。电液转换器能够将电气柜输出的综合电气信号转换成具有一定操作力和位移量的机械位移信号，或者转换成具有一定压力的流量信号。机械位移信号可用来操作引导阀；流量信号则可控制中间接力器或直接控制辅助接力器。

　　电液转换器由电气-位移转换部分、液压放大部分两部分组成。

　　HDY-S 型环喷式电液转换器简图如图 2-4-1 所示。

　　环喷式电液转换器的柱塞段上加工了具有一定断面的环形沟槽，这些沟槽的断面为锯齿形，环喷式电液转换器柱塞如图 2-4-2 所示。

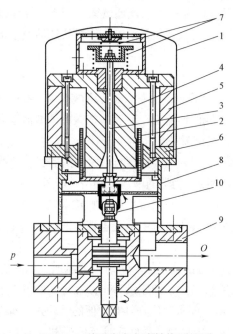
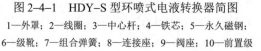
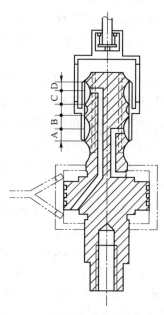

图 2-4-1　HDY-S 型环喷式电液转换器简图　　　　图 2-4-2　环喷式电液转换器柱塞图

1—外罩；2—线圈；3—中心杆；4—铁芯；5—永久磁钢；
6—级靴；7—组合弹簧；8—连接座；9—阀座；10—前置级

　　这是按液压防卡、自动调中的原理设计的。阀塞的控制段共分为 A、B、C、D 四段，C、D 为上环，A、B 为下环，每段都按有利锥度设计。阀塞 A、B、C、D 四段的大直径端接回油，小直径端接压力油，控制套采用滚动铰接与电磁部分的中心杆相连，活塞的上、下面积相同。压力油分别通过节流塞进入活塞的上、下腔。下腔的油经活塞杆的中孔引入上环，上腔的油经活塞杆的中孔引入下环。在平衡位置，控制套处于中间位置，正好封住上、下环的凸缘，活塞上、下腔的排油量相等，因此，活塞上、下作用力相同,活塞不动,电液转换器处于相对平衡状态。当控制套在线圈的带动下向上移动时,下环的环状油口开大,泄油量增加,活塞上腔压力降低,活塞向上运动,活塞的运动又使下环的环状油口逐渐减小,直至活塞上、下腔的压力相等,活塞又停止运动。当控制套下移时,活塞也会跟着下移。活塞的运动准确地随动于控制套,但其作用力却被放大了。

环喷式电液转换器除由柱塞上的有利锥度克服液压卡紧外,上环和下环的开口较大,一般情况下不容易堵塞。若运行时出口被污物堵塞,则会使活塞下腔(或上腔)压力增高,活塞自动向上(下)移动,由于阀套没有轴向移动,因此上环(或下环)开口增大,污物被冲走,然后活塞又自动回复到原来位置,所以有一定的自清污能力。另外,阀塞上环和下环的出油孔均由同方向的切线方向引出,使运行中的阀套能不停地自动旋转,故在不增加耗油量的前提下又进一步提高了运行的可靠性。

从以上电液转换器可看出,电液转换器的基本工作原理是自电磁线圈带动一个比较轻巧的配油装置(如控制套、双锥阀等),由配油装置改变活塞两端的配油量,从而改变活塞两端的作用力,使活塞移动,这样就把微弱的电气信号变成了具有较大操作力的机械位移信号。因此,电液转换器除有将电气信号变成机械位移的作用外,还具有放大作用。另外,电液转换器的机械位移都是准确地随动于控制部分的。

因为电液转换器的零件比较小,对电液转换器的检修须特别小心,不可用力过猛,特别是对如十字弹簧、控制套、电磁线圈、双锥阀等零件,不可使其扭曲变形。另外,在组装时要注意各部件的灵活性,中心要找正,不要偏斜。各零件必须清洗干净,特别是滑阀内和节流塞内的小孔,都应仔细检查,保持通畅。同时,应测量活塞各部间隙符合要求,各回复弹簧应良好。组装后活塞应动作灵活;通油后控制套应转动灵活,喷油正常。

(二)交流伺服电机自复中装置

交流伺服电机自复中装置结构如图 2-4-3 所示,是电-机转换器。它是一种新型的把交流伺服电机的旋转运动转换成机械直线位移的转换器,用于控制带引导阀(位移控制型)的主配压阀。

交流伺服电机自复中装置采用全数字式交流伺服电机和精密滚珠丝杠传动副作为驱动转换元件,具有输出力大、可靠性高、反应灵敏、线性度好、操作方便和结构紧凑等特点。在电源消失时,复中弹簧具有使转换器复中的功能。它可在自动(电气控制)和手动(操作手柄)不同方式间实现无扰动切换,在电源消失或使其工作于力矩方式时,可使其驱动的主配压阀保持在中间平衡位置。

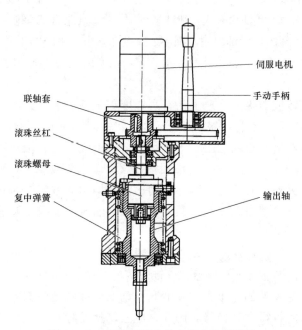

图 2-4-3 交流伺服电机自复中装置结构

交流伺服电机自复中装置采用了大螺距、不自锁的滚珠丝杠/螺母副作为传动转换元件，它的传动死区小、效率高。电机与滚珠丝杠通过连轴套相连，螺母与输出杆相连，伺服电机的角位移通过滚珠丝杠/螺母副传动，转换为输出轴的直线位移。在电源消失时，驱动力矩随之消失，复中弹簧驱动输出轴回到中间平衡位置，从而使它控制的主配压阀活塞也能回到中间平衡位置，使接力器保持在原来的稳定位置。

在机械手动工作方式中，操作手柄通过齿轮啮合传动带动连轴套旋转，同样可控制输出轴的上下位移，实现手动方式操作调速器。在人工操作力撤销后输出轴自动复中。自动（电气控制）和手动（操作手柄）不同方式间的切换是无扰动的。

（三）步进电机液压伺服装置

步进电机液压伺服装置是一种电–机转换器，它适合与带引导阀的机械位移型主配压阀接口。它是一种新型的步进式、螺纹伺服、液压放大式的电–机转换器。步进电机液压伺服装置结构如图 2-4-4 所示，步进电机液压伺服缸原理如图 2-4-5 所示。

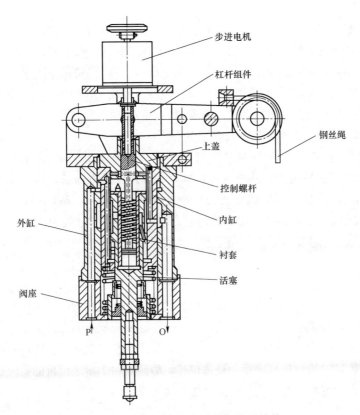

图 2-4-4　步进电机液压伺服装置结构

　　步进电机伺服缸工作原理为步进电机伺服缸由控制螺杆和衬套组成。步进电机与控制螺杆刚性连接，控制螺杆中有相邻的两个螺纹，一个与衬套的压力油口搭接，另一个与衬套的排油口搭接。与衬套为一体的控制活塞有方向相反的油压作用腔 A、B，A 腔面积大约等于 B 腔面积的两倍。当控制螺杆与衬套在平衡位置时，控制螺杆的螺纹将压力油口及回油口封住，A 腔既不通压力油也不通回油，A 腔压力约等于工作油压的 1/2，而 B 腔始终通工作油压。A 腔与 B 腔的作用力方向相反、大小相等，步进电机伺服缸活塞

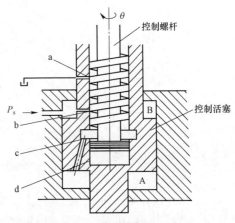

图 2-4-5　步进电机液压伺服缸原理

静止不动。

当步进电机顺时针转动时，衬套的回油孔 a 打开，压力油孔封住，A 腔油压下降，控制活塞随之快速下移至新的平衡位置。当步进电机逆时针转动时，压力油孔 b 打开，回油孔 a 封住，A 腔油压上升，控制活塞随之快速上移至新的平衡位置。所以，步进电机的旋转运动转换成了活塞的机械位移。在油压的放大作用下，活塞具有很大的操作力。步进电机带动控制螺杆旋转，仅需要很小的驱动力。

（四）步进电机–凸轮型电/机转换装置

步进电机–凸轮型电/机转换装置是天津电气传动设计研究所研制的电–机转换器，用于控制带引导阀的位移型主配压阀。它选用使用寿命长、转动惯量小、启动力矩大、响应速度快、可靠性高的进口步进电机作为电–机转换元件，不需用油及滤油器，彻底解决了电液转换器抗油污能力差、易卡阻之弊病。由步进电机为控制核心组成的全数字电液随动系统的调速器，具有可靠性高、结构简单、调节品质优良和免维护的特点。

步进电机–凸轮型电/机转换装置结构原理如图 2–4–6 所示。其由步进电机、编码器、定位块和凸轮等部件组成。凸轮下部的连杆控制主配压阀的引导阀针塞，通过针塞的上下移动，控制主配压阀活塞的移动，从而达到控制接力器开关的目的。引导阀针塞的移动是由步进电机带动凸轮来实现的。步进电机将数字量直接转换成机械角位移，凸轮将步进电机角位移转换为直线位移，编码器用于步进电机的实时定位检测，而定位块则在调速器失电时使凸轮保持在中间位置。

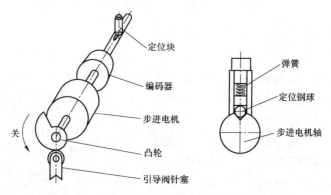

图 2–4–6　步进电机–凸轮型电/机换装置结构原理

引导阀针塞在弹簧力的作用下，使针塞上叉头的轴承始终与凸轮接触。当有开启信号时，步进电机带动凸轮顺时针转动，引导阀针塞在弹簧力的作用下随凸轮半径的减少而向上移动，将活塞的控制腔与排油腔连通，活塞在恒压腔压力的作用下向上运动，主配压阀内的压力油进入接力器开机腔，使导叶接力器向开机方向移动。反之，当步进电机接收到关闭信号时，步进电机带动凸轮逆时针转动，引导阀针塞在步进电机的作用下随凸轮半径的增加而向下移动，通过引导阀使压力油腔进入活塞的控制腔；在差压力的作用下，活塞向下移动，使主配压阀内的压力油进入接力器关闭腔，使接力器向关机方向运动。

步进电机只需转动-120°～+120°就可使主配压阀活塞全开或全关（±12mm），若将步进电机驱动器的分辨率设定为每转 10 000 步，则步进电机将以每步 0.003 2mm 分辨率运动。

该种电/机转换装置适用于各种类型水轮发电机组的调速器，实际应用表明，它具有可靠性高、结构简单、调节品质优良和免维护的特点。

以上四种电/机转换装置均将电气信号转换为机械位移信号，下面介绍的电/机转换装置则是把电气信号转换为液压流量信号。

（五）喷嘴挡板式电液伺服阀

喷嘴挡板式电液伺服阀是一个电液转换装置，能把微弱的电气信号转换为具有较大输出功率的液压能量输出。它以双喷嘴挡板为前置级，四通滑阀为功放级，内部结构采用力反馈式。这种伺服阀现已形成系列，可直接用于自动控制系统中。

喷嘴挡板式电液伺服阀结构如图 2-4-7 所示。对其工作原理简述如下：在左右两块永久磁钢（N、S）中，设置一块绕有线圈的衔铁 3，由于是永久磁钢，所以在左、右两端的气隙中，始终有一个从上到下的磁通。当衔铁上的线圈中不通过电流时，衔铁处于中间位置，上下气隙均匀，滑阀 1 也处于中间状态。当线圈中有电流流过时，衔铁 3 就被暂时磁化，并在气隙中产生附加磁场。假设通入电流后，使左端衔铁 3 上边磁场减弱，下面磁场增强，右端衔铁 3 上面磁场加强下面磁场减弱，就会使衔铁 3 绕中心产生一微小的逆时针转动，带动与其相连的挡板靠近右喷嘴 2，右喷嘴 2 的油流减小，因而右腔中的压力 p_2 增加；同时，挡板与左喷嘴 2 间距离加大，左喷嘴 2 的油流量增加，使左腔的压力 p_1 减小，这样在左、右腔之间就形成了一个压力差。这个压力差使滑阀 1 向左移动，右侧 B 处被打开，右负载与回油管接通，左侧 A′ 处被打开，使左负载与压力油管接通。同时，由于滑阀 1 左移，带动钢球左移，使得与钢球连接的反馈杆 6、挡板也左移，衔铁组体又产生一微小的顺时针转动，挡板的位置回复，直至最后作用在挡板、衔铁组件上的力达到平衡为止。

当电流反向时，上述动作过程方向相反。

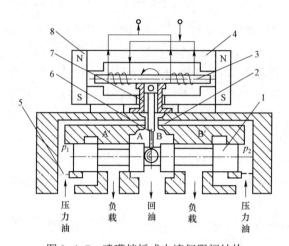

图 2-4-7 喷嘴挡板式电液伺服阀结构

1—滑阀；2—喷嘴；3—衔铁；4—导磁体；5—节流阀；6—反馈杆；7—弹簧；8—磁钢

喷嘴挡板式电液伺服阀在数控机床、机车、船舶、雷达、飞行装置及其他要求高精度控制的自动控制设备中已有较多的应用。虽然这种喷嘴挡板式电液伺服阀结构紧凑、灵敏度高、线性度也好，但由于喷嘴的孔径小，因而抗油污能力较差，且由于加工工艺也有一定的要求，目前在国产的调速器中还很少应用。但在由国外引进的调速器中，应用较多。

（六）比例伺服阀

在工业自动控制领域里，有一些控制精度不高，但要求结构简单、价格低廉的液压控制系统。在这些系统中若使用开关式液压控制元件，则不能完成用电气信号连续、按比例地控制液压参数变化的任务，难以实现闭环控制的要求；若采用精度高、结构复杂、价格昂贵的电液伺服阀，对控制精度和响应速度要求不高的控制系统来说又过于浪费。因此，20 世纪 60 年代后期，在液压行业中出现了一种既可对液压参数连续控制，又具备结构简单、价格低廉的电液比例控制阀，简称比例阀。

比例阀按其控制的参数不同，分为比例压力阀、比例流量阀、比例换向阀、比例复合阀 4 种。前两种属于单参数控制阀，后两种属于多参数控制阀（即同时控制多个参数，如压力 p、流量 Q 和液流流向等）。这 4 种阀的作用虽然不同，但其工作原理及结构特点基本相同。从结构上看，它们都是由电气-机械位移转换部分和液压控制两部分组成。前者的作用是把输入电气信号连续、按比例地转换成力或机械位移，目前，电液比例控制阀中常采用直流比例电磁铁。后者的作用是接受前者输出的推力或位移，连续地、按比例地控制液压参数，其结构原理与开关式滑阀的相同。

按液压放大级的数量来分，比例阀又分为直动式和先导式两种。直动式是由比例电磁铁直接推动液压功率级。受比例电磁铁输出力的限制，直动式比例阀能控制的功率有限，一般控制流量在 50L/min 左右。先导式比例阀由直动式比例阀与能输出较大功率的主阀构成，前者称先导级，后者称主阀式功率级。二级比例阀可控制的流量一般在 500L/min 左右。

比例伺服阀是电液转换器，是一种电气控制的引导阀，在大型和特大型数字式调速器中得到广泛的应用。由比例伺服阀作为电液转换器组成的数字式电液调速器在电站的试验运行结果表明，水轮机控制系统具有优秀的静态和动态性能。比例伺服阀的功能是把微机调节器输出的电气控制信号转换为与其成比例的流量输出信号，用于控制带辅助接力器（液压控制型）的主配压阀。

比例伺服阀具有抗油污能力强、可靠性高等特点。液压系统图中比例伺服阀表示符号如图 2-4-8 所示。

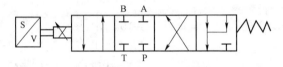

图 2-4-8　液压系统图中比例伺服阀表示符号

微机调速器采用的直动式电液比例方向阀是一种具有液流方向控制功能和流量控制功能的复合阀。在压差恒定的条件下，通过它的流量与输入电信号成比例，而液流方向取决于控制滑阀的两个电磁铁中哪个被激励。直动式电液比例方向阀结构原理如图 2-4-9 所示。当两个电磁铁都不工作时，由复位弹簧 2 保持控制阀芯 4 在中位，压力油 P、输出油口 A 和 B、零压油口 T 都互不相通。如果电磁铁 A 得电，则控制阀芯 4 向右移动，油 P 与 B、A 与 T 分别接通，控制油流将从 B 口输出，来自控制放大器的控制信号越大，阀芯移动的行程越大，则阀口流通面积和过流量也越大。若电磁

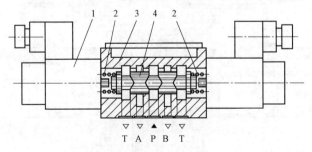

图 2-4-9　直动式电液比例方向阀结构原理
1—比例电磁铁；2—复位弹簧；3—阀体；4—控制阀芯

铁 B 得电，则阀芯向左移动，油口 P 与 A、B 与 T 分别连通，控制油流将从 A 口输出，此阀输出的油流改变了方向。同样，输出流量的大小与控制信号成比例。

图 2-4-9 所示的为中间平衡位置，P 和 T 分别接至压力油和回油，A 和 B 均为输出控制油口，可用 A 和 B 进行双腔控制（主配压阀辅助接力器为等压式）。也可用 A 和 B 之一进行单腔控制（主配压阀辅助接力器为差压式）。微机调节器的控制信号为 4～20mA，S/ V 为比例伺服阀阀芯的位置传感器，其信号送至自带的综合放大器，与微机调节器的控制信号相比较，实现微机调节器的控制信号对比例伺服阀阀芯位移的比例控制，实际上就实现了微机调节器的控制信号对比例伺服阀输出流量的比例控制。比例伺服阀阀芯的中间位置对应于电气控制信号 12mA 值。需着重指出的是，电源消失时，比例伺服阀阀芯处于故障位，控制油口接通排油。对于单腔使用的情况，将使主配压阀活塞处于关闭位置，从而使接力器全关。

比例伺服阀控制主配压阀原理如图 2-4-10 所示。图中的主配压阀辅助接力器为差压式，比例伺服阀用一个控制油口控制主配压阀辅助接力器的控制油腔（大面积腔），辅助接力器的恒压活塞腔（小面积腔）通以主配压阀的工作压力油。主配压阀活塞带动的直线位移传感器信号（-10～+10V）送到比例伺服阀的综合放大器与微机调节器的控制信号（4～20mA）进行比较，从而实现了微机调节器的控制信号对主配压阀活塞位移的比例控制，也就实现了对主配压阀输出流量的比例控制。

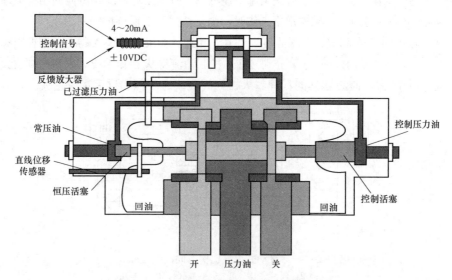

图 2-4-10 比例伺服阀控制主配压阀原理

（七）交流伺服电机/控制阀装置

交流伺服电机/控制阀装置是一种电–液转换器，用于控制带辅助接力器（液压控制型）的主配压阀。交流伺服电机/控制阀装置结构如图 2-4-11 所示。

交流伺服电机/控制阀装置实际上是由上述交流伺服电机自复中装置和它驱动的控制阀（引导阀）组成的。其特点是能与液压控制型主配压阀接口，在微机调节器断电时可使主配压阀活塞保持在中间平衡位置。

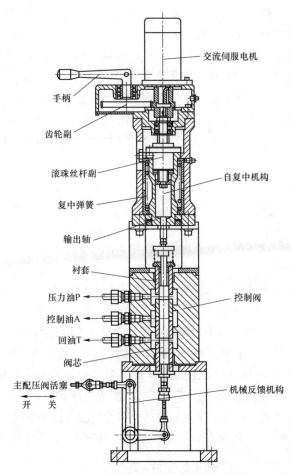

图 2-4-11　交流伺服电机/控制阀装置结构

控制阀实质上是一个引导阀，阀芯由交流伺服电机自复中装置驱动，衬套连接来自主配压阀活塞的机械反馈，其控制油口送至主配压阀辅助接力器的控制腔（大腔），主配压阀辅助接力器的小腔接恒定工作油压，从而实现了交流伺服电机自复中装置的位移和主配压阀活塞位移的比例控制。

（八）数字阀

在中小型电液调速器中，采用脉冲式数字阀作为电液转换器件是当前的一个发展趋势。数字阀是一种由两个或三个稳定状态的断续式电磁液压阀组成的，它具有机械液压系统结构简单、安装调试方便、可靠性高等优点。

1. 座阀式电磁换向阀

座阀式电磁换向阀是一种二位三通型方向控制阀，也称为电磁换向球阀，它在液压系统中大多作为先导控制阀使用。

座阀式电磁换向阀采用钢球与阀座的接触密封，避免了滑阀式换向阀的内部泄漏。座阀式电磁换向阀在工作过程中受液流作用力影响小，不易产生径向卡紧，故动作可靠，且在高油压下也可正常使用，换向速度也比一般电磁换向阀快。

座阀式电磁换向阀表示符号如图 2-4-12 所示。其有 A（控制油）、P（压力油）、T（排油）3 个油口。线圈不通电时，压力油接 A 腔（二位三通常开型）；线圈通电时，排油接 A 腔。

座阀式电磁换向阀根据内部左、右两个阀座安置方向的不同，可构成二位三通常开型和二位三通常闭型品种。如果再附加一个换向块板，则可变成二位四通型品种。

2. 湿式电磁换向阀

WE 型湿式电磁换向阀是电磁操作的换向滑阀，也称电磁换向滑阀，可控制油流的开启、停止或方向。

湿式电磁换向阀由阀体、电磁铁、控制阀芯和复位弹簧构成。湿式电磁换向阀表示符号如图 2-4-13 所示。其油口有 A（控制油口）、B（控制油口）、P（压力油）和 T（排油）4 个。电磁换向阀由两个电磁线圈控制，在两个电磁线圈均未通电的状态下，复位弹簧将控制阀芯置于中间位置，排油 T 与 A 腔和 B 腔相通；图 2-4-13 所示左端电磁铁通电，A 腔接压力油，B 腔接排油；图 2-4-13 所示右端电磁铁通电，B 腔接压力油，A 腔接排油。根据与插装阀接口的要求，也可将压力油 P 与排油 T 交换，这时，在两个电磁线圈均未通电的状态下，复位弹簧将控制阀芯置于中间位置，压力油与 A 腔和 B 腔相通；图 2-4-13 所示左端电磁铁通电，A 腔接排油，B 腔接压力油；图 2-4-13 所示右端电磁铁通电，B 腔接排油，A 腔接压力油。

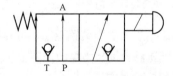

图 2-4-12 座阀式电磁换向阀表示符号

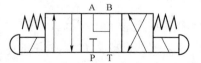

图 2-4-13 湿式电磁换向阀表示符号

（九）位移传感器

以上几种电-机转换装置是将电气信号转换成机械位移信号的装置。在电液调速器中，还需要有将机械位移信号转换成电信号的位-电转换元件，即位移传感器。位移传感器主要用在反馈系统中。下面介绍其中几种典型位-电转换元件。

1. 精密线绕电位器

精密线绕电位器实际上就是一个滑线电阻，专门用于角位移和直线位移的测量。它是一种线性度很好、精度很高、旋转平稳、接触良好的电位器。因其在旋转过程中改变的是电阻值，所以可直接输入直流信号，其输出也是直流信号，并且线性度好，工作范围较宽，其旋转角可达 350°，所以是一种很理想的位-电转换元件。精密线绕电位器结构如图 2-4-14 所示。精密线绕电位器在使用时需设计专门的传动机构。工程实践证明，这种电位器做成的传感器无论是线性度，还是精度均能满足调速器的要求，而且运行可靠，安装调整也方便。其缺点是电位器和传动机构体积相对较大。

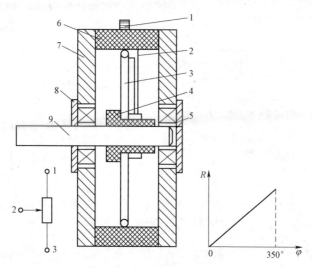

图 2-4-14　精密线绕电位器结构

1—引出线；2—活动触头；3—电阻丝环；4—胶木支座；5—轴承盖；
6—胶木圈；7—金属板；8—精密轴承；9—转轴

2. 直线位移传感器

在工业自动控制系统中，大多采用新开发的导电塑料电位器作为位移传感器。这种位移传感器将导电塑料电位器和位移传递机械做成一体，直线位移传感器结构示意如图 2-4-15 所示。直线位移传感器的行程有 10～20mm、100～300mm 等种类，其线性度分±0.1%和±0.5%两个等级。由于该电位器的导电体用专用的工具逐点修正，因此线性度较好。该直线位移传感器体积小、安装方便、价格低廉，在近几年开发的微机调速器中采用较多。

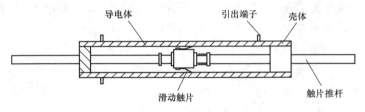

图 2-4-15　直线位移传感器结构示意

3. 差动变压器式直线位移传感器

由精密线绕电位器和导电塑料电位器做成的位移传感器都是属于接触式的。差动变压器式直线位移传感器属于非接触式的，即可动部分与电路没有直接接触，是一个铁芯在线圈中可以移动的变压器，差动变压器示意和电路如图 2-4-16 所示。

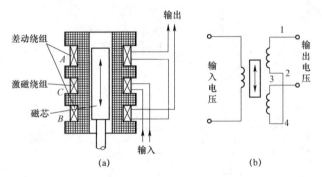

图 2-4-16　差动变压器示意和电路
（a）差动变压器示意；（b）电路

差动变压器的输出电压为交流电压，使用不方便，目前大多使用由直流作电源，输出也为直流信号的直流直线位移传感器。直流直线位移传感器一般将振荡电路和相敏整流电路与差动变压器做成一体，其体积小，安装、使用方便。

二、电液转换器的检修

1. 电液转换器的检修内容

通常情况下，电-机转换装置及位-电转换元件基本都是按照免维护的设计理念进行设计制造的，有些电-机转换装置生产厂家还明确要求不允许在现场进行分解检修。因此，在现场工程实践中，电-机转换装置的检修主要是一些常规的检查及工作特性的试验，如电气绝缘检查、电阻测量、液压回路清扫、过滤器清扫、润滑、紧固件检查、密封更换、中间接力器位移传感器的率定、定位调整等。

2. 电液转换器检修注意事项

进行电液转换器简单的拆装检查时，应断开电液转换器的电源和压力油源，由有熟练工作经验的人员在了解设备结构的前提下进行。整个过程务必小心，拆装中随时要检查记录一些配合位置情况，防止损伤液压元件，清洗内置过滤器时要做好清洁工作，防止杂质进入阀芯。

进行电液转换器有关联动试验时，特别要注意调速器闭环控制投入后，避免误碰有关给定或反馈回路，机械液压系统自动动作而造成人员伤害。

3. 电液转换器检修质量

电液转换器检修后应无卡涩现象，密封无渗漏现象，调节动作平稳、速度应符合要求，调节动态品质符合规定。

【思考与练习】

1. 简述环喷式电液转换器的柱塞段工作原理。

2. 简述步进电机液压伺服缸工作原理。

3. 喷嘴挡板式电液伺服阀的优缺点是什么？

4. 比例阀按其所控制的参数不同可分为哪几种类型？

模块 3　分段关闭装置检修与维护（Z52F2003Ⅱ）

【模块描述】本模块介绍分段关闭装置的检修工艺，通过案例分析及操作技能训练，熟悉分段关闭装置检修维护工艺要求及质量标准。

【模块内容】

当因机组或外部故障而使机组甩负荷时，机组转速会迅速升高。为避免发生飞逸，导叶应该快速关闭。但由于水流的惯性，导叶的快速关闭会造成引水系统内的水压升高，严重时可能造成破坏性事故。因此，从水锤的角度考虑又不能快速关闭导叶。转速上升率与水压上升率是一对严重的矛盾。在调节保证计算中，需要选择合理的机组转动惯量与合理的导叶紧急关闭时间。现在机组的容量越来越大，特别是对于水流惯性时间常数较大的水轮机，仅仅依靠调节保证计算中对导叶关闭速度的选择已很难满足需要了，必须设置分段关闭装置。

所谓分段关闭就是将导叶的紧急关闭过程分成两段或多段，每段的关闭速度不同。如果将接力器的位移与时间的关系绘在图上，这种关闭规律的曲线就是一条折线。因此又将分段关闭称为折线关闭规律。

当机组甩负荷时，要求导叶以较快的速度关闭，以避免机组转速升得太高。但在导叶关闭到一定的开度时（空载开度附近），进入水轮机的流量已显著减少，机组转速升高就不是主要矛盾了，为避免引水系统内的水压上升超过允许值，导叶的关闭速度必须减缓。因此，这种折线的形式是前一段较陡，后面的则平缓。分段点的选择及后一段的关闭时间也是通过调节保证计算得出的。

一、导叶分段关闭装置的结构组成及工作原理

导叶分段关闭装置由导叶分段关闭阀和接力器拐点开度控制机构组成。后者包括拐点检测及整定机构和控制阀。拐点开度控制机构可以是基于纯机械液压的工作原理，也可以基于电气与液压相结合的工作原理。前者可称为机械式导叶分段关闭装置，后者则称为电气式导叶分段关闭装置。对于要求具有导叶分段关闭特性的调速器，必须引入接力器位移的机械或电气信号。

当采用纯机械液压式拐点检测及调整机构和控制油路来控制分段关闭阀（即机械式导叶分段关闭装置）时，系统动作与调速器工作电源无关，可靠性高；但是由于必须利用凸轮使接力器运动时控制切换阀换位，故机械系统复杂，有的电站在布置上也有一定的困难。

采用电气式导叶分段关闭装置的优点是布置导叶分段关闭装置十分方便。但是，必须十分重视其控制电源及控制回路的可靠性，一般应采用两段厂用直流电源对切换电磁阀回路供电。在电站已出现过由于控制电源消失或电气控制故障而导致分段关闭装置无法正常工作的事故。

如果系统有事故配压阀，则导叶分段关闭阀应设置在事故配压阀与接力器之间的油路中。

实现分段关闭的装置比较简单，只需在接力器的开侧油管上装设一个节流阀。在机组停机时，当接力器行至一定的位置，使节流阀投入，排油的速度减缓，导叶的关闭速度就会降低。节流阀的投入可用电磁配压阀，由电气回路启动；也可采用机械装置，如使用一个凸轮机构，由回复杆带动，当接力器行至一定位置时，凸轮顶动配压阀，由压力油去操作节流阀。

图 2-4-17 所示为机械式接力器导叶分段关闭系统，接力器在运动过程中带动凸轮机构，到达切换拐点时，使控制阀换位，改变其控制油口 A 和 B 的状态组合；通过分段关闭阀改变主配压阀送到接力器的流量，使接力器具有不同的关闭速度。

值得着重指出的是，在接力器位移凸轮机构/控制阀和分段关闭阀的布置上一定要使二者尽可能地靠近安装，以减小控制阀至分段关闭阀的油管长度。电站实际调试经验表明，控制阀至分段关闭阀的油管过长，将使分段关闭阀的动作延迟，从而导致实际两端关闭接力器拐点数值与整定值不相符合，使接力器实际的分段关闭特性不满足设计要求。

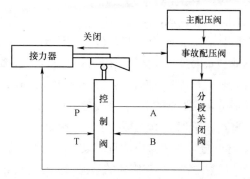

图 2-4-17　机械式接力器导叶分段关闭系统

二、导叶分段关闭阀的工作原理

导叶分段关闭阀是一种两段或多段式关闭阀，下面以两段式关闭阀为例来介绍。导叶接力器 100%开度至拐点开度是第一段（快速关闭）工作区域，接力器关闭速率由主配压阀和事故配压阀整定；从拐点开度至导叶全关开度为第二段（慢速关闭）工作区域，接力器的关闭速率在分段关闭阀上设置。导叶分段关闭阀安装在调速器主配压阀与水轮机导叶接力器之间的油路上，通过对接力器关闭油腔的控制（附加节流和不节流），使接力器具有两段要求不同的关闭速度，以满足水轮机控制系统调节保证计算的要求。接力器的开启工作特性不受导叶分段关闭阀的控制。

导叶分段关闭阀如图 2-4-18 所示，由节流块、弹簧、控制活塞和调节螺栓等构成，它接在主配压阀至接力器的开机油路中，控制活塞由接力器导叶分段关闭控制阀送来的 A 孔和 B 孔油压控制。图 2-4-18 中给出了接力器关机时油的流动方向。由主配压阀和事故配压阀整定第一段关机时间，分段关闭阀限制第二段关机速度。

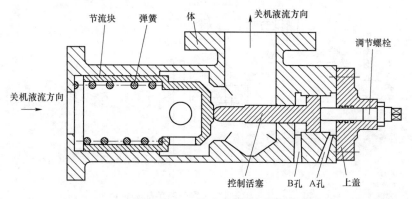

图 2-4-18　导叶分段关闭阀

在第一段（快速关闭）工作区域，A 孔接压力油、B 孔接排油，活塞控制节流块至图 2-4-18 中最左端位置，节流块与阀体的节流口完全打开，导叶分段关闭阀不起截流作用，接力器按主配压阀整定的第一段快速关闭速度关闭。当接力器关闭到两端关闭拐点开度，接力器驱动凸轮变位，控制阀起作用，A 孔接排油、B 孔接压力油，活塞运动至图 2-4-18 中右端被调节螺栓限制的位置。在弹簧的作用下，节流块向右运动到与活塞接触，形成节流块与阀体的节流口，接力器按节流口整定的第二段慢速关闭速度关闭。

当接力器开启时，导叶分段关闭阀中油流向反向。在油流的作用下，节流块运动至图 2-4-18 中左边极端位置，节流块与阀体的节流口完全打开，导叶分段关闭阀不起截流作用，接力器按主配压阀整定的开机速度开启，与接力器位置和活塞、调节螺栓位置无关。

三、FDG-100 型分段关闭装置

FDG-100 型分段关闭装置是新一代机组控制装置，它采用了先进的模块化设计方案，由插装阀、行程阀等标准液压件组合而成，油管通径为ϕ100，油压等级为 2.5、4.0、6.3MPa。

FDG-100 型分段关闭装置原理如图 2-4-19 所示。

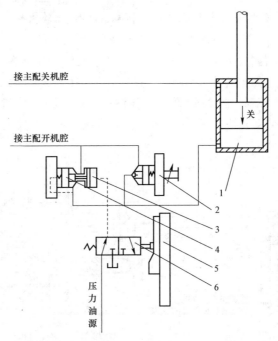

图 2-4-19　FDG-100 型分段关闭装置原理

1—接力器；2—插装阀；3—液控单向阀；4—插装阀；5—斜块；6—两位三通行程阀

该装置分为分段关闭阀组和行程阀组两部分。分段关闭阀组由一个液控单向节流阀和一个集成块组成；行程阀组由一个两位三通行程阀和一个斜块组成，斜块（或凸轮）由主机厂家提供。其工作原理如下：接力器在快速关闭的过程中，带动斜块运动，当斜块或凸轮推动行程阀时，其阀芯受弹簧力作用向外伸，使压力油经行程阀进入液控单向节流阀的控制腔，来自接力器的油流经插装单元时，液控单向节流阀处于不节流状态，接力器能快速关闭。当接力器关到拐点时，斜块或凸轮将行程阀推到另一状态，液控单向节流阀的控制腔接排油，来自接力器的油流使插装单元向关闭方向运动，液控单向节流阀处于节流状态，接力器开始慢速关闭，速度可通过控制盖板上的调整螺栓调节。开机时，不论行程阀处于何种状态，来自主配压阀的油流均能顶开插装单元，从液控单向节流阀中畅通流过，对开机速度没有影响。

四、导叶分段关闭装置的检修

导叶分段关闭装置的检修，可参照活塞、弹簧、电磁阀等部件的检修要点。同时，应着重检查各机构的磨损情况，及时处理，以确保导叶分段关闭装置动作的可靠性。由于导叶分段关闭装置安装位置一般较低，检修过程中，还应检查各油管路是否已排净油，防止出现漏油现象。

【思考与练习】

1. 简述导叶分段关闭装置的结构组成。
2. 简述两段式关闭导叶分段关闭阀的工作原理。
3. 简述导叶分段关闭装置的检修要点。

▲ 模块 4　水轮机调速器机械液压系统检修
（Z52F2004 Ⅱ）

【模块描述】 本模块包含水轮机调速器机械液压系统检修工艺，通过对调速器机械液压系统检修安全、技术措施讲解、工艺介绍及操作技能训练，了解掌握调速器机械液压系统注意事项和检修工艺。

【模块内容】

一、调速器机械液压系统检修安全措施

机组停机，锁定投入，并挂标示牌；落蜗壳进口门排水，并检查进口门无严重漏水，落尾水门并排水（不同的机组对尾水门的要求不同）；拉开压油装置压油泵电源，并挂标示牌，压油罐排油排压；关闭调速系统总油源阀，并挂标示牌；导、轮叶接力器管路排油。

二、调速器机械液压系统检修技术措施

（1）液压系统的状况取决于油液的清洁度，必须采取必要的措施防止液压系统的污染。如只用干净的油作为补充或及时更换（清扫）滤芯、滤网。

（2）保持绝对清洁度是维修工作的基本要求。液压系统内部维护时，严禁戴手套。所有拆开的液压元件接口都应用布遮盖起来，防止工作灰尘杂物掉入。

（3）拆卸任何液压部件时，应避免液压油溅出。不要将排出的液压油倒回到油箱中，因为这些油可能已被污染，不能再使用。

（4）清洁时应使用无绒布或专用纸张。

（5）禁止使用麻线、胶黏剂和密封带作为密封材料。

（6）保证液压系统所有腔体内的空气完全排放掉。

三、调速器机械液压系统检修内容

（一）零部件清洗

（1）零部件的清洗工作应在工作台上进行，清洗时注意要轻拿轻放，以免伤及零部件表面。

（2）精密零件如主配压阀、引导阀及衬套，用细油石清扫其表面的锈蚀，用酒精清洗活塞及内部油孔及衬套，用白布或绢布擦干。如暂时不安装的精密零件，表面应涂上油膜，妥善保存。

（3）检查弹簧无锈蚀、变形。

（4）分解滤油器，倒掉污油，刮片式滤油器用汽油清扫净刮片上的油泥，滤芯式滤油器要清扫净滤芯上的杂物，用白布擦干净。

（5）拆下应急阀的线圈，阀体用汽油清扫，用风吹干净，畅通无阻。

（6）检查位移转换装置转动灵活，丝杆表面光滑，滚珠无伤痕，润滑良好，保持各零件表面清洁，弹簧受力后能自动回复。

（7）用清洗剂清洗油路板内部油孔，用风吹干，密封完好，无渗漏。

（二）主配压阀检修

在水轮机调速器的机械液压系统中，一般采用两级机械液压放大，引导阀与辅助接力器作为第一级机械液压放大，而主配压阀与主接力器则构成第二级机械液压放大，从而实现以较大操作力去推动导水机构，控制导叶开关的目的。引导阀实际上就是缩小了的主配压阀，其功能和作用与主配压阀相同，因此，本节将只介绍主配压阀的结构与检修。

主配压阀是调速器机械液压系统的功率级液压放大器，它将电-机转换装置机械位移或液压控制信号放大成相应方向的、与其成比例的、满足接力器流量要求的液压信号，控制接力器的开启或关闭。主配压阀的主要结构有带引导阀的机械位移控制型和带辅助接力器的机械液压控制型两种。对于带辅助接力器的机械液压控制型主配压阀，必须设置主配压阀活塞至电机转换装置的电气或机械反馈。

1. 对主配压阀的主要技术要求

（1）流量特性。根据接力器容积及最短开机和关机时间，选择合适直径和最大窗口面积的主配压阀，使在规定压力降的条件下，主配压阀的流量特性符合被控制的接力器最短关闭时间的要求。同时，应能方便地整定接力器开机和关机时间，并能可靠地锁紧。

（2）工作正常。在规定的使用条件下，主配压阀应动作灵活、无卡阻，能正确、可靠地工作。

（3）搭接量。活塞与衬套控制窗口的搭接量应符合设计要求。

（4）行程开关与机械反馈。根据设计要求，可装设主配压阀活塞位移的电气传感器和主配压阀活塞拒关闭行程开关；与电–机转换装置配合，可引出主配压阀活塞位移的机械反馈。

（5）主配压阀最大过流窗口面积。为与接力器容积配合使主配压阀最大工作行程合理，不至于使实际运行中主配压阀的最大行程太小，对于每一种直径的主配压阀，应有4～5种最大过流窗口面积系列供选择。

2. 主配压阀的结构特点

（1）主配压阀形式。主配压阀一般由主配压阀活塞、衬套壳体及附件组成，与一般滑阀一样，可按液流进入和离开滑阀的通道数目、滑阀活塞的凸肩数目来分类，在调速器中通常采用的主配压阀有如下4种形式，如图2–4–20所示。

两凸肩四通滑阀一般结构简单、长度短、容易加工制造，但是，当阀芯离开零位开启时，由于受液流在回油管道中流动阻力的影响，阀芯两端面所受压力不平衡，其合力促使进一步开启，因此，这种阀在零位实际上处于不平衡状态。此外，若阀套（衬套）上的窗口宽度较大，则凸肩容易被阀套卡住。三凸肩或四凸肩滑阀避免了这些缺点，并允许有较高的回油压力。

按主配压阀活塞与前置级的辅助接力器连接方式来分，主配压阀有两种结构形式，一种是辅助接力器与主配压阀活塞分离的结构，另一种是二者连成一体的结构。分离式结构主配压阀的典型结构如图2–4–21所示。由于辅助接力器与主配压阀活塞是两个工件，可分开加工，因此制造容易，但安装较难，主配压阀的总体尺寸较长。目前，微机调速器大多采用辅助接力器与主配压阀活塞合为一体的结构，其典型结构如图2–4–22所示。这种结构形式的零件少，结构简单，安装也比较方便。

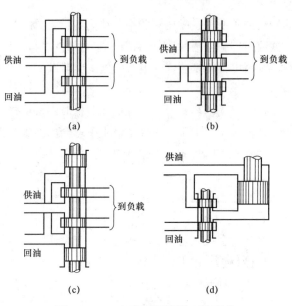

图 2–4–20 主配压阀常用 4 种形式

（a）两凸肩四通滑阀；（b）三凸肩四通滑阀；（c）四凸肩四通滑阀；（d）带负载的两凸肩三通滑阀

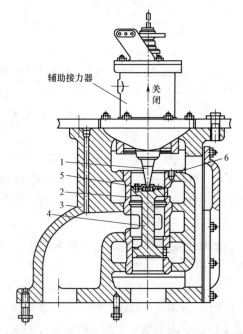

图 2–4–21 分离式结构主配压阀的典型结构

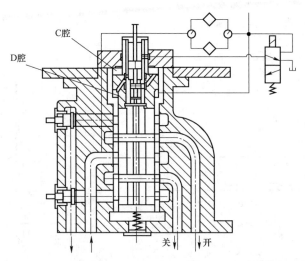

图 2-4-22　辅助接力器与主配压阀活塞合为一体的结构

　　根据调速器在电站的布置方式，主配压阀壳体设计有两种形式，一种是悬挂式结构（我国生产的大型调速器大多是这种），另一种是座式结构（国外调速器采用这种结构的较多）。当调速器布置于发电机层时，一般调速器柜在楼板上面，而将主配压阀悬挂在楼板下面，所以进出调速器的油管都在主配压阀壳体的底部。当调速器布置于水轮机层时，调速器一般安装于接力器附近的地板上，主配压阀壳体设计成座式，进出调速器的油管都布置在主配压阀壳体的两侧。与悬挂式相比，它不仅安装方便，而且进出油管短。悬挂式调速器柜布置在发电机层，便于运行人员监视和管理。应该指出，座式和悬挂式只是指调速器主配压阀壳体和进出油管部位的变化，是外部形态的变化。任何种类的主配压阀都可设计成这两种形式。

　　（2）主配压阀窗口形状。主配压阀窗口的大小和形状对主配压阀的输油量和特性有直接影响。在大波动调节时要保证能通过最大输油量；在小波动调节时要求调节性能良好。主配压阀的窗口一般在衬套的一个圆周均匀分布 2～4 个，通常有 3 个。在主配压阀中通常采用矩形窗口，为改善小波动时的调节性能，在矩形窗口的边缘做成台阶式，主配压阀窗口形状如图 2-4-23 所示。窗口的高度一般设计成 $L = (0.15 - 0.25)D$（D 为主配压阀活塞直径）。

　　（3）主配压阀径向间隙和轴向搭接量。作为调速器中最重要控制部件的主配压阀，除应能控制足够大的输油量外，还应动作灵活、工作可靠，在稳定平衡状态下漏油量要小，所以要求活塞与衬套的椭圆度和锥度为最小。二者配合的径向间隙 δ 符合设计规定值，一般 $\delta = 0.05～0.1\text{mm}$，$\delta$ 的取值与主配压阀的直径有关，名义尺寸 $\phi 100$ 以下的主配压阀径向间隙 δ 为 0.012～0.054mm，$\phi 200$ 以下的 δ 为 0.016～0.063mm。近年来，有提高活塞和衬套的硬度，减小径向间隙以利于提高主配压阀抗油污能力的趋势。

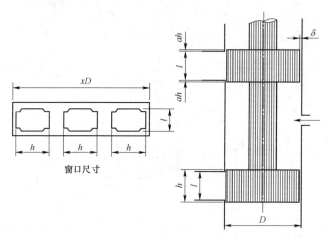

窗口尺寸

图 2-4-23 主配压阀窗口形状

主配压阀衬套高度 L 与配压阀活塞高度 h 之差的一半称为主配压阀的搭接量 Δh（又称单边遮程）。我国调速器都采用正搭接量。主配压阀的正搭接量可减小在稳定平衡状态下的漏油量（或称静态耗油量），正是由于采用正搭接量，调速器的控制信号首先驱动主配压阀越过搭接量 Δh 后，才能输出控制接力器的压力油，驱使接力器动作。这就是产生随动系统不准确度和调速器转速死区的主要因素。Δh 越大，调速器的转速死区越大。在长期生产实践中，得出如下机械液压调速器配压阀搭接量的经验数据。

1）直径 $\phi20$ 以下的滑阀，Δh 一般为 0.05～0.15mm。

2）直径 $\phi100$ 以下的滑阀，Δh 一般为 0.15～0.20mm。

3）直径 $\phi200$ 以下的滑阀，Δh 一般为 0.20～0.30mm。

在电液随动系统中、主配压阀以前环节的放大系数可设得较大，主配压阀的搭接量都做得较机械调速器和机械液压随动系统的主配压阀搭接量大，$\phi100$ 的主配压阀搭接量 Δh 一般为 0.30～0.40mm。

3. GE 公司的 FC 型主配压阀

美国 GE 公司的 FC 型主配压阀是 GE 公司 FC 阀组的功率执行部件，它是一种带有辅助接力器、液压控制式的主配压阀。它自身带有主配压阀活塞位置的电气传感器。要想实现电液转换装置对 FC 主配压阀的比例控制，必须从主配压阀活塞引出电气或机械反馈。GE 公司用比例伺服阀控制 FC 主配压阀，并与主配压阀活塞引出的电气反馈、紧急停机电磁阀、手动停机阀等构成 FC 阀组。

　　微机调节器提供 4～20mA 的控制信号，与比例伺服阀位移反馈信号和 FC 阀主活塞的反馈信号比较，放大为 4～20mA 信号，用以驱动比例伺服阀。在比例伺服阀的控制下，主配压阀相应地向开启或关闭方向运动。

　　当主配压阀活塞达到微机调节器的控制值时，驱动放大器控制比例伺服阀回零，使主配压阀活塞停在与微机调节器的控制值成比例的位置，从而实现微机调节器控制值对 FC 阀活塞位置的比例控制。

　　FC 主配压阀结构示意如图 2-4-24 所示，图中所示为中间平衡位置，P 和 T 分别为压力油和回油，A 和 B 分别送至接力器的关闭腔和开启腔。辅助接力器由图中左端的小腔（恒压腔）和右端的大腔（控制腔）组成，其面积比近似为 1/2。恒压腔接主配压阀的工作油压，控制油腔由比例伺服阀控制；当比例阀使控制腔的油压约为工作油压的 1/2 时，控制腔和恒压腔对主配压阀活塞的作用力大小相等、方向相反，主配压阀活塞保持静止状态。如果控制腔接通压力油，控制腔的压力上升，主配压阀活塞向左端（开机方向）运动，使 P 与 B 接通、T 与 A 接通，使接力器开启。如控制腔接通回油，控制腔的压力下降，主配压阀活塞向右端（关机方向）运动，使 P 与 A 接通、T 与 B 接通，接力器向关机方向运动。电源消失时，比例伺服阀阀芯处于故障位，控制油口接通回油，主配压阀主活塞处于使接力器关闭的位置。

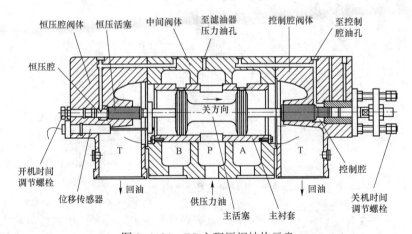

图 2-4-24　FC 主配压阀结构示意

　　图 2-4-24 中两端有开机和关机时间调整螺母，可根据机组调节保证计算来调节螺母位置，整定接力器的开启和关闭时间，调整完成后可靠地锁紧螺母；对于要求有两段关闭特性的，整定的是快速工作区间的关机时间，慢速工作区间的关机时间由分段关闭阀整定。

FC 主配压阀还可装设两段关闭电磁阀（或液压阀），从而主配压阀自身实现对接力器的两段关闭速率控制。

4. 机械位移控制型主配压阀

机械位移控制型主配压阀结构如图 2-4-25 所示。

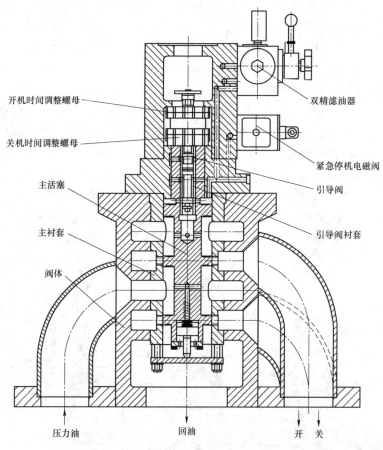

开机时间调整螺母

关机时间调整螺母

主活塞

主衬套

阀体

双精滤油器

紧急停机电磁阀

引导阀

引导阀衬套

压力油　　回油　　开　关

图 2-4-25　机械位移控制型主配压阀结构

这是一种带有引导阀的、行程式的、直联型主配压阀，应采用机械位移输出的电-机转换器对其进行控制。主配压阀的引导阀活塞为微差压式，它始终有一个向上的作用力，因而，引导阀活塞随动于电-机转换装置的位移。在引导阀对主配压阀辅助接力器的控制下，主配压阀活塞的位移等于引导阀活塞位移，所以，主配压阀活塞也就随动于电-机转换装置的机械位移。

主配压阀由阀体、主配压阀活塞（含辅助接力器）与衬套、引导阀活塞与衬套，以及开机和关机时间调整螺母等组成，紧急停机电磁阀和双精滤油器也装配在其集成块上，可装设主配压阀拒关闭行程开关。

机械位移控制型主配压阀活塞下部的小腔（恒压腔）和上部的大腔（控制腔）组成辅助接力器，大腔的面积约等于小腔面积的 2 倍；小腔通以主配压阀工作压力油，使活塞有一恒定向上的作用力，其控制腔油压由引导阀控制。图 2-4-25 所示的为中间平衡位置，引导阀活塞正好搭接引导阀衬套的工作窗口，辅助接力器控制腔油压约为工作油压的一半，使主配压阀辅助接力器控制腔受到的向下作用力等于辅助接力器恒压腔向上的作用力，主配压阀活塞处于静止不动的状态。

在电-机转换器控制下，引导阀活塞随动向上运动，引导阀工作窗口与回油腔接通，主配压阀辅助接力器控制腔油压减小，主配压阀活塞在辅助接力器恒压腔液压力的作用下也向上运动。这时，主配压阀至接力器的开启窗口接通压力油，接力器关闭窗口接通排油；压力油进入接力器开启腔，接力器关机腔与主配压阀回油腔接通，接力器向开启方向运动。

在电-机转换器控制下，引导阀活塞向下运动，引导阀工作窗口与压力油接通，主配压阀辅助接力器控制腔油压增大，主配压阀活塞在辅助接力器控制腔压力的作用下向下运动。这时，主配压阀至接力器的开启窗口接通排油，接力器关闭窗口接通压力油；压力油进入接力器关闭腔，接力器开启腔与主配压阀排油腔接通，接力器向关闭方向运动。

机械位移控制型主配压阀活塞上部有接力器开机和关机时间的调节螺母。调整螺母位置可分别限制主配压阀活塞向上（开启）和向下（关闭）的最大工作行程，从而控制主配压阀工作油口的最大开口和进入接力器的最大流量，满足不同接力器要求的最小开机及关机时间。

经过双滤油器的压力油送到引导阀和紧急停机电磁阀，当紧急停机电磁阀动作时，压力油进入引导阀活塞的上端油腔，使引导阀活塞、主配压阀活塞向下运动，从而使接力器紧急关闭。

5. 机械液压控制型主配压阀

机械液压控制型主配压阀结构如图 2-4-26 所示。这是一种带有辅助接力器的、液压控制式的主配压阀，与其接口的电-机转换装置必须是电液转换器，比例伺服阀和交流伺服电机自复中装置/控制阀均可对它进行控制。

机械液压控制型主配压阀由阀体、主配压阀活塞（含辅助接力器）与主衬套，以及开机和关机时间调整螺母等组成，紧急停机电磁阀和双精滤油器也可装配在其集成块上，可装设主配压阀拒关闭行程开关。

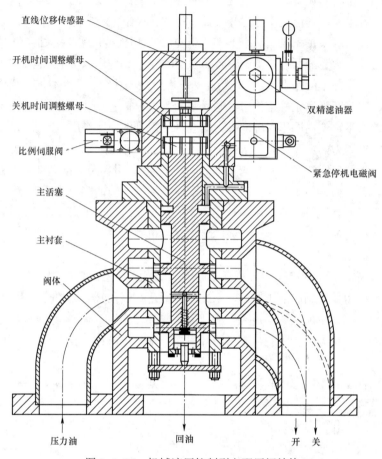

直线位移传感器

开机时间调整螺母

关机时间调整螺母

比例伺服阀

主活塞

主衬套

阀体

双精滤油器

紧急停机电磁阀

压力油　　　回油　　　开　关

图 2-4-26　机械液压控制型主配压阀结构

　　主配压阀的辅助接力器为差压式，控制腔（大腔）面积大约等于恒压腔（小腔）面积的 2 倍。主配压阀工作油接到辅助接力器恒压腔，比例伺服阀或交流伺服电机自复中装置/控制阀的控制油经过紧急停机电磁阀送至主配压阀辅助接力器的控制腔。比例伺服阀或交流伺服电机自复中装置/控制阀在中间平衡位置时，主配压阀活塞处于静止不动的状态，微机调节器信号使比例伺服阀或交流伺服电机自复中装置/控制阀向关闭方向运动，主配压阀辅助接力器控制腔压力下降，主配压阀活塞向上运动，接力器关闭；反之，微机调节器信号使比例伺服阀或交流伺服电机自复中装置/控制阀向开启方向运动，主配压阀辅助接力器控制腔压力上升，主配压阀活塞向下运动，接力器开启。

前面已指出，要想实现电液转换装置对主配压阀输出流量的比例控制，必须从主配压阀活塞的位移引出电气或机械反馈。

如果在液压控制型主配压阀上端连接交流伺服电机/控制阀装置，则主配压阀活塞的位移直接带动控制阀的衬套，在油路中再增加一个切换阀，使它选择比例伺服阀或交流伺服电机/控制阀装置对主配压阀的控制，即可构成有主/辅通道的机械液压系统，并具有电源消失时使机械位移控制型主配压阀复中的功能。

6. 接力器开、关机时间的调整方式及调整机构

当压力过水系统和水轮发电机组的参数确定后，为保证水轮发电机组甩 100%负荷后转速上升和水压上升都不超过规定值，调节保证计算求得调速器的最大关闭速度 v_{max}，或调速器接力器全行程的最短关闭时间 t_{min}，均要求在调速器中应设置一个机构来调整接力器关闭速度，这个机构必须可靠、调整方便、准确。目前，在大型调速器中只有两种调整方式，相应的就只有两种机构。下面对这两种方式及其机构做简要介绍。

（1）限制主配压阀行程的调整方式及机构。主接力器的最大速度与主配压阀的通流面积有关，主接力器的速度与通流面积成正比。因为窗口宽度不可改变，因此，限制主配压阀最大开口即可限制主接力器的最大关闭和开启速度。调整该限制即调整了接力器走全行程的最短开关机时间，用限位螺栓调整开、关机时间的结构如图 2–4–27 所示。

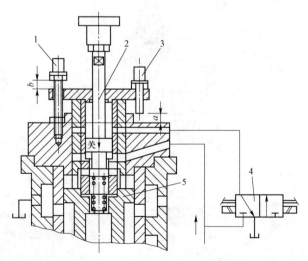

图 2–4–27　用限位螺栓调整开、关机时间的结构

1—开机时间调整螺栓；2—引导阀；3—关机时间调整螺栓；4—紧急停机电磁阀；5—主配压阀活塞

图 2-4-27 中,主配压阀设计为活塞向下运动时,主配压阀向关机侧配油,向上运动则向接力器的开启腔配油,调整螺栓 1 可限制主配压阀的向开启腔配油的开口,调整螺栓 3 可限制主配压阀向关机腔配油的开口。分别调整 b 和 a 的值,即可调整接力器最小的开机和关机时间。这种方式十分方便,也比较准确,是目前微机调速器速度调整最常用的方式。但是,这种方式的最大缺点是检修调速器时可能改变螺栓 1 和螺栓 3 的整定值,从而改变原来确定的调节参数。如果不能及时发现这种改变,是十分危险的。

(2)限制接力器排油速度的方式和机构。限制接力器排油速度调整开关机时间的结构如图 2-4-28 所示。设计为主配压阀活塞向下运动为关机,向上运动为开机。节流阀 1 限制开启时接力器关闭腔的排油速度。当主配活塞向上运动时,主配压阀向接力器开启侧配油,接力器关闭腔的油通过主配压阀下腔 3 和节流塞 1 排油,调节节流塞 1 的开口,限制排油速度,达到限制接力器开启速度的目的。同理,当主配活塞向下运动、主配压阀向接力器关机腔配油时,开机腔的油要经过主配压阀上腔 4 和节流塞 2 排油,节流塞 2 可限制接力器关闭的速度。这种方式只能用于四凸肩的主配压阀,当采用悬挂式主配压阀结构时,这种开、关机时间调整不方便。但是,一旦调整好后,即使在检修时也不会去拆装节流塞,不会改变确定的调节保证参数。

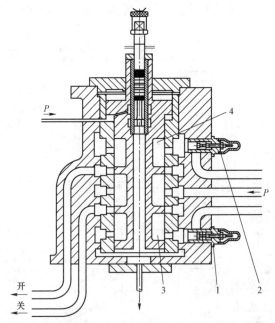

图 2-4-28 限制接力器排油速度调整开关机时间的结构

1、2—节流塞;3—主配压阀下腔;4—主配压阀上腔

7. 主配压阀搭接量的测定及主配压阀装配

主配压阀结构简单，但拆卸时应注意记录各调整螺钉、螺母的位置。拆卸主配压阀前，应测量开、关机时间调整螺栓、螺母的高度，或者记录旋动的圈数。回装时，应尽可能装回原来的位置，以减少调整的工作量。拆卸时，拆去辅助接力器端盖，再卸去辅助接力器的壳体，即可将辅助接力器活塞与主配压阀活塞一同抽出。

由于主配压阀活塞与辅助接力器活塞是连在一起的，比较重，取出时，应考虑个人的能力，若用起重设备，一定要慢慢上升，并且边上升边转动，发现卡阻，切不可硬拉，必须经处理后才可抽出。对主配压阀、引导阀等主要零件，除要测量活塞与衬套的直径检查磨损情况外，还要进行搭接量测定，并做出记录，作为调速器安装与运行的重要资料。主配压阀搭接量测量示意如图 2-4-29 所示，其中 δ_1、δ_2、δ_3、δ_4 即为搭接量。

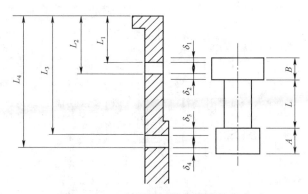

图 2-4-29 主配压阀搭接量测量示意

主配压阀的阀盘节油边应无毛刺。为保证调节的精确性，减少主配压阀的漏油，节流边必须保证棱角完整无缺。主配压阀的径向间隙应符合设计要求。

清扫好的零件，应及时组合。组合时应按拆下时打上的记号进行。组合好的零件，特别是各种阀，应能在套内动作灵活。发现不灵活应找出毛病，进行处理，直到灵活为止。

装配活塞时，内部摩擦部分与活塞应涂上汽轮机油，以防生锈。

主配压阀安装时要保证不得有倾斜、卡阻和单侧磨损现象，能在其壳体内自由滑动。主配压阀搭接量通常在 0.30～0.40mm。阀盘棱角应完整，不得有磨损或碰伤。主配压阀及辅助接力器活塞与壳体之间的间隙不得大于 0.05mm，而且漏油量应最小。

（三）机械开度限制机构

为防止调速器故障时接力器不能正常开启而造成机组转速失控或过负荷等事故，机械液压调速器和电液调速器都设置了接力器的机械开度限制机构，这个机构可兼作手动操作，因此，通常称它为机械开度限制及手动操作机构，在其手轮旁装设有控制电动机和专用的控制回路，可实现调速器的远方操作。有些调速器还可通过这个机构和自动控制回路实现自动开停机操作。这个机构是独立于调速器转速和功率自动调节功能部件以外的，又可对调速器执行机构——接力器进行控制的机构，它不受转速测量、前置液压放大、末级液压放大等自动调节部件的控制和影响。

目前，微机调速器中的机械开度限制及手动操作机构有两种，一种是用电机操作的开度限制机构，另一种是用液压操作的开度限制机构，但工作原理十分相似，下面着重介绍用电机操作的机械开度限制及手动操作机构的工作原理。

典型电机操作的机械开度限制机构如图 2-4-30 所示。

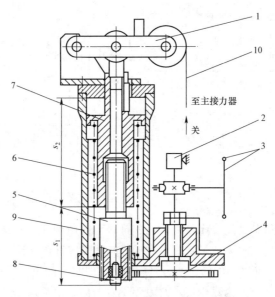

图 2-4-30 典型电机操作的机械开度限制机构

1—杆件；2—电动机；3—手轮；4—大齿轮；5—齿轮螺杆；6—弹簧；
7—活塞；8—触头；9—缸体；10—钢丝绳

该装置由主接力器位置反馈和限制开度整定机构两部分组成，杆件 1、活塞 7、弹簧 6 和缸体 9 组成接力器位置反馈机构。传递接力器位置的钢丝绳 10 通过杆件 1 将接力器的位移传递给活塞 7，反馈钢丝绳 10 向下运动带动活塞向下移。向上运动时，则由被压缩的弹簧 6 将活塞向上推动，活塞位移即反映接力器开度，在图中以 s_2 表示。由电动机 2、手轮 3、减速器 11、大齿轮 4 和齿轮螺杆 5 组成开度限制整定值机构，齿轮螺杆 5 上端的丝杆与活塞 7 下端的螺母相连，由电动机 2 或手轮 3 带动齿轮螺杆 5 转动时，齿轮螺杆上的丝杆将其旋转运动转换为齿轮螺杆的直线位移 s_1，s_1 为齿轮螺杆相对于活塞 7 的位移，即限制开度整定值。调速器设计成调节杆件偏离中位向上运动，则对应于接力器的开启方向，因此，机械开度限制机构安装于调节杆件的正上方。当装于齿轮螺杆下端的触头 8 与调节杆件接触后，调节杆件就不可能向上移动，接力器开度被限制。此时，开限机构、调节杆件、前置级液压放大、末级液压放大及接力器的反馈钢丝绳已构成了一个深度负反馈的闭环系统。该负反馈系统保证了触头 8 距参考面的距离为 $s_1 + s_2 = s_0$。当退出限制时，$s_1 + s_2 < s_0$。s_1 用于整定限制开度，它可通过手轮 3 改变，也可通过电机远方操作。由于反馈系统保证了 $s_1 + s_2 = s_0$，当 s_1 缩短、$s_1 + s_2 = s_0$ 进入限制时，s_2 伸长，即限制开度值增大。相反，s_1 伸长，即限制开度值减小。

通过手动或电动操作使开限机构的触头 8 与调节杆件接触后，切除电液转换器，即转入了手动操作，通过手轮调整 s_1 位移即可改变接力器开度，实现手动操作。

开度限制机构的检修，除要注意活塞、弹簧的检修要点外，还应注意各齿轮、轴承的润滑是否良好，各杆件、钢丝绳等有无磨损、断裂，行程是否符合要求等。开度的指示与接力器实际开度的误差应符合规范要求，一般应小于 3%。

（四）紧急停机装置

1. 紧急停机电磁阀

紧急停机电磁阀是电液调速器事故状态下的一个保护装置。不管什么原因使机组转速上升并超过规定值时，机组 LCU（或二次回路）就将控制紧急停机电磁阀动作，使接力器紧急关闭而保证机组的安全。

紧急停机电磁阀一般为单线圈、电气控制的两位三通电磁换向阀，工作电压为直流 24V。动作电气特性可分为失电紧急停机和得电紧急停机两种。在非紧急停机的正常工作状态，前者工作线圈长期通电，后者则是线圈通电后转换到紧急停机状态。紧急停机电磁阀应设计在最靠近主配压阀的油路处。在正常工作状态，紧急停机电磁阀应不影响调速器电–机转换装置的工作。在紧急停机状态，紧急停机电磁阀有两种工作方式：一是切断正常工况的控制油路，视主配压阀结构向它提供压力油或排油，使主配压阀紧急关闭；二是不切断正常工况的控制油路，向主配压阀（引导阀）送去压力油或排油，使主配压阀紧急关闭。

电液调速器也有采用双线圈控制紧急停机电磁阀的情况，一个线圈通电为紧急停机状态，另一个线圈通电为正常工作状态，两个线圈都采用短时通电方式。一个线圈脉冲通电，紧急停机电磁阀即切换到并维持对应的状态；另一个线圈脉冲通电，紧急停机电磁阀即切换到并维持新的对应状态。

2. 手动停机阀

有的调速器在装设紧急停机电磁阀的同时，还配有手动停机阀与其串联。其工作原理与紧急停机电磁阀相似，但它是由运行人员手动操作的。

紧急停机装置一般不需进行分解检查，只需定期清扫和润滑即可。检修后应对其进行动作试验，在各种模拟工况下，紧急停机装置都应动作灵活可靠。

【思考与练习】

1. 如何进行主配压阀搭接量的测量？

2. 如何进行主配压阀的分解检修？

3. 对主配压阀装配有何要求？

◢ 模块 5　水轮机调速器维护的周期及规范
（Z52F2005 Ⅰ）

【模块描述】本模块包含水轮机调速器设备维护基本知识，通过知识讲解，掌握水轮机调速器维护周期及规范要求。

【模块内容】

1. 水轮机调速器的维护周期

水轮机调速器的维护保养一般每周进行一次，在汛期大发电期间可考虑增加维护保养次数。检修人员应熟知调速器的维护保养周期及规范要求，并能进行正常的维护保养。

2. 水轮机调速器的维护保养内容

（1）检查调速器柜的柜门、门锁、玻璃等无损坏，灰尘清扫干净。

（2）检查调速器运行情况，调速器应调整稳定，无异常摆动、抽动。导、轮叶开度表上的开度指示与接力器实际开度相符。

（3）机械系统检查。各机构动作正常，无漏油现象，各连接件正常，背帽、销钉无松动。

（4）电液转换部件检查。电液转换器喷油正常，有振荡电流；步进电机转动灵活，无发热现象。

（5）调速器油压在正常工作油压范围内。

（6）对调速器需要注油的部位定期注油。

（7）调速器过滤器应定期进行滤芯清扫。

（8）调速器用油的油质应定期化验。

【思考与练习】

1. 简述调速器的维护保养周期。

2. 调速器运行情况检查的内容有哪些？

3. 调速器机械系统检查的内容有哪些？

▲ 模块 6　水轮机调速器机械液压系统维护保养 （Z52F2006 I ）

【模块描述】本模块包含水轮机调速器机械液压系统维护保养工艺要求，通过水轮机调速器机械液压系统的巡回检查项目、内容讲解、操作过程详细介绍，掌握水轮机调速器机械液压系统定期维护保养的工艺要求。

【模块内容】

1. 开、关机时间调整

调速器开、关机时间的调整是通过控制主配压阀开口的大小，进而控制接力器开、关腔的配油量来调整开、关机时间。这种调整开、关机时间的方式多见于大型调速器，控制主配压阀开口的开、关机时间调整装置采用调整螺栓、调整螺母式结构的较多，螺栓、螺母式开、关机时间调整装置如图 2-4-31 所示。其中，开、关的位置大小即为主配压阀开、关两个方向开口的大小。

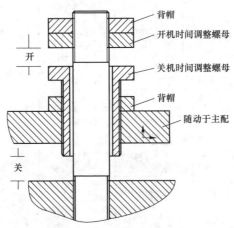

图 2-4-31　螺栓、螺母式开、关机时间调整装置

开、关机时间调整的方法很简单，通过旋转开、关机时间调整螺母改变开口的大小，关键点在于要知道开口增大，时间变短；开口减小，时间变长。要先调整关机时间，后调整开机时间，以免多做重复性工作。背帽一定要锁死，避免运行时调整螺母位置发生变动。正常情况下由于背帽已锁死，很少出现开、关机时间发生变化的情况，但也有因机组运行条件恶化、调速器存在缺陷未及时消除，致使调速器振动，造成背帽松动的现象发生。调速器检修人员对调速器进行维护保养时一定要耐心、细致。发现背帽松动的情况，要及时汇报相关领导，申请停机。依照上一次的检修记录重新试验调整开、关机时间，确保安全生产。

部分调速器是通过限制接力器配油管的排油量调整开、关机时间的，WT–200 型调速器机械液压系统如图 2–4–32 所示。在主配压阀的排油孔上安装节流塞，通过改变排油孔的大小改变排油量，来调整开、关机时间。因调速器的开、关机时间只能在调速器大修时才具备调整条件，所以严格意义上讲，这类调速器的开、关机时间是不可调整的。开、关机时间是调速器最开始安装时确定的。此类调速器的优点是检修人员不必再担心开、关机时间发生变化，但最初确定开、关机时间非常麻烦。确定开、关机时间时要充分考虑电站水头的变化情况，避免出现因水头变化造成关机时间严重不合理的情况。对于此类调速器，Ⅱ级检修人员应该知道主配压阀上开机侧排油孔的作用是调整关机时间。

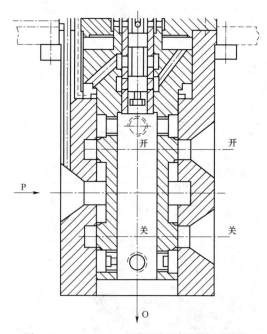

图 2–4–32　WT–200 型调速器机械液压系统

一些小型调速器是在接力器的配油通路上安装旋入式针塞来调整调速器开、关机时间的，还有一些小型数字阀调速器是在接力器的配油通路上安装可变节流阀调整调速器开、关机时间，无论是哪种调速器，都是通过控制接力器两配油管的油量来实现调速器开、关机时间调整的。

2. 调速器滤油器清扫

滤油器清扫是调速器维护保养的一项重要工作内容，比较多见的滤油器有滤芯式和刮片式两种。刮片式滤油器比较方便使用，维护保养也比较方便，滤芯式的则多用在对用油精度比较高的调速器上。

调速器发出二次油压警报，或者现场检查调速器二次油压偏低时，要及时清扫滤油器。有的调速器滤油器是双重滤油器，可在调速器运行时清扫滤油器，但这种工作条件下清扫滤油器有可能造成溜负荷的情况发生，要求检修人员有一定的检修水平，所以还是尽量选择在停机时清扫滤油器，除非双重滤油器两腔的油压都偏低。

清扫滤油器时，把滤芯用汽油清扫干净，检查滤网完好后，切记还要把脏油腔的油用白布蘸干净，避免回装滤芯时脏油溢到净油腔。如果调速器的电液转换部分是环喷式电液转换器，脏油溢到净油腔的后果很可能是杂质把过流通径很小（0.8～1.0mm）的节流塞堵住。环喷式电液转换器机械液压部分示意如图2-4-33所示。造成调速器偏开或偏关，无法进行正常调节。

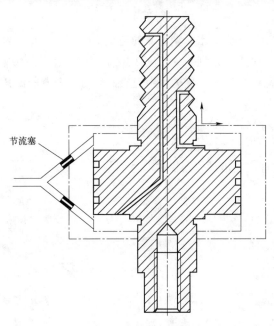

图 2-4-33　环喷式电液转换器机械液压部分示意

3. 调速器偏开、偏关调整

调速器检修后，机械零位已调好，但在运行一段时间后，有时会发生机械零位发生变化的情况。多数是因为电液转换部件输出端的背帽等发生松动造成机械位置发生变化。电液转换器输出端复中装置示意如图 2-4-34 所示，可看出，最下端的背帽如果发生松动，电液转换器输出端的机械位置就会发生变化。

检修人员对调速器进行维护保养时，如果发现电液转换部件输出端的背帽发生松动，要及时联系停机，试验检查调速器机械零位的变化情况，并重新调整机械零位。

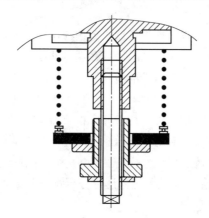

图 2-4-34 电液转换器输出端复中装置示意

检查机械零位须在蜗壳无水、调速器的电气柜断电、停机联锁连接片退出的工作条件下进行，调速器可手动开到一个开度（30%～50%），然后切到自动。打开机械开限，对当前开度无限制作用，在接力器上设表，检查调速器的偏开、偏关情况。

【思考与练习】

1. 简述如何进行水轮机调速器开、关机时间调整。

2. 简述清扫水轮机调速器滤油器基本步骤。

3. 简述如何进行水轮机调速器机械零位调整。

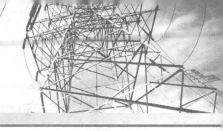

第五章

水轮机调速器调整试验

▶ 模块1 水轮机调速器各调节系统的初步整定
（Z52F3001Ⅲ）

【模块描述】本模块包含水轮机调速器各调节系统的初步整定。通过主配压阀行程整定（主接力器关闭时间和开启时间的测定）、过速限制器与两段关闭的调整、传递杠杆的"死行程"检查及水轮机调节机构特性曲线的测定等工艺过程的详细介绍，掌握低油压操作试验、紧急停机电磁阀动作试验及手、自动切换阀切换试验和自动模拟试验的试验目的、方法及步骤。

【模块内容】

一、主配压阀行程整定（主接力器关闭时间和开启时间的测定）

调整主配压阀的行程，目的就是整定接力器全行程的开启和关闭时间，这个时间由调节保证计算来确定。一般对甩全负荷时的导叶最短关闭时间有严格的要求，必须满足调节保证计算值的规定，其偏差应控制在规定值的−5%～+10%。但对于开启时间的要求就没有那样严格，这是因为负水锤（压力下降）在一般水电厂的压力钢管内不起控制作用。

在蜗壳未充水时所测得的导叶关闭时间是导叶的直线关闭时间 t_f。但接力器从全开到全关的过程并不是直线的，由于接力器的不动时间和其他一些因素的影响，接力器活塞的移动在起始阶段有一个迟缓过程；在接近全关时活塞的移动速度也会变慢，特别是由于两段关闭装置的影响，从空载开度附近开始，活塞的移动速度就变得很缓慢。接力器活塞的移动速度在起始段和终了段是变化的，只有在中间大部分行程是等速的。在蜗壳未充水时只能按等速运动的时间进行调整，即将关闭过程的中间直线段延长至全开和全关，因而称为直线关闭时间，使直线关闭时间符合调节保证计算值的要求，作为导叶紧急关闭时间的初步整定值。导叶的紧急关闭时间是否符合调节保证计算的要求，应在甩负荷试验时对其进行验证。接力器等速移动的行程范围因接力器结构、主配压阀活塞对阀体的孔口打开快慢略有不同。但取 75%～25%的行程来测取

t_f 值，对大多数调速器是合适的。

先将导叶全开，做好准备工作后，投入紧急停机电磁阀，在导叶关到 75%开度时启动秒表，记录从开度为 75%到开度为 25%的动作时间。然后将测得的时间乘以 2，即是导叶的最短直线关闭时间。导叶的最短直线关闭时间若不符合要求，可调整关机时间调整螺母，若测得的导叶最短直线关闭时间大于规定值，则应减小主配压阀关侧的行程，反之则加大主配压阀关侧的行程。整定好后应将锁紧螺母锁紧，并记录主配压阀关侧的行程，留作参考。

导叶最短开启时间是指土接力器在最大开启速度下，走一次全行程所经历的时间。

导叶的开启时间一般不作严格要求，可调整到与关闭时间相等。如果对压力钢管的负水锤值无特殊的限制，则开启时间还可调得比关闭时间稍短一些。这样可提高机组增负荷的速度，对电网运行是有利的，不过也有将导叶开启时间整定为 2 倍关闭时间的。

开启时间的测定方法与关闭时间的测定方法类似。复归紧急停机电磁阀，在导叶开到 25%开度时启动秒表，记录从开度为 25%到开度为 75%的动作时间。然后将测得的时间乘以 2，即是导叶的最短直线开启时间。导叶的最短直线开启时间若不符合要求，可调整开机时间调整螺母，若测得的导叶最短直线开启时间大于规定值，则应减小主配压阀开侧的行程，反之则加大主配压阀开侧的行程。整定好后应将锁紧螺母锁紧，并记录主配压阀开侧的行程，留作参考。

对于转桨式水轮机，轮叶接力器关闭时间应该放长，这是因为在机组甩负荷时，为避免转速上升太快，轮叶缓慢关闭就使转轮叶片对导叶处于不协联的状态，从而降低速率上升值。

轮叶的关闭时间一般为导叶最短关闭时间的 5～7 倍；而开启时间一般可取导叶最短关闭时间的 3 倍。开启时间短，可使增负荷的调节过程缩短。

上述关闭时间和开启时间是在蜗壳内未充水的情况下整定的，在蜗壳充水后，整定的时间可能有变化。如果接力器的操作力矩远大于摩擦力矩和水力矩，则上述时间的整定值变化就不会太大。如果接力器的调节功较小，由于水压力的作用，以及水击的影响，将使整定时间的值发生一定的偏差。因此，特别是导叶的最短关闭时间，在开机试验中要做校验。

需要注意的是，因为手按秒表的准确度不太高，上述测量尤其是关机时间的测定应多进行几次，然后取平均值，或者由两个人分别按两块秒表同时记录时间，互做校对。

二、过速限制器与两段关闭的调整

过速限制器的调整包括主配拒动电气触点的调整和事故配压阀动作时间的调整。

由于过速限制器应在机组转速达到额定转速的 115%，又逢调速器的故障，主配压阀拒绝动作时，投入事故配压阀。因此，需要调整微型开关的位置，即主配压阀在中间位置时不能撞动微型开关，而主配压阀向上动作时必须撞动微型开关，使其常闭触点断开。因此，微型开关必须装在一个恰当的位置上。调整时可将对线灯接入微型开关的常闭触点回路，向关机方向操作调速器，当主配压阀刚刚动作时，小电珠应熄灭。

事故配压阀的动作也应满足调节保证计算中对导叶关闭时间的要求。可用事故配压阀的调节螺钉来调整活塞动作后的开口大小使其满足要求；如果是采用节流阀调整的事故配压阀，则应调整节流阀开口的大小。对导叶关闭时间的测量仍应取开度从 75%～25% 的范围，将测出的时间乘以 2 即为事故配压阀的紧急关闭时间。

两段关闭装置有好几种形式，但其整定原则是一样的。在导叶的紧急关闭时间调整好，并满足调节保证计算的要求后，通过合理整定第二段关闭时间和第二段关闭投入点，以使机组在甩负荷时的转速上升和水压上升值为最小；并且由反水锤引起的抬机量也应小到足以保证机组的安全运行（这对于轴流式水轮机显得更重要）。

机械装置式的两段关闭装置，改变凸轮位置可调整第二段关闭的投入点。第二段关闭时间则应通过调整节流阀来使之满足要求。电气触点式的两段关闭装置的第二段关闭投入点则由电气部分整定。

第二段关闭时间和第二段关闭的起始点应符合调节保证计算的要求。一般情况下，第二段关闭的起始点对应的开度略大于空载开度。以上工作是在蜗壳未充水时整定的，还需经甩负荷试验来验证。

三、传递杠杆的"死行程"检查

电气液压型调速器大多已取消反馈杠杆，代之以电气反馈位移传感器，但有部分调速器仍保留部分反馈杠杆，因此，有必要测量传递杠杆的"死行程"。

"死行程"是指当主动杆件动作一定距离后，从动杆件才开始动作。

各杠杆的连接方式为活动铰接式，使用圆柱销为活动关节。由于制造质量及长期运行中的磨损，圆柱销与孔之间的间隙会增大。虽然调速器在设计时都考虑了利用弹簧拉紧和采用单向液压拉紧，但各杆件之间的"死行程"仍然难以避免，这对调速器的灵敏性、速动性、稳定性都会带来影响，因此，有时候也有必要对各杆件的"死行程"进行测量，并分析其产生的原因。这项工作对于使用多年的调速器，是具有一定意义的。

测量的方法：可在主接力器活塞杆处装一千分表，再在所需测量的杆件处装一千分表，缓慢操作使接力器动作，当被测杆件的千分表刚要开始动作时即停止操作，这时接力器处千分表的读数即为"死行程"。这种测量一次可能测不准确，因为要取从动杆件要动而还没有动时主动杆件的位移。可反复多做几次，取其平均值。目前，对"死行程"暂未规定允许值，一般经验认为应不大于主动杆件总行程的 1%。

四、水轮机调节机构特性曲线的测定

1. 接力器行程与导叶开度关系的测量

接力器行程与导叶开度的关系是一条略带 S 形的近似直线。在调速器的一些基本调整完成后，可进行接力器行程与导叶开度的测量工作。

如导叶处于全关状态，可按一定的间隔值（如 10%）逐次开大导叶，要注意的是只能单方向操作，不要来回操作。每开大一次测量一次导叶开口的大小，同时记录接力器的行程值和导叶的开口值。导叶的开口是指两片导叶之间的最小距离。导叶开到最大后，再向相反方向操作，关小导叶，同样记录接力器行程与导叶的开度。在全开时，最好每个导叶的开度都测量，在其他位置也可只测量对称四个导叶的实际开度。根据记录做出开启方向与关闭方向的关系曲线，这两条曲线之间的差值应尽量小，若差值过大，说明导水机构的死行程过大。

接力器行程与导叶开度的关系是用来检查实际关系曲线与设计计算关系曲线的差别的，也用来检查导叶机构随动于液压放大元件的动作是否准确和平稳。

2. 导叶与轮叶的实际协联关系测量

对转桨式水轮机，除有导叶调整机构外，还有轮叶调整机构，因此需要测定实际的协联关系。

凸轮的不同位置反映不同水头下的协联关系。改变凸轮的位置，测定每种水头下轮叶的角度（轮叶接力器行程）和导叶的开度（导叶接力器行程）的关系，做出各种不同水头下的轮叶转角和导叶开度的关系曲线。这些实测的曲线可用来同时检查在不同水头下协联关系曲线的实测值和理论计算之间的差别，同时评定协联机构的动作，即轮叶转角随动于导叶开度的动作是否平滑而又准确，以及凸轮型面的加工精度是否符合要求。

制造厂给定的协联关系曲线是根据模型水轮机的试验资料得出的，但在具体电厂机组上，水轮机的条件可能和模型水轮机的条件有差别，其轮叶的角度和导叶开度（或接力器行程）之间的最优协联关系，不一定符合制造厂给的协联关系曲线。因此，要在不同水头下保证水轮机为最高效率，即水轮机的轮叶角度与导叶开度之间应保持最优协联关系，这需要通过机组的效率试验（或相对效率试验）才能得出。也就是凸轮的型线和型面应通过效率试验来进行检查，根据试验的结果，或对凸轮修正，或另外制作凸轮。

电气液压型调速器大多采用电气协联，导叶与轮叶的实际协联关系测量与凸轮协联一样，不同的是不需要改变凸轮位置，只需输入不同的水头值即可。

在机组的首次大修时，就应进行以上两项工作。只要导水机构和凸轮没有改变，以后的检修不一定每次都进行这两项工作。

五、低油压操作试验

这项试验的主要目的是检查包括导水机构在内的调节机构及传动部分的装配质量，其动作有无卡涩及过大的摩擦力，须在蜗壳放空的情况下进行。

先将导叶开至某一开度，然后放掉压力油罐中的压缩空气，使压力降低到等于大气压力（表压力为零），将开度限制机构关到零位。做好这些准备工作后，即可向压力油罐充入压缩空气，逐渐升高油压，并仔细观察接力器的动作。记下接力器开始向关闭方向移动瞬间的油压值，一般为 0.1～0.3MPa。如果油压值过高，则需检查和处理传动系统。

这种试验最好能在导叶不同开度下各做一次。

六、紧急停机电磁阀动作试验及手、自动切换阀切换试验

分别手动和通过电气回路投入紧急停机电磁阀，紧急停机电磁阀应准确动作实现紧急停机。将导叶开启到某一开度，切换自动切换阀，接力器开度应无明显变化。需要注意的是有些型号的调速器在自动状态切换到手动状态时要求将开限机构压到当前开度，否则调速器会自动开启到开限机构限制位置。

七、自动模拟试验

这项工作是对调速器及全部系统（包括电气部分）进行全面检查。因此，必须在调速器的调整全部完成后进行。

油压装置处于正常运行状态，先手动操作打开导叶，然后从全开到全关。经手动操作无异常后，再通过电气控制回路，模拟开机。应在一个脉冲指令下完成调速器自动动作，将主接力器打开至空载位置，并能实现一个脉冲指令使接力器自动关闭。同时，还应试验紧急停机回路动作的正确性。

上述模拟开机、停机操作中，注意检查各行程开关、电气触点位置及动作的准确性；指示仪表和信号灯指示是否正确。

【思考与练习】

1. 如何进行主接力器关闭时间和开启时间的测定？

2. 何种情况下需投入事故配压阀？

3. 如何进行低油压操作试验？

4. 如何进行紧急停机电磁阀动作试验及手、自动切换阀切换试验？

◢ 模块 2 水轮机调速器的静态特性试验（Z52F3002Ⅲ）

【**模块描述**】本模块介绍水轮机调速器的静态特性试验。通过对调速器静态特性试验目的、方法、步骤和操作过程的讲解与实操，掌握静态特性的品质指标。

【**模块内容**】

调速器各种参数的最佳组合值最后应通过试验确定。但经过检修后的调速器在试验前，应给各种参数初步确定一个值，一般情况下，都是尽量按检修前的参数进行整定。有时候原来的参数并不理想，或者是没有记录下原来的参数。试验前可按以下原则确定几种参数的初始整定值。

（1）电液转换器行程放大比取中间偏小值。

（2）局部反馈系数 a 取中间偏大值。

（3）缓冲时间常数 T_d 取水流时间常数 T_w 的 5 倍。

（4）暂态转差系数 b_t 取水流惯性时间常数 T_w 的 10 倍。

（5）永态转差系数 b_p 按电力系统调度要求确定。

水轮发电机组可有不同的运行方式，并且由于运行方式的不同，对调速器的要求也不相同。但无论哪种运行方式，对水轮机调速系统都有最基本的要求。总的原则是对机组必须保证安全可靠运行；对用户必须保证一定的电能质量（电压、频率和功率）。具体有如下几项要求。

（1）能维持机组的空载稳定运行，一方面能使机组顺利并网，同时，在甩负荷后也能保持机组维持在旋转备用状态。

（2）单机运行时，对应于不同的负荷，机组转速能保证不摆动，负荷变化时，转速变化的大小应不超过规定值。

（3）并网运行时，能按有差特性进行负荷分配而不发生负荷摆动或摆动的幅度值在允许范围内。

（4）当因电力系统或机组故障而甩全负荷时，转速的最大上升值和压力引水系统中的水压上升值应不超过调节保证计算值的要求。

水轮发电机的调速器是否满足上述基本要求，需要通过静态特性试验和动态特性试验来检验。

一、静态特性的品质指标

所谓静态就是当调节系统的外扰和控制信号的作用恒定不变时，调节系统各元件均处在相对平衡状态，其输出也处于相对平衡状态。所谓动态就是调速系统受到外部扰动作用或控制信号作用后，系统由一种稳定状态过渡到另一种稳定状态的过程。

1. 调速器静态特性及静态调差率（永态转差系数）b_p

调速器静态特性就是在平衡状态下，调速器接力器行程与机组转速之间的关系。调速器静态特性近似于一条直线，表明在平衡状态下，接力器行程与转速有一一对应的关系。在有差调节时，随着导叶的开大，转速逐渐降低。接力器由全关移动到全开位置时，所对应的转速偏差相对值就是静态调差率，即永态转差系数 b_p。调速器整定一定的 b_p 值，其作用是使机组按有差特性运行，实现系统内机组间的负荷合理分配。调频机组采用较小的 b_p 值，使机组负荷对频率的灵敏度提高，即单位转速变化对应的负荷输出增大。

调速器中的调差机构是一比例环节，用来改变反馈比率值的大小，使 b_p 值得以改变。

2. 调节系统的静态特性及速度调整率（调差率）e_p

所谓调节系统的静态特性是指调节系统在不同的稳态状况下，机组所带负荷与转速一一对应的关系，以此做出的 $n = f(P)$ 曲线就是调节系统的静态特性曲线。它也近似为一条直线。静态特性曲线斜率的负数即为速度调整率 e_p，可理解为机组空载转速相对值与满负荷时的转速相对值之差，机组负荷增加，机组转速降低。

当调差机构的整定值为一定时，b_p 值不随外部因素变化；而 e_p 值一方面取决于 b_p 值的大小，另一方面还受水轮发电机组运行水头等因素的影响，当 b_p 值一定时，e_p 值随运行水头的升高而相应减小。

3. 调速器转速死区及不灵敏度

由于组成调速器的各部件在运行中存在阻力和摩擦，阀体与油口之间存在正的机械搭叠量，传递杠杆等部件存在间隙和死行程，因此，当接力器向一个方向运动后，需要再反向运动时，就要使输入量（转速）对其稳定值产生一定的偏差才能使接力器向反方向动作。这种现象称为调速器具有转速死区（或不灵敏区）。由于存在转速死区，所以静态特性曲线实际上是一条"带"。转速死区用 i_x 表示。转速死区的一半，则称为不灵敏度，用 ε_x 表示。调速器转速死区是反映调速器质量优劣的综合指标之一。国家标准对各类调速器转速死区值均做了规定，调速器转速死区 i_x 最大允许值见表 2-5-1。

表 2-5-1　　　　　　　　　　调速器转速死区 i_x 最大允许值

调速器类型		大型		中型		小型		特小型
		电调	机调	电调	机调	电调	机调	
转速死区 i_x（%）	测至主接力器	0.04	0.10	0.08	0.15	0.10	0.18	0.20

4. 调速器不准确度

由于调速器存在一定的转速死区，当输入信号（转速）相同时，接力器可在一定范围内有不同的位置，如果用相对值表示接力器的这一输出差值，则此差值被定义为调速器的不准确度 i_y。

i_y 值除受机械搭叠量、间隙、传递杠杆的死行程等影响外，还与其他一些次要因素有关，如油温、油压、电调电源电压、温度漂移等都对 i_y 值有一定的影响。i_y 值影响单机运行时的转速稳定；并网时影响机组间的负荷正常分配。因此，它也是衡量调速器静态品质的重要指标之一。

5. 接力器不动时间

由于测量元件灵敏度低，主配压阀存在正的几何搭叠量，油管系统中的油流存在惯性，使调速器在调节信号或扰动信号作用后并不立即动作，而在时间上有一定的滞后，这一滞后时间称为接力器不动时间。接力器不动时间取决于调速器的结构，也受一些其他因素的影响。接力器不动时间是直接反映调速器制造质量好坏的重要指标。接力器不动时间过大将影响到调速器的稳定性。另外，当机组甩负荷时还往往会造成机组转速过分升高。

二、调速器静态特性试验步骤、方法和结果

按照静态特性的定义，测量转速与接力器开度的关系，就是调速器的静态特性试验。通过这样的试验，求取调速器的静态特性关系曲线，并通过试验曲线求出调速器的转速死区 i_x，接力器不准确度 i_y，并进一步求出 b_p 值和计算调速器的非线性度。

试验在蜗壳未充水的条件下进行。调整变速机构的指示为"0"刻度，缓冲器切除。试验需要的仪表主要有钢板尺、频率表（或数字式频率计）、变频电源等。

1. 试验的步骤、方法

（1）将变频电源接好，并调整 b_p 为指定值。调速器"手、自动"切换把手位于"自动"侧。此时调整变频电源，使频率和电压稳定在额定值。

（2）手动操作手动操纵机构手轮或把手，使接力器移动到空载开度处，并保持自动稳定运行 3min，观察无异常情况时，再将开度限制指针放开至全开以上位置。

（3）保持变频电源输出电压不变，降低其频率，使接力器开到全开位置后，再升高频率使接力器向关侧缓慢移动至全关位置。在接力器的往返运动中应观察接力器、主配压阀等部件是否动作正常，平稳无卡阻及有无异常声响。

（4）单方向降低变频电源频率，当接力器刚刚移动时即停止操作，稳定后同时读取接力器行程和机组转速。此点作为静态特性线上的第一点，然后大约每间隔 0.15Hz（频率为 50Hz 时，用 0.3Hz 间隔）的间隔按单方向递减，分别测出第 2，3，…，N 点的读数。值得注意的是最末一点一定要满足当频率改变后，接力器不再向开侧移动这一条件。

（5）单方向改变频率，使频率缓慢升高。当接力器刚刚开始向关侧移动时，即停止操作，稳定后同时读取机组频率和接力器行程，以此点作为静态特性曲线返回的第1点，然后按大约每隔 0.15Hz（0.3Hz） 的间隔按单方向递增，分别测出第 2，3，…，N 点的读数，直到频率继续升高，接力器不再向关侧移动为止。

（6）将往返测得的数据填入调速器静态特性试验记录（表 2–5–2）中，按表 2–5–2 中数据点绘成静态特性曲线。

表 2–5–2 调速器静态特性试验记录

序号（往）	1	2	3	4	5	6	7	…	N
机组频率（Hz）									
接力器行程（mm）									
序号（返）	N'	…	7	6	5	4	3	2	1
机组频率（Hz）									
接力器行程（mm）									

2. 整理试验结果

（1）对绘制出来的静态特性曲线，其要求与离心飞摆静态特性试验相同。然后按定义在静态特性曲线上分别求取转速死区 i_x，接力器不准确度 i_y。在静态特性图上的开关两条曲线的最大偏差处作垂线，求得开和关分别对应的频率值，二者的差值与额定频率之比的百分数，即为转速死区 i_x。在最大偏差处作水平线，求得开和关分别对应的接力器行程值，二者之差与全行程之比的百分数，即为接力器的不准确度 i_y。

（2）由静态特性图上查得接力器开度为零时的频率和最大开度时的频率，二者之差为 B_b 值，再按式（2–5–1）计算 b_p 值，并检查与实际给定的值是否相符

$$b_p = \frac{B_b}{f_r} \times 100\% \qquad (2–5–1)$$

（3）通过计算后所得的调速器静态特性曲线应近似为直线。由于实测曲线与理论曲线存在一定的偏差，可按式（2–5–2）计算曲线的非线性度

$$\varepsilon = \frac{\Delta n_1}{\Delta n_2} \times 100\% \qquad (2–5–2)$$

式中 Δn_1 ——理论曲线与实际曲线之间的最大偏差；

        Δn_2 ——选取的接力器行程范围。

【案例】水轮机调速器静态特性试验实例分析

某水电站 T–100 型调速器静态特性实测数据见表 2–5–3。根据该表绘制的调速器静态特性实测曲线如图 2–5–1 所示。该调速器接力器最大行程 500mm。试验时 b_p 指示值为 6%。

表 2–5–3   某水电站 T–100 型调速器静态特性实测数据

实测数据		1	2	3	4	5	6	7	8	9	10	11	12
方向	参数												
降转速接力器开启	频率（Hz）	50.16	50.99	50.85	50.69	50.50	50.35	50.19	49.96	49.75	49.35	49.17	48.94
	行程（mm）	70	105	134	162	194	219	284	288	322	393	422	467
升转速接力器关闭	频率（Hz）	49.13	49.39	49.63	49.82	49.93	50.09	50.25	50.59	50.77	50.96	51.15	
	行程（mm）	437	391	349	315	296	268	240	182	149	116	80	

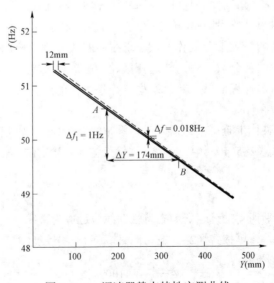

图 2–5–1   调速器静态特性实测曲线

由图 2-5-1 可看出，测点基本上在曲线上，曲线平滑，试验是有效的。下面介绍其主要参数。

1. 最大非线性度

作静特性曲线（以降转速曲线为例）的贴切直线后量得 $Y=50\sim450$mm，贴切直线与静态特性曲线的最大输出偏差为 2mm，贴切直线最大输出量为 400mm。故最大非线性度为

$$\Delta_{\max} = 2/400 = 0.5\%$$

2. 转速死区

由图 2-5-1 量得接力器往返同一行程两个点的最大频率差 $\Delta f =0.009$Hz，故

$$i_x = \Delta f / f_r = 0.009/50 = 0.018\%$$

实测转速死区小于规定值（0.02%）。

3. 永态转差系数的偏差

由于该静特性的非线性度很小，所以可从曲线上任取一部分 AB 段表示曲线的总趋势。得到 $\Delta f_1 =1$Hz，$\Delta Y =174$mm。按 b_p 的定义有

$$b_p = -dx/dy = \frac{1/50}{174/500} = 5.75\%$$

b_p 的偏差为

$$\Delta b_p = 5.75\% - 6\% = 0.25\%$$

可见 b_p 的偏差小于（等于）规定值（±0.25%）。

【思考与练习】

1. 如何确定调速器运行参数的初始整定值？
2. 静态特性的品质指标有哪些？
3. 简述进行调速器静态特性试验的步骤和方法。

模块 3　水轮发电机组启动与停机试验（Z52F3003Ⅲ）

【模块描述】本模块介绍机组启动与停机试验。通过机组启动与停机流程要求及参数选择原则、试验注意事项和试验操作过程的讲解与实操，掌握机组启动和停机试验的目的、方法和步骤。

【模块内容】

一、机组启动试验

机组的启动试验是为了检验调速器及机组的各部件，以及整机在运行中的稳定情况。机组升速过程中有无异常现象，接力器是否稳定在空载开度，机组在空载开度能否稳定。调速器手动、自动及其相互切换时的工作状态是否正常，以及调速器在自动运行时机组能否稳定在额定转速，自动启动过程是否稳定等。

1. 机组启动过程的要求

（1）启动时间短，启动过程平稳便于并网，对于分段启动的机组，其接力器行程折线的拐点应符合启动特性的要求。可逆式机组作水泵启动时要求对系统冲击小。

（2）推力轴承的减载装置动作正确，轴瓦的油膜正常形成。

（3）检查转速继电器动作整定值的正确性。

2. 启动参数选择的原则

（1）混流式水轮机运行水头变化较大，故应在不同水头下测试从机组启动至额定转速所需的时间和机组加速度值来优选启动参数。

（2）转桨式机组在不同的水头下，还需使转轮叶片处于不同的启动角位置时，测试机组启动时的最佳导叶开度，或者固定某一导叶开度而变换桨叶的安放角来进行启动参数的优选试验，以核定机组启动时参数的最佳组合关系。

（3）抽水蓄能机组一般采用混流式水泵水轮机，水轮机工况的启动方式同常规混流式水轮机。水泵工况启动时，其过程可分为两个阶段：第一阶段是导叶在全关状态下，由变频启动装置或其他机组背靠背启动至抽水调相工况并网运行；第二阶段是首先由监控系统按程序排除转轮室内的压缩空气，造压后由调速器按照既定的程序开启导叶至不同水头段的预定开度，机组则由此转移至正常抽水工况。

3. 模拟开、停机试验

（1）手动开、停机模拟试验。机组检修完毕，各项准备工作满足要求，调速器和压油装置在工作状态。调速器切为手动位置，手动操作使接力器由全开至全关，再由全关至全开，反复动作几次，在动作过程中，检查调速器有无卡阻现象，各种表计的刻度与实际位置是否相符，如不符合应重新调整。

（2）自动开、停机模拟试验。完成上述手动开、停机模拟试验后，将调速器切换到自动位置，机组自动操作回路投入，然后在远方（如中控室）模拟自动开、停机及远方增减负荷，整个动作程序应准确无误。试验中检查各限位开关、行程开关等电气触点的动作应可靠、准确。远方操作机构能否可靠地控制机组全开至全关，事故停机、紧急事故停机装置是否灵活、可靠。

在整个模拟开、停机试验中，如发现异常应及时找出原因，并进行处理，以免影响机组启动或妨碍继续进行试验。

4. 启动试验

（1）手动开机试验。检查机组完全具备启动条件后，调速器切为手动运行方式，用手动操作机构手动启动机组，并记录实际起始开度值。维持机组在额定转速，检查机组运行的稳定性。然后将调速器切为自动运行方式，并略放开开度限制，使机组转速由调速器自动控制，测量机组转速是否为额定值。检查，并记录在当时水头下的空载开度值，再手动改变机组转速分别为额定转速的 115%、105%、95%、90%，观察机组运行情况，并逐一校验转速继电器相应动作值。在这一过程中，应检查行程开关、限位开关的动作值。过速限制装置的动作值需要将调速器切在手动方式，用手动操作机构开大导叶，才能做有关继电器的校验。

在手动或自动方式下空载运行，接力器应无跳动、冲击或有规律的抽动等现象，接力器的摆动值应符合要求，记录时间符合要求。

（2）手动、自动切换试验。机组在手动空载运行一段时间，证明无异常现象时，做好自动运行的各种准备工作。记录当前开度限制值，将调速器切至自动，调整开度限制值略大于空载开度，使调速器处于空载自动运行工况，此时机组转速不应发生较大的变化，再将开度限制值调回切换前记录值，将调速器切至手动，机组转速也不应发生较大的变化。在手动、自动切换试验中，转速摆动值不允许超过下列标准：

1）大型调速器，$\Delta n \leq \pm 0.15\% n_r$。

2）中型及以下调速器，$\Delta n \leq \pm 0.25\% n_r$。

5. 机组自动启动试验

检查机组完全具备自动启动条件后，由中央控制室发出开机指令，远方操作机组自动开机，同时录取转速、主配压阀、主接力器等信号（轴流转桨式机组还要增加桨叶角度信号）。机组达到额定转速后，检查调速器各机构工作应正常。

6. 试验资料及分析

试验中主要记录启动脉冲信号，导叶开度及其接力器行程，桨叶开度及其接力器行程，机组转速、摆度、振动，转轮进、出口压力等参数随时间的变化过程。转桨式水轮机启动试验中各参数变化示意如图 2-5-2 所示。机组启动试验记录见表 2-5-4。对不同的启动参数组合，除需考虑满足技术指标的规定外，对下列内容还需进行分析比较。

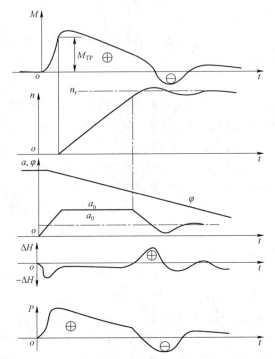

图 2-5-2　转桨式水轮机启动试验中各参数变化示意

M_{TP}—阻力矩；n—机组转速；n_r—机组额定转速；a—导叶开度；a_n—导叶启动开度；
φ—桨叶开度；ΔH—作用水头偏差；P—轴向水推力；t—时间

表 2-5-4 　　　　　　　　　　 **机 组 启 动 试 验 记 录**

试验序号	1	2	3	4	技术指标
导叶起始开度					
空载开度					
桨叶启动角度					
启动总历时					
超调量					
转速波动次数					
发电机法兰摆度					
水导摆度					
励磁机整流子摆度					
集电环摆度					

续表

试验序号	1	2	3	4	技术指标
推力轴承支架垂直振动					
推力轴承支架水平振动					
励磁机座垂直及水平振动					
定子铁芯外壳水平振动					
钢管水压脉动					
蜗壳水压脉动					
顶盖水压脉动					
尾水管水压脉动					

（1）导叶、桨叶滞后启动脉冲的时间，从发出启动脉冲到机组开始转动的时间，以及到达额定转速的时间。

（2）机组开始转动瞬间对应的导叶、桨叶开度及其相应的接力器行程。

（3）导叶开度或接力器行程的平均开启速度，导叶的空载开度。

（4）桨叶动作终了时的安放角度、动作历时及其平均速度。

（5）机组启动时，蜗壳最大压力降低及其滞后开机脉冲的时间。

（6）水泵启动完成时的扬程、造压历时，导叶刚开启时对应的桨叶开度，以及启动瞬间的输入功率和启动过程的耗电量。

从分析比较中求得最佳启动参数。

二、机组停机试验

1. 机组停机过程的要求

（1）检查转速继电器动作整定值的正确性。

（2）机组停机应快速、平稳，制动段历时短，防止轴承油膜破坏。

（3）转桨式水轮机在停机过程中因协联关系破坏，将引起机组不稳定现象；而且还特别要注意防止在关机过程中，由于出现较大的负轴向水推力而发生抬机现象。

（4）防止在导叶关闭过程中，顶盖下面出现过大的真空，应对紧急真空破坏阀的动作压力进行调整试验。

2. 调速器静态传动试验

（1）按调节保证计算的要求，整定好调速器的关闭时间，利用紧急停机电磁阀使导叶开度分别从 100%、75%、50%关机，观测关机过程及其关闭速度是否符合设计要求。

（2）分别手动、自动开关导叶，使导叶开度从全开到全关，再从全关到全开，观测其过程的对称性及过程历时，在开、关过程中接力器有无抽动。

3. 机组正常停机

（1）轴流转桨式水轮机工况。发出停机脉冲，机组与电网解列后，导叶自空载位置开始关闭，桨叶滞后于导叶缓慢关闭，两者在停机过程中不再保持协联关系。导叶全关后自动投入锁定。当机组转速降至额定转速的 80% 以下时，桨叶又重新打开至最大开度以增加制动力矩；当机组转速低于额定转速的 30%（或按机组具体加闸制动要求而定）时，自动加闸制动。机组全停后，冷却、润滑水切断，制动解除，机组恢复至备用状态。转桨式水轮机正常停机时各参数变化示意如图 2-5-3 所示。

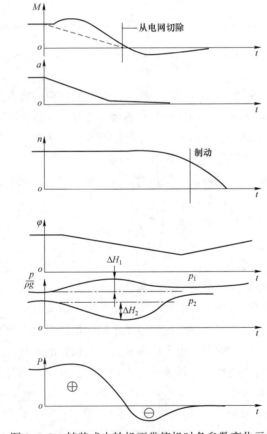

图 2-5-3 转桨式水轮机正常停机时各参数变化示意

M—水轮机力矩；a—导叶开度；n—机组转速；t—时间；φ—桨叶开度；
P—轴向水推力；p_1—蜗壳水压力；p_2—导叶后水压力

（2）水泵工况。发出停机脉冲后，导叶按预定程序关闭，在某一设定输入功率或开度下跳开机组出口开关，待机组全停后自动恢复至备用状态。

（3）紧急关闭试验。机组至空载工况稳定运行，手按紧急停机装置停机，以检验停机装置的动作是否正常。

4. 试验注意事项

空载工况停机时，在库水位较高且接力器关闭末端又无缓冲的情况下，应注意钢管内的最大压力；其次，在尾水位较高的情况下应注意转轮室内的反向水推力，虽然不一定是最危险的情况，但也有可能影响压力钢管和机组的安全。

5. 试验资料及分析

主要记录关机脉冲信号，跳闸信号，加闸制动信号，导叶开度及其接力器行程，桨叶开度及其接力器行程，机组转速、各部位的摆度、振动、蜗壳、尾水管压力等参数随时间的变化过程。机组停机试验记录见表 2-5-5。

表 2-5-5　　　　　　　　　机 组 停 机 试 验 记 录

观测部位	停机前	停机过程极值	停机后
导叶开度			
导叶接力器行程			
关闭历时			
桨叶开度			
桨叶滞后导叶的关闭时间及关闭历时			
桨叶重新增大到启动安放角的时间			
蜗壳水压			
顶盖压力			
尾水管压力			
下机架振动			
水导摆度			

根据试验结果分析比较下列内容，检查停机过程是否符合要求：

（1）跳闸滞后于关机脉冲的时间。

（2）自动加闸滞后于跳闸信号的时间。

（3）从制动到机组停止转动的时间，直至取消制动的时间。

（4）导叶动作滞后于关机信号的时间。

（5）桨叶动作滞后于关机信号的时间。

（6）导叶、桨叶关闭历时及其关闭速度。

【思考与练习】

1. 对机组启动过程的要求有哪些？

2. 如何进行手动开机试验？

3. 进行机组开机试验时，需采集哪些试验数据？

4. 对机组停机过程的要求有哪些？

▲ 模块 4　水轮发电机组空载扰动和负载扰动试验
（Z52F3004Ⅲ）

【模块描述】本模块介绍机组空载扰动和负载扰动试验。通过机组空载扰动和负载扰动试验流程要求及参数选择原则、试验注意事项和试验操作过程的讲解与实操，掌握机组空载扰动和负载扰动试验的目的、方法和步骤。

【模块内容】

一、空载扰动试验

在自动调节状态下的单机空载工况，对稳定性是最不利的。而实际运行中，机组又必须在空载工况下与系统并列，如果调节系统的动态指标达不到要求，使机组空载稳定性很差，将会难于并网，或者产生较大的冲击。因此，必须通过空载工况下人为地进行一些扰动试验来选择调节参数的最佳组合，使机组在空载自动工况下既能满足调节过程中动态稳定的要求，又能满足调节过程中速动性的要求。

1. 对调节系统的要求

当机组处在空载运行时，调节系统应满足要求。

2. 主要可调参数的选择试验

调速器的主要调节参数有永态（静态）转差系数 b_p，暂态转差系数（或称缓冲强度）b_t、缓冲时间 T_d、反馈杠杆比（或称局部反馈系数）a 等。可根据调速器的类型和工作条件预先拟定好若干组参数组合进行扰动试验，选取最佳参数组合，以满足需要。

一般反馈杠杆均放在中间孔的位置，而永态转差系数 b_p 则按机组和系统的要求加以整定，试验过程中一般不再改变。如果单机运行将 b_p 值整定为零即无差调节时，机组转速可不随外界负荷的变化而改变。而多机并列运行时，则根据各台机组在电网中的地位来确定 b_p 值，以保障机组运行的稳定性，并合理分配负荷，取值范围为 $0\sim8\%$，一般取 $2\%\sim4\%$，机组在系统内担任基荷时取较大值，担任峰荷时取较小值，取 b_t 和

T_d 为最小值进行空载扰动试验时可检验无差调节系统的稳定性，转速超调量的求取示意如图 2-5-4 所示。

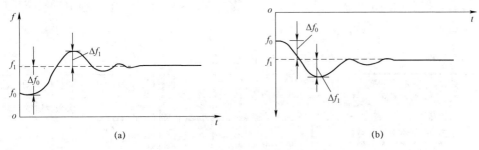

图 2-5-4 转速超调量的求取示意

进行参数选择时，可先固定其他参数而顺序改变对机组稳定性影响最大的 b_t 和 T_d 值。考虑到机组运行的稳定性是保障机组安全的关键，故扰动试验时 b_t 和 T_d 的取值应由大逐渐减小，使机组从稳定到不稳定方向进行试验。

空载扰动试验的扰动量一般规定为 $\pm 4Hz$ 或 $\pm 5Hz$，或额定转速的 $\pm 8\%$ 或 $\pm 10\%$，均以额定频率或额定转速为平衡点。

空载扰动试验的扰动方式一般采用内扰方式。机组处于自动空载运行方式，机组维持额定转速运行。通过频率给定装置，突增（或突减）4Hz 的扰动量，进行空载扰动试验。观察，并记录整个过渡过程。选取不同的参数组合进行上述试验。

转速超调量参照图 2-5-4，并按式（2-5-3）计算

$$\sigma = \frac{\Delta f_1}{\Delta f_0} \times 100\% \qquad (2-5-3)$$

式中　Δf_0——实际转速扰动量；

Δf_1——转速变化过程中的第一个幅值。

超调量和超调次数等指标均应满足要求。

3. 试验注意事项

（1）每完成一组试验，应及时进行分析对比，随时掌握机组动态过程的变化规律和趋势，以期尽快满足试验要求而减少试验次数。

（2）对已试验的调节参数组合，需具体分析它们对调节品质的影响，从中选取调节时间最短、超调次数最少、超调量最小和波动过程衰减得最快的参数组合，当这些要求不能同时满足时，可根据具体情况有所侧重地确定空载运行的最佳参数。

（3）对筛选出的最佳空载参数还需再进行一次复核性试验，并以试验来验证在该组参数邻近的区域机组能否都保持稳定。

4. 主要测试参数及其分析

记录扰动信号、扰动量、转速、接力器行程、主配压阀行程等参数随时间的变化过程。根据试验结果的记录分析，寻求最佳调节参数及其组合。扰动试验记录见表 2–5–6。

表 2–5–6　　　　　　　　　　扰 动 试 验 记 录

观测部位	参数组合				
	1	2	3	4	技术指标
永态转差系数 b_p（%） 暂态转差系数 b_t（%） 缓冲时间 T_d（s） 局部反馈系数 a					
扰动方向（升速或降速） 扰动量（%）					
扰动前转速（r/min） 最大转速（r/min） 扰动后稳定转速（r/min） 转速最大偏差（r/min） 转速超调量（%） 超调次数（次） 调节时间（s）					
不动时间（s） 起始行程（mm） 最大位移（mm） 扰动后稳定行程（mm） 行程最大偏差（mm） 行程超调量（%） 摆动次数（次） 稳定后的抽动值（%） 摆动时间（s）					
主配压阀跳动幅值（mm）					

二、并网试验

经空载试验确定了空载运行参数后，配置有自动准同期装置的电厂还需进一步与该装置配合进行自动准同期并网试验，以便求取调速器与自动准同期的最优组合。

1. 配合自动准同期装置的并网试验

试验时一般可采用两种参数配合方式：

（1）调速器的空载运行参数不变，改变同期装置的整定参数，求取最优组合。

（2）同期装置的整定参数不变，在几组最优空载参数中，选用不同的 b_t 和 T_d 值进行试验，选取并网时间较短的调速器参数。

自动准同期装置的调整参数包括增速脉冲宽度 B_e、减速脉冲宽度 B_g、合闸脉冲超前量Δt、合闸脉冲宽度 B_z。

（1）试验时，机组自动稳定运行在空载转速。也可用频率给定使机组频率偏离系统频率 1Hz 左右，自动准同期装置切换在模拟并网侧。由中央控制室发出指令，自动准同期装置正常投入。当机组频率与系统频率之差满足合闸要求后，装置自动发出合闸信号（指示灯同时亮）。试验中，用电测法记录各被测参数，示波器同时记录调速器主配压阀和主接力器的行程、同期装置增速脉冲和减速脉冲、差频信号、合闸超前脉冲及合闸信号。在此阶段，发电机出口断路器处在模拟试验位置，动作时并未实际并网。

（2）通过示波图分析，确认各参数满足并网条件后，由中央控制室发出指令，自动准同期装置投入运行。控制频率给定伺服电机，使机组转速自动跟踪系统频率。满足准同期条件后，自动发出合闸脉冲，断路器动作，机组并入电网运行。试验中除录制与（1）相同的各参数变化过程外，应同时监听合闸时有无异常声响或其他异常情况发生。

（3）试验结果。将模拟并网和实际并网试验录制的各示波图整理和汇总，自动准同期试验结果汇总见表 2-5-7。

表 2-5-7　　　　　　　　　　自动准同期试验结果汇总

试验次数	机组频率（Hz）	系统频率（Hz）	控制脉冲宽度（ms）		控制脉冲动作次数		合闸脉冲（ms）		并网时间（s）	最后一个差频信号周期（s）	备注
			增	减	增	减	脉宽	超前量			
1											
2											并网过程无异常声响
3											
4											

2. 增减负荷试验

机组并入电网运行后，检查机组、调速器工作正常，按下述步骤做增减负荷试验。

（1）手动增减负荷（在机旁操作）。开度限制机构打至全开，机组通过调差机构，电调通过功率给定电位器，手动方式逐渐增加机组所带负荷直到带满负荷，并稳定运行。观察有无异常情况，然后再减负荷至空载。试验过程中，记录系统频率变化情况。在维持系统频率基本不变的情况下，观察机组负荷有无变化。调速器主配压阀、主接力器运行是否正常，有无抽动或抖动现象；若有，应做必要的分析，甚至停机检查。

（2）远方操作增减负荷。完成上述手动增、减负荷试验后，应在中央控制室远方操作调速器的功率伺服电机按上述手动增、减负荷的要求进行试验。试验中记录增、减全负荷所需的时间。对于轴流转桨式机组，还要观察桨叶跟随情况，协联机构工作是否正常。

3. 无差调频试验

机组投入电网自动运行，并参与自动调频。

（1）b_p 为1%或0，记录负荷和机组频率变化过程（拍摄不少于3min）。

（2）用另一台机组增、减负荷，记录试验机组调频过程曲线（不少于3min）。

三、负荷扰动试验

由于过渡工况不同，对调节参数也有不同的要求，如空载运行时对稳定性的要求较高，而带负荷运行则对速动性的要求较高。因此，适应系统负荷变更的需要，需在空载扰动试验的基础上，再进行若干组参数的负荷扰动试验。负荷扰动不是也不可能改变机组真实的外界负荷，而是利用调速器的控制机构改变指令信号的整定值，来观测机组在带负荷运行工况时的动态特性，即调速系统的稳定性和负荷调整及频率恢复的速动性，并由此来确定带负荷工况下调速器的最佳调节参数组合，以便同时取得空载工况和负载工况都比较满意的一组最佳调节参数。

1. 负荷扰动过渡过程的技术要求

由于系统频率基本不变，主要是凭借接力器的动态过程来评价过渡过程的优劣。

（1）接力器的移动速度越大越好，这样负荷能快速调整。

（2）超调量或接力器的最大偏差越小越好。

（3）调节时间短，调节系统能快速稳定，过渡过程越短越好。

（4）波动次数越少越好，或者以非周期型和单调无超调量的过渡过程特性为优。

（5）达到新的稳定后，维持系统频率的精度越高越好。

2. 负荷扰动试验方式

根据机组运行方式和调速器形式的不同，将采用不同的负荷扰动方式，不同的负荷扰动方式见表2-5-8。

表 2-5-8 不同的负荷扰动方式

运行方式	扰动方式	优缺点
容量较小的机组带电阻负荷运行时	利用水电阻可实现负荷的突增或突减	方法简单； 扰动量容易控制

续表

运行方式	扰动方式	优缺点
在独立的小系统内担任地区负荷，多机并列运行时	利用负荷转移方式实现负荷扰动。受试机组带小负荷运行；系统内其他机组不参加有功功率调节，只带固定负荷，并切手动运行，而将其中的一台机组切自动运行，并突然增负荷，此负荷由受试机组承受	改变了受试机组的外部负荷，实现了真实的负荷扰动；以转速过程线来衡量调节品质，应尽量减小转速最大偏差值
大电网或单机容量占系统容量比重较小	利用电调的频率或功率给定进行负荷扰动	只能以导叶接力器的过程线来评价调节品质；电调操作简单，但难以保证每组参数试验时，其操作速度和扰动量都相同
	利用机调的变速机构或开度限制机构进行负荷扰动	机调扰动量便于控制且扰动速度快，但操作较麻烦

3. 试验注意事项

（1）在保证机组稳定的前提下，应尽量将缓冲时间和暂态转差系数调小一些，以提高负荷变更过程的速动性。

（2）综合考虑引水系统和机组运行的稳定性，通过负荷扰动试验找出机组增、减负荷时的最佳速度；增负荷的速度以压力管道中不出现真空为上限；减负荷的速度以压力管道中不出现总压力大于管道允许压力为上限。

（3）为提高负荷变更的速动性，机组并入系统后一般自动将缓冲器切除。试验时可用不同的调节参数组合进行。

（4）调压井水位的变化速度是在导叶开启或关闭终了时才达到最大值，其涌浪极值应不超过设计值。

4. 主要测试参数及其分析

（1）记录扰动信号、扰动量、机组转速、机组功率、接力器行程、主配压阀行程、钢管及蜗壳水压、机组流量等参数随时间的变化过程。负荷扰动试验记录见表 2-5-9。

表 2-5-9　　　　　　　　　负 荷 扰 动 试 验 记 录

观测值	参数组合				技术指标
	1	2	3	4	
永态转差系数 b_p（%） 暂态转差系数 b_t（%） 缓冲时间 T_d（s） 局部反馈系数 a					

续表

观测值	参数组合				技术指标
	1	2	3	4	
扰动方向（升或降）					
机组功率　扰前功率（kW） 扰动量（%） 最大功率（kW） 扰后功率（kW） 最大功率偏差（kW） 功率变化速度（kW） 超调量（%） 超调次数（次） 滞后时间（s） 调节时间（s）					±10%～±20% 20～25
接力器　起始位置（mm） 最大位移（mm） 扰动后稳定行程（mm） 行程最大偏差（mm） 移动速度（mm/s） 扰动量（mm） 超调量（mm） 波动次数（次） 调节时间（s） 滞后时间（s）					少于 2 次
主配压阀　最大位移（mm） 达到最大位移时间（s） 滞后时间（s）					
蜗壳水压最大升高（Pa） 或最大降低（Pa） 尾水管最大正压 或最大真空 机组转速最大偏差（Hz）					大电网时小于 ±0.1%～±0.2% 小电网时小于 ±0.5%

（2）负荷扰动后机组的调节过程可分为下列几类：

第一类，波动过程。其特点是波动次数多至 6～7 次，超调量大、调节时间长，当运行的缓冲参数整定在较大位置时，将发生类似等幅值的长时间振荡。

第二类，微振过程。其特点是波动 0.5～1.0 次，过渡过程品质较好。

第三类，无波动过程。其特点是调节时间短，调节速度快。

第四类，无超调缓慢过程。其特点是在整个调节过程中快速经过一次微小波动后，示波图上接力器过程线在扰动方向一侧缓慢开启或关闭，最后趋向稳定值，虽无超调量，但调节时间较长。

其中，以第二类和第三类的调节过程为最优。

根据实测示波图可计算出功率和接力器位移的超调量、调节时间、水锤值和接力器移动速度等调节品质指标。

（3）按下列内容优选负载工况下的调节参数。

1）主接力器在过渡过程中的波动次数、超调量、滞后时间等均在允许范围内。

2）最大频率偏差应在电能质量规定范围内。

3）总的调节时间不超过空载扰动试验规定的技术指标。

【思考与练习】

1. 对机组空载扰动试验有何要求？

2. 如何进行机组空载扰动试验？

3. 负荷扰动过渡过程的技术要求有哪些？

4. 负荷扰动后机组的调节过程可分为哪几类？

▲ 模块 5　水轮发电机组甩负荷试验（Z52F3005Ⅲ）

【模块描述】本模块介绍机组甩负荷试验。通过机组甩负荷试验、水泵工况断电试验流程要求及参数选择原则、试验注意事项和试验操作过程的讲解与实操，掌握甩负荷试验的目的、方法及结果分析。

【模块内容】

一、甩负荷试验

甩负荷工况是较少发生的，但在实际运行中又是难以避免的。以调节过程而言，甩负荷不同于一般的负荷调整。在负荷调整的整个过渡过程中，机组均处于自动调节状态；而甩负荷时，调速器的有关元件（如主配压阀等）均达到最大极限位置，这时的调速器相当于保护装置，其作用是使机组立即关闭，避免发生更大的事故。直到转速降至额定转速附近时，才进入自动调节状态。由于这种工况使机组和引水系统均处于最恶劣的运行状态，对机组和引水系统的影响最大，直接关系到电厂的安全，因此，甩负荷试验是所有过渡过程试验中最重要的试验，新投产的机组或大修后的机组都必须进行这项试验，以检验水轮机调节系统的动态特性，检验调节参数的整定是否满足调节保证计算的要求。

1. 对甩负荷过程的要求

（1）甩全负荷时，水压、转速上升均不得超过调节保证设计值。

（2）机组各部的振动、摆度、声响及引水管水压、尾水管水压等脉动均不得影响机组的稳定，其值不超过规定的许可范围。对轴流式机组还要求甩负荷后不产生过大的抬机量。

（3）甩额定负荷的25%时的接力器不动时间，机调一般不允许超过0.35s，电调一般不允许超过0.2s。

（4）机组在甩负荷调节过程中，转速波动幅值超过额定转速的3%以上的波峰不得多于2次。

（5）机组由解列到接力器活塞稳定为止的总调节时间不大于40s，接力器的摆动次数不得多于三个周期，机组转速摆动允许值一般为额定转速的±0.2%～±0.4%。

2. 试验准备及程序

（1）准备工作。和前面几种试验一样，试验前应做好仪器、仪表及人员的准备工作，对于甩负荷试验来说，更重要的是对过渡过程中可能达到的极值要做到心中有数。

甩负荷过渡过程的特性不仅取决于水轮机、压力管道特性，而且还与调节机构，即导叶和桨叶的运动规律有密切关系。甩负荷试验就是为选择调节系统最合理的调节时间和调节规律，保障机组在实际运行中进入大波动的调节过程时，压力和转速变化不超过允许值。但这种试验对机组本身和电力系统的安全都是有影响的，为此必须尽量减少这类过渡过程试验的次数。在试验前，应粗略进行调节保证计算，以选择调节时间，为在一定条件下和不同导叶关闭规律的真机调节时间的整定提供参考。调节保证计算应分别对设计水头、最大水头下甩全负荷工况进行估算，根据不同的调节时间和调节规律，选择不同的 T_f 值进行试算，计算出甩预计负荷时的最大转速上升、最大蜗壳水压上升、最大尾水管真空等。对机组增负荷，则算出蜗壳最大压力下降、机组最大转速降低等值，以确定导叶接力器的关闭和开启时间及速度。

调速器的有效关闭时间（即直线关闭时间） T_f，是一个重要的调节参数。这个参数可在设计水头下机组甩额定负荷时，用秒表直接测得，为消除接力器关闭过程中，其行程两端非线性的影响，可用接力器全行程的75%～25%时段内测得的值乘以2得到。该值与接力器是否带负荷、导叶的形状及偏心距等有关。通过试验应找出蜗壳无水和有水时该时间的定量关系，以便在实际甩负荷之前可在无水情况下调整关闭时间。

甩部分负荷时，由于导叶关闭时间并非与导叶起始开度成正比，对于小的起始开度因流量变化小，并且导叶的关闭时间有可能比甩全负荷时的关闭时间还长，因而产生的压力升高也较小；而速率升高因受水轮机飞逸特性的影响，一般也不超过甩全负荷时的数值。突增全部负荷的可能性在实际中是很少的，因此均可不必考虑。

（2）试验程序。甩负荷试验必须事先征得电网调度的同意，在电网调度安排的时间内进行。机组并入系统处于自动调节状态，带上预定负荷，稳定运行一段时间后，投入录波器3～5s后跳开发电机出口断路器，使机组瞬间与电网解列，负荷突然甩掉，记录其动态特性直至达到空载稳定运行后停止录波，然后逐个分析每个参数的动态过程及其相互关系，并对顺序甩较大负荷时过渡过程的测量极值做出预计，做好相应的准备和紧急停机等保护措施。甩负荷试验可结合其他保护的试验同时进行，如跳发电机断路器可用过速保护、温度保护、发电机的保护装置等不同的保护模拟动作跳闸。

3. 试验注意事项

（1）甩负荷试验必须在空载扰动、负荷扰动试验后进行。在机组保护（如过速保护、电气保护、水力机械保护）等装置已完全整定好，并投入工作的情况下才能进行，并在甩负荷前、后对机组进行全面检查，以确保机组安全。

（2）甩负荷前，应先记录稳定工况各参数值。甩负荷值应由小到大，如从 25%、50%、75%、100% 逐次进行，每次甩负荷后都应分析有无异常现象，若发现问题，应及时调整关机时间或其他调节参数，处理好后再重复该次试验。然后才能按预先拟定的顺序进行下一次甩负荷试验。

（3）录波器的走纸速度要既能使各参数变化的波形清晰，又能提高特征时间的分辨精度，一般以每秒 5mm 或 10mm 为宜。为精确测定接力器的不动时间，最好用定子电流作为跳闸信号，并将此段录波器的走纸速度适当加快（如 25mm），以提高接力器不动时间的分辨精度。选择好各测试量的位置和比例，防止光点密集或跑出纸外。

（4）对轴流式水轮机（包括转桨式、轴流定桨式、斜流可逆式、贯流式等机组）甩负荷至导叶关闭终了时，顶盖下方出现真空，转轮室内的真空更高。导叶的关闭速度越快或转速越高、桨叶开度越大时，完全真空的区域就越大。此时，正向水流的连续性遭到破坏，尾水将以很快的速度流向真空区域，这股反向水流在流动过程中会产生强烈的"反水锤"而可能抬起机组，因此，应预先检查所有防抬机装置是否处于自动灵活状态。

（5）一般转速最大上升值发生在设计水头下甩满负荷时，水压上升最大值发生在最高水头下甩满负荷时。但对于高水头下甩小负荷而导叶又关闭极快时，则有可能使蜗壳所承受的绝对压力值较高，应予以充分的重视。

4. 主要测试参数及其分析

主要记录定子电流（作跳闸信号）、机组转速、蜗壳进口水压、导叶开度及接力器行程、桨叶开度及接力器行程、功率、顶盖压力、转轮室压力、尾水管各测压断面平均压力、机组各部位的振动和摆度值等参数随时间的变化过程。甩负荷试验记录见表 2–5–10。

表 **2-5-10** 甩 负 荷 试 验 记 录

观　测　值		甩负荷值			
		25%	50%	75%	100%
导 叶	甩前开度（%） 甩前接力器行程（mm） 滞后跳闸时间（s） 直线关闭时间（s） 第一段关闭时间（s） 第二段关闭时间（s） 总关闭时间（s） 摆动次数（次） 甩后开度（%） 甩后接力器行程（mm）				
桨 叶	甩前开度（%） 滞后跳闸时间（s） 关闭历时（s） 关闭最小开度（%）				
蜗 壳	甩前稳定值（Pa） 最大上升值（Pa） 最大水压值（Pa） 水压上升滞后跳闸时间（s） 最大水压滞后跳闸时间（s） 最大水压持续时间（s） 甩后稳定值（Pa） 最大水压上升率（%） 水压脉动最大幅值（Pa） 水压脉动最大相对值（%） 水压脉动频率（次/s） 最大水压脉动持续时间（s）				
转 速	甩前稳定值（r/min） 转速上升滞后跳闸时间（s） 最大上升值（r/min） 最大转速值（r/min） 最大转速滞后跳闸时间（s） 最大转速持续时间（s） 最大转速上升率（%） 超调次数（次） 调节时间（s） 甩后稳定转速（r/min）				
尾 水 管	甩前真空值（Pa） 最大水压下降值（Pa） 最大水压下降率（%） 尾水管进口真空最大值（水柱） 真空破坏阀开启时间（s） 最大水压脉动幅值（Pa） 最大水压脉动频率（次/s）				

续表

观　测　值		甩负荷值			
		25%	50%	75%	100%
摆度	电机上部轴承处 法兰处 水导轴承处				
发电机上机架振动					

　　试验过程中，必须同时满足水压上升和转速上升均不超过允许值的要求，这就需要及时分析每次甩负荷的实测情况，对下一次甩更大负荷时可能出现的值作出估计，如果有超过的可能，应及时调整导叶关闭时间。若延长导叶有效关闭时间，则转速上升率增加，水压上升率减少，否则反之，然后继续按原定试验程序进行试验，直到满意为止。

　　对甩负荷过渡过程的优劣、是否为最佳关闭规律，可用下列因素综合判断：

　　（1）转速最大升高相对值 β

$$\beta = \frac{n_{\max} - n_0}{n_r} \times 100\% \qquad (2\text{--}5\text{--}4)$$

式中　　$n_{\max}$——甩负荷过渡过程中机组出现的最大瞬时转速；

　　　　n_0——甩负荷前的转速稳定值；

　　　　n_r——机组的额定转速。

　　（2）水压最大升高相对值 ζ

$$\zeta = \frac{p_{\max} - p_1}{p_1} \times 100\% \qquad (2\text{--}5\text{--}5)$$

式中　　$p_{\max}$——甩负荷过渡过程中蜗壳进口压力的最大瞬时值；

　　　　p_1——甩负荷后蜗壳进口压力的稳定值。

　　实际上，引水系统最大正水击发生在蜗壳末端而不是蜗壳进口（蜗壳末端的绝对压力较小，一般不设测压点），其出现时间依机型和关闭规律的不同而有所区别。

　　（3）水压脉动的幅值及持续时间。

　　（4）向上的轴向水推力。

二、低油压紧急停机试验

　　低油压紧急停机试验是为校核低油压事故继电器整定值，以及检测在压油装置出现低油压时，导叶的关闭规律及相应关闭时间是否满足调节保证计算值的要求。

　　试验时，机组带满负荷在自动状态下运行。

试验的方法和步骤如下：

（1）按甩负荷试验方法做好各项准备工作，并增设油压、油位、低油压继电器动作信号等测点。做好事故停机的准备工作，解除超速保护及其他必要的安全措施。

（2）机组稳定运行后，切除调速器油泵，将压油罐的泄油阀打开，提前启动示波器，录取油压、油位降低过程，同时人工监视油压表。

（3）当接近预先整定的低油压值时，立即关闭泄油阀。

（4）油压继续缓慢降低到整定值，继电器动作，机组在事故状态下甩去全部负荷，录制与甩负荷试验相同的各参数的变化过程。

若试验结果不能满足调节保证计算要求时，一般不再改变调节参数，而应提高低油压事故继电器的整定值。压油罐油位高度在满足要求时，还应留有一定的余量；低油压事故停机后，压油罐内仍应保证一定的油量，否则，也要相应提高继电器的整定值。

三、水泵工况断电试验

对于水泵–水轮机导叶最佳关闭规律的选择，不仅要考虑水轮机甩负荷过程，同时，还应考虑水泵工况时的断电过程。

断电试验是水泵–水轮机作水泵运行时的一种"甩负荷"试验，同样是一种为减少作用在水泵–水轮机与压力管道上的动荷载而对导水机构的关闭规律进行选择的试验。

1. 对水泵工况断电过程的要求

（1）应避免机组强烈振动和水压脉动。

（2）导水机构直接停机而不再重新将导叶开到空载。

2. 断电试验程序

机组处于水泵工况如突然切断电源，为避免压力管道内发生过大的压力波动，应尽快地先关主进水阀，使导水机构在逆流工况尚未到来之前就完全关闭，并投入锁定，加闸制动。

3. 试验注意事项

断电瞬间若导水机构不动作或不能迅速关闭时，应按紧急停机按钮，事故配压阀动作停机。

4. 主要测试参数及其分析

主要记录断电信号、导叶开度及其接力器行程、桨叶开度及其接力器行程、机组功率、机组转速、蜗壳水压、顶盖水压、转轮室压力、尾水管各测压断面的压力等参数随时间的变化过程。水泵工况断电试验记录见表2–5–11。

表 2-5-11　　　　　　　　　　　　水泵工况断电试验记录

观 测 参 数		试 验 值			
		1	2	3	4
导 叶	断电前开度（%） 接力器行程（mm） 滞后跳闸时间（s） 第一段关闭时间（s） 第二段关闭时间（s）				
钢 管 水 压	断电前水压（Pa） 最大水压下降（Pa） 最大水压滞后跳闸时间（s） 水压下降滞后跳闸时间（s） 最大水压下降率（%） 最大水压脉动双幅值（Pa） 最大水压脉动频率（次/s）				
转 速	滞后跳闸时间（s） 导叶关闭至零的转速下降（r/min） 转速降为零的历时（s）				
尾 水 管 水 压	甩前真空值（Pa） 水压上升滞后跳闸时间（s） 最大水压上升值（Pa） 最大水压上升出现时间（s） 最大水压上升率（%） 最大水压脉动双幅值（Pa） 最大水压脉动频率（次/s）				
转 轮 室 水 压	断电前压力（Pa） 压力下降第一个波谷值（Pa） 压力上升第一个波峰值（Pa） 压力波动滞后跳闸时间（s）				

断电后水泵-水轮机转速下降、输水量减少、扬程减小，所以在断电的初始阶段，压力管道内产生的水锤不是正波而是负波，即压力下降。应控制导叶关闭规律，使上游压力管道内压力缓慢地下降，并使下降值减小。在蜗壳内产生负水锤的同时，尾水管内则发生压力升高，但对导叶和转轮等的动力作用均较甩负荷时为小，故该工况的危险性不及水轮机工况时的甩负荷情况严重。

（1）导叶不能关闭时的水泵断电过渡过程。水泵断电时，若导叶发生故障不能关闭，则水泵将经水泵工况、制动工况、水轮机工况进入飞逸工况。当水泵进入制动区时，尾水管内压力脉动幅值明显增大；若断电前的导叶开度较大，则机组摆度、转速及水压脉动等均产生不稳定现象，应采取关闭主进水阀或进口闸门等紧急停机设施。

（2）导叶能关闭时的水泵断电过程。水泵断电后蜗壳水压下降，随着导叶的不同关闭规律，在导叶尚未关到小开度时，蜗壳水压已回升至接近原来静水压力，随后蜗壳水压开始回升，随着导叶关小，流量开始下降直至为零时又产生正向水锤，这时应减慢导叶关闭速度以减少正向水锤值。

【思考与练习】

1. 对甩负荷过程要求有哪些？
2. 如何进行甩负荷试验？
3. 简述低油压紧急停机试验的方法和步骤。
4. 简述对水泵工况断电过程的要求。

第六章

水轮机调速器故障及事故处理

▲ 模块 1　设备故障、事故处理的防护措施及要求 （Z52F4001Ⅲ）

【模块描述】本模块包含设备故障、事故处理的防护措施及要求，通过设备故障、事故处理的防护措施知识和要求的讲解，掌握故障处理原则。

【模块内容】

设备的故障主要来自长期运转后机件的自然磨损，零部件制造时材料选用不当或加工精度差，大件安装或部件组装不符合技术要求，操作不当、维修欠妥等原因。

故障发生后，如不及时处理，将对设备的生产效率、安全、经济运行及使用寿命带来不同程度的影响。能否准确、迅速地判断故障部位和原因至关重要；如判断失误，不但延误采取相应措施的时间而酿成更大的事故，也将延长检修时间，造成人力、物力的浪费。因此，要求有关人员必须熟悉设备的结构、性能，掌握正确的操作和维修方法，在平时勤检查、勤调整、加强维护保养，不断积累经验。一旦出现异常，才能及时、准确地判断故障部位和原因，迅速排除，确保设备的正常运行。

一、设备故障、事故处理的防护措施

1. 设备故障

设备故障就是指当运行中的设备出现异常现象，直接导致设备本身无法正常运行，或者间接导致发电设备的安全、经济运行受到威胁，或者对人身安全造成伤害。如果得不到及时、有效的处理，将引起设备隐患的进一步扩大，直至造成事故的发生。

2. 调速器机械液压系统故障、事故处理防范措施

（1）调速器大修中对主配压阀、引导阀活塞及衬套进行检查、处理，应无伤痕、毛刺、高点、锈蚀，各棱角无损伤，清洗剂清理后，用白布擦干，无杂质、污物；活塞组装时，表面涂上洁净的汽轮机油，防止装配时损伤配合表面。

（2）检查应急阀切换动作灵活，密封完好、无漏油。

（3）分解滤油器进行彻底清扫，无杂质、杂物，旋塞干净、无损伤。

（4）步进电机及转换装置检查，转动灵活、无死区、无异声，复中灵活。

（5）调速柜内清扫干净，防止排渗漏油时有杂质混入油中。

（6）调速系统使用的汽轮机油经常化验，无杂质、水分。

（7）调速器大小修时，进行调速器导、轮叶操作机构零位检查，开、关机时间测量达到规定要求。

二、设备故障、事故处理的要求

（1）应有适当的工作场地，并有良好的工作照明；场地清洁、注意防火、准备消防器具；无关人员不得随便进入场地或随便搬动零部件；各部件分解、清洗、组合、调整有专人负责。

（2）处理前应对技术状况调查收集。

（3）查清运行缺陷记录所记缺陷，并对照设备实际情况做好详细记录。

（4）查阅上次检修总结报告，掌握上次大修中未完成和存在的缺陷。

（5）熟悉、了解在本次检修中采纳的合理化检修工艺和设备革新方案。

（6）检修人员了解本次的检修项目、内容和要求达到的目的。

（7）检修质量必须达到规定的质量要求。

（8）彻底消除设备缺陷与事故隐患。

（9）清除设备渗漏现象。

（10）设备动作灵活、安全可靠，检修记录齐全。

【思考与练习】

1. 设备故障不及时处理有哪些危害？

2. 简述调速器机械液压系统故障防范措施。

3. 简述设备故障、事故处理的要求。

模块2 水轮机调速器机械液压系统故障及事故处理（Z52F4002Ⅲ）

【模块描述】本模块包含水轮机调速器机械液压系统故障及事故处理知识，通过典型案例分析，根据故障及事故现象，分析故障及事故原因，总结故障及事故处理方法，掌握常见的水轮机调速器机械液压系统的故障处理方法和步骤。

【模块内容】

一、调速器专业人员在处理调速器故障时的作用

（1）在发生调速器故障时，必须做到迅速、准确地判断出故障原因。

（2）合理的组织、分配抢修人员工作。

（3）监督、监护现场工作人员的安全。

（4）设备施工前，必须向工作负责人进行设备检修施工方案技术交底工作，使工作负责人对本项工作全面了解后，方可开工。

（5）有效的组织抢修力量在最短的时间内完成检修任务。

二、调速器疑难故障处理

调速器发生疑难故障时，主要包括以下几个方面：

（1）参数和水头。运行参数、水头有关的问题见表 2-6-1。

表 2-6-1　　　　　　　　运行参数、水头有关的问题

原因	现象	处理方法
自动开机到不了空载开度	开机过程中，机组频率到不了额定频率 50Hz	运行参数中的最小、最大空载开度设置不合理，当前水库水位过低，人工设定的水头值与实际水头不对应，需人为设定正确的参数和水头值
自动电气开度限制值设置不合理	导叶接力器增大不到合理的最大开度	运行参数中的最小、最大负载电气开限设置不合理，当前水库水位过低，人工设定的水头值与实际水头不对应，需人为设定正确的参数和水头值
双重调节调速器协联关系不正常	机组效率低，运行中振动偏大	人工设定的水头值不等于实际水头值，使插值得到的协联关系不正确，应人工设定正确水头值

（2）关键输入信号。采集信号故障见表 2-6-2。

表 2-6-2　　　　　　　　采 集 信 号 故 障

原因	现象	处理方法
测频环节故障或频率信号断线	显示"测频错误"	检查测频环节隔离变压器及频率信号的接线，检查端子机组残压是否正常
接力器开度传感器断线	显示"位置反馈故障"	检查，并修复导叶（轮叶）接力器开度传感器
功率变送器故障	显示"功率反馈故障"	检查机组功率变送器，必要时更换
交流（直流）电源消失	调速器交流（直流）电源指示灯灭	检查，并恢复交流（直流）电源供电，必要时更换空气断路器或开关电源模块

（3）监视关键参数。关键参数见表 2-6-3。

表 2-6-3　　　　　　　　关 键 参 数

参量名称	主要现象	监视的目的及对策
机组频率	有不正常的大幅度波动，相应的"测频故障号"出现否	测频环节是否正常，如出现"测频故障"，则采取相应措施，并检查测频环节。如果网频长时间为 50.00Hz，则会出现"测频故障"后自动复归

续表

参量名称	主要现象	监视的目的及对策
控制输出与导叶接力器实际位置指示值	调速器稳定时，两者是否相等？或者是否偏差很小	如果偏差过大，说明机械零位偏移，在适当的时候（并网运行时或无水工况下）调整该零点
电转平衡指示	调速器稳定时，应在（零位）中间平衡位置，其偏移开启/关闭方向应与导叶接力器开启/关闭运行方向一致	如果调速器稳定，指针偏离中间平衡位置过大，说明（电转装置零位）主配位置传感器中位偏移，在适当的时候（并网运行时或无水工况下）调整该零点；如果平衡指示偏向开启（关闭）方向、而导叶接力器不向开启（关闭）方向运动，这说明电转装置卡阻，应进行相应处理
PID 调节参数 b_t、T_d、T_n 及 b_p、E 等运行参数值	是否是原来整定的值	如不是原来整定的值，应加以修正
机组水头值	是否与机组实际值相符	如有较大差别，自动水头工况则检查水头变送器，手动水头工况则手动修正水头的设定值

三、诊断和故障处理

1. 容错

（1）频率容错。实时自动诊断机组频率及系统频率，提示故障类别；在空载时，当检测到机频故障时，自动将当前导叶开度关回到最小空载开度（最高水头下的空载开度）；当系统频率故障时，自动跟踪频率给定；在负载时，机、网频互为容错；当机频故障时，自动取网频，否则取机频作为被调节量。当机网频均故障时，可现地或远方手动控制机组的转速或有功功率（导叶开度）。

（2）导叶反馈。通过主接力器上的位移传感器反馈量，实时自动诊断导叶行程输入，自动提示故障类别。导叶行程信号消失后，保证水轮发电机组稳定在当前状态下运行；双机冗余系统采用两个导叶反馈位置传感器，根据机组当前的开度、功率、转速对两个导叶传感器进行故障判断，确认当前导叶的实际位置。电气系统通过 MB+接口共享正确的输入信号。

（3）水头容错。实时自动诊断水头输入，自动提示故障类别。

水头手/自动方式如下：

1）接收水头变送器 4～20mA 信号作为自动方式。

2）通过触摸屏人为手动设定水头。

当水头变送器故障时，自动切换为水头手动输入方式，水头信号只参与空载开度的限制和负载功率的限制。当自动水头失效时，不会影响机组开/停机，不会产生负荷冲击。

（4）机械零点漂移自动补偿。当机械零点在运行过程中出现了漂移，而漂移的大小不影响正常运行的情况下，调速器电气部分输出一对应的值到电液转换环节进行机械零点补偿，以保证整个调速系统的稳定；当机械零点漂移过大时，报警，并在触摸屏上指导维护人员进行机械零位调整。

机械零点的漂移值在触摸屏上实时数字量指示。

（5）操作出错。自动检测和智能处理操作出错，当操作出错时，报警提示，不接收错误的操作命令。

2. 自诊断和故障处理

系统自诊断功能：系统发生故障时能及时做出判断，并发出告警信号，给出故障产生原因的推断，实现空载自处理、负载自保持。

（1）程序出错和 CPU 故障。

（2）输出/输入通道故障。

（3）数字/模拟转换器和输入通道故障。

（4）模拟/数字转换器和输入通道故障。

（5）通信模块故障。

（6）测速故障。

（7）导叶反馈系统故障。

（8）功率传感器及其反馈通道故障。

（9）水头故障。

（10）电源系统故障。

（11）事故紧急停机回路故障。

（12）机械液压系统故障。

1）电液转换单元发卡故障。

2）比例阀伺服、数字阀电液转换单元切换，并报警。

3）主配压阀发卡故障。

4）转换阀发卡故障。

四、调速器运行时常见故障处理

1. 空载运行

机组自动空载频率摆动值大见表 2–6–4。

表 2–6–4　　　　　　　　　机组自动空载频率摆动值大

原因	现象	处理方法
机组手动空载频率摆动大	机组手动空载频率摆动达 0.5～1.0Hz，自动空载频率摆动为 0.3～0.6Hz	进一步选择 PID 调节参数（b_t、T_d、T_n）和调整频率补偿系数，尽量减小机组自动空载频率摆动值，如果自动频率摆动还大于手动频率摆动值，则增大 T_n

续表

原因	现象	处理方法
接力器反应时间常数 T_y 值过大或过小	机组手动空载频率摆动 0.3～0.4Hz，自动空载频率摆动达 0.3～0.6Hz，且调节 PID 调节参数 b_t、T_d、T_n 无明显效果	调整电液（机械）随动系统放大系数，从而减小或加大接力器反应时间常数 T_y。当调节过程中接力器出现频率较高的抽动和过调时，应减小系统放大系数；若接力器动作迟缓，则应增大系统放大系数
PID 调节参数 b_t、T_d、T_n 整定不合适	机组手动空载频率摆动 0.2～0.3Hz，自动空载频率摆动小于上述值，但未达到国家要求	合理选择 PID 调节参数，适当的增大系统放大系数，特别注意它们之间的配合
接力器至导水机构或导水机构的机械与电气反馈装置之间有过大的死区	机组手动空载频率摆动 0.2～0.3Hz，自动空载频率摆动大于等于上述值，调 PID 参数无明显改善	处理机械与反馈机构的间隙减小死区
被控机组并入的电网是小电网，电网频率摆动大	被控机组频率跟踪于待并电网，而电网频率摆动大导致机组频率摆动大	调整 PLC 微机调速器的 PID 调节参数：b_t、T_d 向减小的方向改变，T_n 向稍大的方向改变

2. 负载运行

并网运行机组溜负荷见表 2-6-5。

表 2-6-5 并网运行机组溜负荷

原因	现象	处理方法
电网频率升高，调速器转入调差率（b_p）的频率调节，负荷减少	接力器开度（机组所带负荷）与电网频率的关系正常，调速器由开度/功率调节模式自动切至频率调节模式工作	如果被控机组并入大电网运行，且不起电网调频作用，可取较大的 b_p 值或加大频率失灵区 E，尽量使调速器在开度模式或功率模式下工作
电液转换环节或引导阀卡阻	控制输出与导叶实际开度相差较大	检查，并处理电液转换器；切换，并清洗滤油器；检查电液转换器，并排除卡阻现象；检查引导阀、活塞、密封圈
机组断路器误动作	机组负荷突降至零，并维持零负荷运行	启动断路器容错功能，电厂对断路器辅助触点采取可靠接触的措施
接力器行程电气反馈装置松动变位	控制输出与导叶反馈基本一致，导叶实际开度明显小于导叶电气指示值	重新校对导叶反馈的零点和满度，且可靠固定
调速器开启方向的器件接触不良或失效	调速器不能正常开启，但能关闭，平衡指示有开启信号	检查或更换电气开启方向的元件，检查开方向的数字球阀和主配位置反馈，如果是主配反馈的问题，更换后需重新调整电气零点

五、WBST-150-2.5 水轮机调速器机械液压系统及摇摆式接力器故障处理

1. 轴流转桨式水轮发电机组振动

（1）调速器本身原因。

1）轮叶位移转换装置可能发卡或轮叶步进电机联轴器轴销可能脱落引起的协联破坏。

2）机组运行水头与实际水头不对应，造成协联不正确。

3）调整负荷过程中，轮叶主配压阀发卡引起的协联破坏。

4）机组调整负荷过程中，调速器的轮叶控制在手动位置出现的脱协联。

5）操作油管上的回复轴承发卡或轮叶开度连杆松脱造成调负荷时轮叶机构失灵与导叶脱协联。

6）协联函数发生器有问题，造成协联破坏。

（2）处理方法。根据原因分析和现象逐条进行如下检查处理：

1）停机的情况下，将电源切除，手动转动轮叶步进电机，检查是否有发卡或轴销脱落情况，如果出现问题，分解轮叶位移转换装置，检查滚珠丝杆、轴承及固定螺钉，并正确组装。

2）将运行水头切到自动位置，使其与实际水头对应，或者检查水头传感器运行正常。

3）停机的情况下，将电源切除，手动转动轮叶步进电机，检查主配压阀是否跟随动作，如果发卡，对主配压阀分解检查，主配压阀无严重磨损、伤痕，棱角无损伤、间隙不超标或辅接上连接片螺栓无松动；油孔堵塞，清扫滤过器或对使用油进行更换过滤。

4）机组运行中检查调速器的轮叶控制在自动位置，否则切换到自动位置。

5）在机组运行过程中，手动检查操作油管上的回复轴承无发卡或轮叶开度连杆松脱。

6）调整负荷进行记录的联协数据，与试运行时的数据比较进行确认，有差别就要停机处理，重新调整试验。

2. 调速器在运行中导叶不摆动而轮叶摆动

（1）原因。

1）上游水位变化快冲击转轮引起的波动。

2）导叶与轮叶协联关系正确引起轮叶在全开或全关位置，一直有开或关方向的电流作用。

3）机组运行水头与实际水头不对应。

4）由于轮叶给定死区小，灵敏度高引起的步进电机动作。

5）轮叶接力器活塞间隙大，开关两腔串油。

6）主配压阀搭叠量过小，单侧渗油。

（2）处理方法。根据原因分析和现象逐条进行如下检查处理：

1）观察上游水位变化，确认是否为由此引起的波动。

2）观察轮叶开关腔的油压，如果一腔油压为额定，另一腔为零，就说明轮叶在全开或全关位置，一直有开或关方向的电流作用，协联关系不正确，需要重新试验调整。

3）将运行水头切到自动位置，使其与实际水头对应，或者检查水头传感器运行是否正常。

4）检查轮叶机构无发卡，导叶机构无摆动，调整轮叶给定死区的大小，使其不摆动，但不能调整过大，使其动作缓慢。

5）观察运行状况，如果由于5）和6）的原因造成摆动，则摆动很慢，并且无规律，确认原因后，进行主配压阀检查测量。

3. 调速器轮叶机构回油量大

（1）原因。

1）一直有电流作用轮叶步进电机，轮叶偏全开或全关极限位置，回油量增加。

2）机组运行不稳定，负荷摆动。

3）轮叶接力器配合间隙过大，渗漏油大。

4）受油器的操作油管与浮动瓦的配合间隙大，渗漏油大。

（2）处理方法。根据现象进行逐项检查，逐项排除。

1）观察轮叶开关腔的油压，如果一腔油压为额定，另一腔为零，就说明轮叶在全开或全关位置，一直有开或关方向的电流作用，协联关系不正确，需要重新试验调整。

2）检查机组负荷变动是由于导叶开度在变化，那么查找导叶变化的原因。

3）如果不是上述原因，停机检修。检查调速器轮叶主配压阀活塞与阀体、轮叶接力器活塞与缸体、受油器的操作油管与浮动瓦等处的配合间隙是否过大，逐项处理。

六、KZT-150 调速器机械液压系统故障处理

1. 转动套不转

可能是油中有杂质，调速器虽然有油过滤器，但是由于滤网损坏等原因，杂质还是有可能通过，造成转动套发卡。处理方法：如调速器在运行中，必须和运行人员联系好，做好必要的安全措施，把机械开限压到当前开度，可用手向上（只能向上，向下会造成关机）提电液转换器上部的复中弹簧，此时，转动套和活塞前置级的相对位置发生改变，如果杂质卡的不死，会被油流冲走，转动套恢复转动；如果杂质卡的很死，只能分解电液转换器，分解前把调速器切手动。用固定扳手分解开连接座与阀座的连接螺栓，螺栓分解完，向上提电液转换器的电气部分，使电液转换器的活塞前置级和转动套分开，检查转动套应完好，转动灵活。用电液转换器外罩罩住活塞前置级，手自动切换把手放自动位置，检查前置级向四个方向喷油应均匀，用干净的绢布擦拭前置级，确保干净无杂物后调速器切手动，拿开电液转换器外罩。回装电液转换器的电气部分，安装好后，调速器切自动，检查转动套恢复正常后，向运行人员交代，工作结束。由运行人员负责把机械开限放到正常运行位置。事后应记住择机检查油滤过器的滤网。

油温度降低也可能造成转动套不转，东北冬季气温低，尤其是厂房内靠近厂房门的机组，汽轮机油因温度降低而黏度增大，造成转动套不转。处理方法：对油压装置进行油循环，降低油黏度。必要时在机组旁边增加电热。

油压装置中可能进水，调速器用油的水分过大，会造成转动套的表面产生锈垢，致使转动套不转。处理方法：化验汽轮机油，如果水分超标，更换合格的汽轮机油。

无振动电流致使转动套不转。处理方法：检查无振动电流后，联系电气班组处理。

2. 调速器压力降低

可能是调速器油滤过器滤网表面附着杂物过多。处理方法：清扫油滤过器，用汽油清扫油滤过器。KZT-150 调速器为双重油滤过器，通过切换把手选择两组滤芯。清扫滤网前要格外注意区分哪组是工作滤芯。机组在运行中清扫滤网，调速器应放在手动状态。

3. 反馈钢丝绳断股

反馈钢丝绳在导向滑轮处跳槽，造成钢丝绳被卡断或断股。处理方法：更换等长、等径的钢丝绳。此项工作应在停机状态下进行。更换后试验应满足调速器的开、关位置和导叶的全开、关位置能对应上。

4. 调速器偏开、偏关过大

原因是调整螺母变位。处理方法：检查和处理调速器偏开、偏关过大必须在停机、关主阀、蜗壳排水且电气柜断电的情况下进行。由运行人员做好上述措施后，退出停机联锁连接片。调速器手动打开一定开度，切到自动状态，机械开限打开大于当前开度。如果调速器偏开、偏关过大，目测即可看出调速器偏开、偏关。调速器关到全关位置，切到手动状态。向相反的方向调整开、关机调整螺栓。然后，调速器再打开一定开度，在导叶接力器推拉杆上设百分表，观察调速器的偏开、偏关情况，不合格则继续调整。直至调整到调速器偏关小于 1mm/5min 为止。开关机调整螺栓背帽锁死，向运行人员交代后，此项工作结束。

【思考与练习】

1. WBST-150-2.5 开机过程中，机组频率达不到额定频率检查与处理。

2. WBST-150-2.5 机组运行中振动偏大检查与处理。

3. WBST-150-2.5 在正常运行中调速器不能调整负荷检查与处理。

4. 分析 WBST-150-2.5 调速器在运行中导叶不摆动而轮叶摆动的原因与处理。

5. 分析调速器轮叶机构回油量大的原因。

第三部分

油压装置及漏油装置改造、检修与故障处理

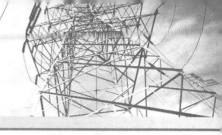

第七章

油压装置及漏油装置更新改造

▲ 模块1　油压装置及漏油装置的更换改造
工作概述（Z52G1001Ⅱ）

【模块描述】本模块涉及油压装置及漏油装置更换改造基本工作，通过油压装置及漏油装置类别、型号、参数、组成及动作原理等知识讲解，掌握油压装置及漏油装置更换改造工作流程。

【模块内容】

一、类别、型号编制方法

油压装置是供给调速器操作所需压力油的设备，也可为蝴蝶阀、球阀等液压操作系统提供压力油。作为能源设备，油压装置必须储备足够的能量，确保在任何情况下调速器的工作容量大于水轮机需要的调速功。其所提供的压力油不仅数量、压力应满足工作需要，而且油质也应符合技术要求。

油压装置按布置方式不同，分为组合式和分离式两大类。前者压力油罐安装在回油箱上，结构紧凑但维修较难，适用于中、小型水电站。后者压力油罐与回油箱彼此独立，可分别布置在不同地方，多用于大、中型水电站。

我国的油压装置已经标准化，油压装置标准规格见表 3-7-1。油压装置的型号由三部分代号组成：第一部分为类型代号，用汉语拼音的字首表达，YZ 为分离式，HYZ 为组合式；第二部分以分数形式表达压力油罐的容积和个数，分子的数字为压力油罐

表 3-7-1　　　　　　　　　　油压装置标准规格

组合式	分离式	组合式	分离式
HYZ-0.3	YZ-1.0		YZ-8
HYZ-0.6	YZ-1.6		YZ-10
HYZ-1.0	YZ-2.5	HYZ-4.0	YZ-12.5
HYZ-1.6	YZ-4		YZ-16/2
HYZ-2.5	YZ-6		YZ-20/2

总容积（m³），字母为产品改进标记，无字母为基本型。分母的数字为压力油罐个数，无分母则表示只有一个压力油罐；第三部分用数字表达额定油压（kg/cm³），无数字则额定油压为 2.5MPa。

例如，HYZ–4 为组合式油压装置，一个压力油罐，容积 4m³，基本型，额定油压 2.5MPa；YZ–20A/2–40 为分离式油压装置，两个压力油罐，总容积 20m³，改进型产品，额定油压 4.0MPa。

二、油压装置的参数、组成及动作原理

1. 油压装置的构成

油压装置主要由以下元件构成：

（1）油泵及其驱动装置。

（2）压力罐。

（3）回油箱。

（4）保护装置。

（5）控制装置。

（6）压缩空气补给装置等。

某分离式油压装置安装如图 3–7–1 所示。

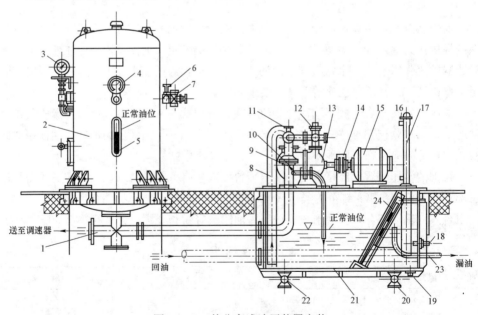

图 3–7–1　某分离式油压装置安装

1、10—三通管；2—压力罐；3—压力信号器；4—压力表；5—油面计；6—球阀；7—空气阀；8—吸油管；
9—截止阀；11—止回阀；12—放油阀；13—油泵；14—保护罩；15—电机；16—限位开关；17—油位指示器；
18—温度计；19—螺堵；20、22—阀门；21—回油箱；23—漏油管；24—过滤器

通流式调速器上不设压力罐，而是用油泵直接向调速器提供压力油。目前，油泵的驱动装置普遍采用异步电机驱动油泵。油泵的布置方式有立式和卧式两种，其中立式布置紧凑、占据平面尺寸小、回油方便。所以，在中、小型调速器及合成式油压装置中大多采用立式结构。油泵的种类很多，目前多采用螺杆泵。

2. 油泵

油泵的种类很多，目前，油压装置上一般只采用齿轮泵和螺杆泵。齿轮泵结构简单、造价低，多用在小型设备或漏油装置上。螺杆泵精度高、性能好，使用范围越来越广。

低压平衡三螺杆泵结构如图 3-7-2 所示，立式三螺杆泵结构如图 3-7-3 所示。在螺杆泵的衬套中，一根主动螺杆和两个从动螺杆相互啮合。主动螺杆由电机带动。主动螺杆转动时，使吸入室（低压腔）内的油随螺杆的旋转进入主动螺杆和从动螺杆的啮合空间。主动螺杆的凸齿与从动螺杆的凹齿相啮合，在保证了螺杆一定的工作长度后，其啮合空间形成一完整的密封腔。进入密封腔的液体，如同一"液体螺母"，它不会旋转，只能均匀地沿螺杆做轴向移动，最后从排出腔（高压侧）输出。更具体些，还可把它划分为三部分：

第一部分，定子。即油泵的壳体和衬套，其两端部内腔与低压侧和高压侧衔接在一起，主、从动螺杆便在其中间反向旋转。

第二部分，转子。即主动螺杆，电机的旋转运动通过它传递给泵，形成压力能。

第三部分，闭合器。即两个从动螺杆，其主要功能是与主动螺杆、衬套一起，形成两个完整的螺旋密封空间，阻止压力油从高压侧倒流回低压侧。

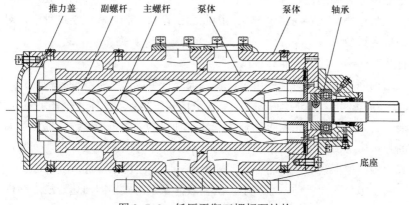

图 3-7-2　低压平衡三螺杆泵结构

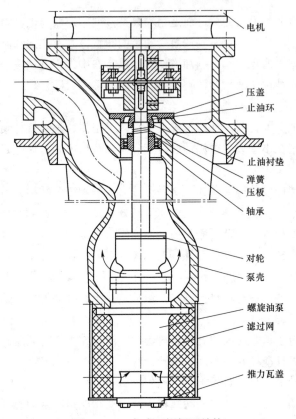

电机

压盖
止油环

止油衬垫
弹簧
压板
轴承

对轮
泵壳

螺旋油泵
滤过网

推力瓦盖

图 3-7-3　立式三螺杆泵结构

　　上述三部分之间的密封性，即间隙的大小，如同齿轮泵一样的重要。间隙过大，效率低；间隙过小，又容易将泵卡死。因此，在设计、制造和组装过程中，对其间隙的控制是极为重要的。

　　螺杆泵在结构、性能方面具有以下特点：

　　（1）结构简单。泵本身主要由泵体和三根螺杆组成，具有多种结构形式，一般小流量（0.2~6.3m³/h）、2.5MPa 以下，泵的泵体和衬套合为一体（统称泵体），可立、卧式安装，进油口方向可相隔 90°任意安装，轴封为端面机械密封，部分产品可设计为骨架油封；中等流量以上的泵，衬套为一单独的零件固定于泵体内，安装形式有立式、卧式两种；根据输送介质的不同，轴封形式有端面机械密封和填料密封两种。

　　（2）油压平稳而无脉动，噪声小。所输液体在泵内做轴向匀速直线运动，故液力脉动小、流量稳定、噪声低；由于转动部分惯性小，故启动力矩和振动小。

　　（3）寿命长。三螺杆泵的主动螺杆由原动机驱动，主、从动螺杆之间没有机械接触，所输压力液体驱使从动螺杆绕轴心线自转，主、从螺杆之间，螺杆与衬套之间皆有一层油膜保护，因而，泵的机械摩擦很小，保证了螺杆泵的使用寿命。

（4）效率高。效率可达 75% 以上，属高效节能产品。

（5）具有高吸入能力。

（6）与水电控制设备配套的专用泵，可立式或卧式安装；油泵有单、双出口；采用螺杆轴向力的低压或高压平衡方式。

根据油压装置的容量和设计院的设计而定，一般装设 2～4 台油泵。其中，1 台为工作泵，其余 1～3 为备用泵。工作油泵依据压力油罐的油压控制信号运行，若配置 3～4 台油泵，1 台工作油泵可作为增压泵连续运行。油泵输送的压力油经组合阀和电液控制阀（手动截止阀）进入压力油罐。

3. 压力罐和压力空气罐

当调速器油压装置的储能容器总容积小于等于 16m³ 时，一般只采用一个压力罐，压力罐内含有油和空气两种介质。在额定工作油压时，其中油容积与空气容积的比值约为 1/2～1/3；当调速器油压装置的储能容器总容积大于等于 20m³ 时，一般采用压力罐与压力空气罐一起组成的压力储能容器，在额定工作油压时，压力罐中也有一部分空气。

当采用压力罐与压力空气罐一起组成的压力储能容器时，压力罐与压力空气罐上部用管道连通，串联使用，两罐之间设有检修阀门。在最大工作油压时，压力罐内油与空气的容积比为 1/2。压力罐底部装有带有阀门的排油管，压力空气罐底部装有阀门用于排污。

压力罐与压力空气罐（或压力罐）在调速系统中的作用相当于储能器，将系统的工作压力稳定在一定的范围，吸收油泵启动/停止时所产生的压力脉动，在系统出现故障、油泵不能启动的情况下，保证系统具有足够的工作容量（压力和油量）关闭导叶、实现停机，保证机组安全。

为满足压力罐内压力、油位（即油气比例）等控制的要求，压力罐上安装了相应的压力开关、油位计；为满足现代计算机控制的要求，还装设压力变送器、压差变送器或液位变送器，自动补气装置等。它们与油压装置控制屏组成油压装置控制系统，以保证油压装置的正常运行。

（1）压力罐上的主要部件（或压力罐上与压力油有关的）。

1）液位计。用于指示压力罐内的油位。液位计与压力罐间设置有球阀，用此隔离。液位计上配有排油阀，便于液位的校核。液位计带有液位信号器。

2）压力表。用于观察压力罐内的压力。

3）压力开关。用于工作泵、备用泵启动、停止，以及控制压力过高、事故低油压及组合阀内旁通电磁阀等。

4）液压传感器。一般标准二线制，输出 4～20mA 标准信号，供电电压为 DC 24V。

5）压力变送器。一般标准二线制，输出 4～20mA 标准信号，供电电压为 DC 24V。

（2）压力空气罐上的主要部件（或压力罐上与压力空气有关的）。

1）压力表。用于观察压力罐内的压力。

2）空气安全阀。空气安全阀的开启压力不能超过容器设计压力，但空气安全阀的密封试验压力应大于压力罐的最高工作压力。空气安全阀与压力空气罐之间一般不宜装设阀门，空气安全阀应垂直安装，并应装设在压力容器液面以上气相空间部分或设在与压力容器气相空间相连的管道上。

3）自动补气装置。是集补气、排气、空气过滤、安全保护为一体的自动补气装置。

压力罐压力油出口处装有电液控制阀，用于截止或开通压力油进出，电液控制阀的开启状态可由压力开关检测，也可采用手动截止阀。

压力罐是按压力容器来设计和制造的。

大型的（HYZ-1.6 以上）压力罐都设有人孔，以便人进入检修。人孔的布置分侧置式及底部式两种。前者便于进人检修，后者美观。进人时，一定要把压力罐拆下放平。小型的多在底部开有检修孔，其大小因罐而异，但皆不能进人。

（3）压力罐在使用中经常出现的问题。

1）制造厂对压力罐的焊接工艺、钢板及焊条的选用、探伤检查、水压试验等工序的要求，都是很严格的。到电站后，切不可轻率地加长或缩短压力罐罐体。万一非要这样做不可时，一定要制定出合理的工艺方案，并委托能够胜任压力容器制造的单位进行。

2）为提高压力罐的密封性，除进、排气管路和油位指示器上部连接处不能埋入油中外，其他所有的油管，如油泵的进油管、油源引出管、放油管、压力继电器及压力表的引出管等，应一律埋入油中，并应尽可能地靠近下端部，以减少压缩空气的渗透量；但也不能过低，以防底部杂物等进入调节系统。

3）安装前，罐体内部清洁状况一定要仔细检查。当漆皮脱落、锈蚀严重时，应根据电站的条件，进行适当处理（人工或喷砂除锈）。清除干净后，再涂防锈底漆和耐油漆各一道。等漆干透后，再进行组装。

4）水压试验。水压试验是出厂前必不可少的一道工序。设备运到电站后，为检查其组装质量及密封性，对一些大型的油压装置，应当再次进行水压试验。

试验压力为额定工作压力的 1.25 倍，试验时间为 30min。对中、小型油压装置，可只进行气密性试验（压力为 2.5MPa 以下），而不做水压试验。

压力试验注意事项如下：

a. 安全起见，充水后一定要把压力罐顶部的空气排掉（利用罐顶放气螺塞或放气管进行），再逐步升压。

b. 试验压力不得超过规定值。

c. 试验完毕，立即将水放净，使之干燥，以防生锈。

4. 回油箱

回油箱是油压装置的安装基础，又是整个调节系统用油的储存装置。回油箱分净油区和污油区两部分，彼此用滤油网隔开。通常，污油区小于净油区。油泵应置于净油区内。回油箱的容积要能保证容下压力罐、接力器等的全部回油。其正常工作时的存油量，应能满足油泵工作 5～10min 所需吸油量。

5. 漏油箱

安装位置低于油压设备回油箱的液压操作元件及导水机构接力器的漏油，靠漏油箱收集后送回到油压设备回油箱中，漏油箱由油箱、油泵电机组和浮子信号器等组成。

6. 补气装置

油压装置首次工作，在建立油压和油位时，除通过油泵向压力罐供油外，还需要补给压缩空气。另外，尽管在结构设计上，采取了许多措施，但依然无法完全避免漏气和渗气现象。因此，必须定期向压力罐补充压缩空气。

由于油压装置的容量和自动化程度的差异，补气的方式和工作原理也有所不同，现分别介绍如下：

（1）自动补气。大、中型水电站都有高压空气压缩机或高压储气罐。当压力罐中的压缩空气由于消耗而减少时，由自动检测装置（液位继电器）测出后，立即发出一电信号至电磁空气阀，并使之动作，令压缩空气向压力罐内补气，直至到达规定的位置时，检测装置再发一信号至电磁空气阀，使之关闭，停止补气。

（2）手动补气。手动补气是目前普遍采用的方案。根据压力罐中油位的高低，由值班人员手动操作空气阀，使之开启，向压力罐内供气至规定压力，再手动关闭空气阀。

上述两种方式所补充的压缩空气，均应是经过气、水分离的压缩空气，即没有水分的干燥空气。

（3）补气阀加中间油罐的补气方式。对小型水电站来讲，若也像大、中型水电站那样加设高压空气补给系统，是很不经济的。通常，多采用补气阀加中间油罐的补气方式进行补气。

7. 安全阀、止回阀及旁通阀（组合阀）

（1）安全阀。安全阀大部分都装在油泵上，个别的压力罐上有时也装有安全阀。

当油泵和压力罐中的油压高于某一数值后，安全阀能自动开启，将压力油排到回油箱中，来保护油泵和压力罐。当油压大约高出工作油压的 2%时，安全阀应当开始排油；当油压达工作油压的 10%之前，安全阀应全部开启，油压应停止升高。当油压低于工作油压的 6%之前，安全阀应完全关闭。

在安全阀的整个工作过程中，不应有明显的振动和噪声。

安全阀的工作原理很简单，几乎都是利用弹簧—活塞相平衡的原理来设计和制造的。安全阀有直接作用式和差动阻尼式安全阀两种。

（2）止回阀。止回阀的作用是防止压力罐内的压力油在油泵停止时倒流。止回阀结构如图 3-7-4 所示，当压力罐内油压达到工作油压上限时，油泵停转，停止向压力罐供油。此时，止回阀活塞在弹簧和罐内油压的作用下紧压在阀座止口上，隔断了压力罐到油泵的通路，阻止了压力油倒流。

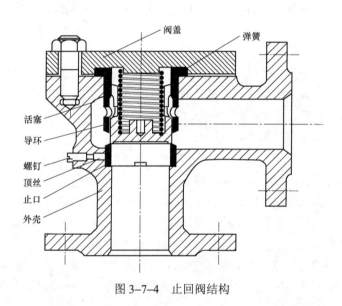

图 3-7-4　止回阀结构

（3）旁通阀（又称放空阀或卸荷阀）。旁通阀结构如图 3-7-5 所示。其右侧法兰与油泵的压力室相连，底部法兰用管接至回油箱。在阀体 12 中，装有差动的大活塞 4，其内又装小活塞 1。来自压力罐的压力油进入空腔 A，则小活塞 1 主要受两个力作用，一是弹簧 5 向下作用，二是来自 A 腔压力油作用；当弹簧力大于油压作用力时，则小活塞 1 下移，反之上移，弹簧力的大小可用调节螺栓 2 来调整。

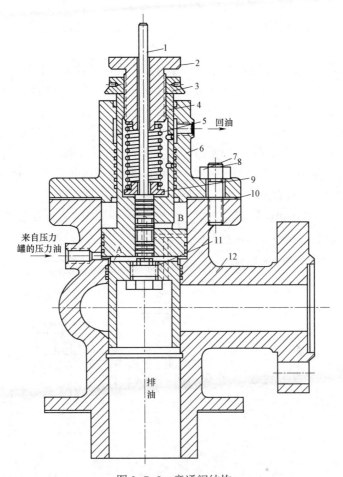

图 3-7-5　旁通阀结构

1—小活塞；2—调节螺栓；3—锁紧螺母；4—大活塞；5—弹簧；6—上盖；
7—螺母；8—螺栓；9—弹簧垫；10—垫片；11—螺堵；12—阀体

图 3-7-5 中所示是旁通阀处于关闭位置，油泵向压油罐送油，当油罐油压达到正常压力上限（整定值）时，作用在小活塞 1 底部油压大于弹簧力，小活塞上移，去 B 腔油路堵死，排油路打开，B 腔的油经大活塞横向油孔→大活塞和小活塞之间环形空腔→大活塞横纵油孔（图 3-7-5 中虚线所示）排至回油箱，大活塞 4 在 A 腔的压力油作用下向上移动，打开油泵至回油箱的通路，将油泵抽上来的油全部排至回油箱，使油泵空载运行，罐内压力不再增加。

当压油罐的油压降至正常压力下限时，作用在小活塞 1 的弹簧力大于其底部油压作用力，小活塞中心孔进入 B 腔，由于大活塞凸缘上部（B 部）受压面积大于下部受压面积，因此，大活塞 4 被压向底部，关闭通往回油箱的通路，油泵带负荷运行向压油罐送油。

油泵若采取断续工作制时，大活塞 4 上移后，通过锁紧螺母 3 碰撞位置开关，断开油泵电源，油泵停止运转。当大活塞下落使旁通阀还没有关闭时，位置开关接通油泵电源，使油泵在低负荷启动，减小启动电流。

旁通阀工作上、下限的差值 Δp 约为 0.15～0.2MPa，由大、小活塞的油槽及遮程，即结构条件确定。故无法通过调整来改变 Δp 值的大小。工作油压上、下限的工作位置，可通过调节螺栓 2，在相当宽的范围内加以调整。调整后，一定要将锁紧螺母 3 锁紧，以防整定值自行变动。

目前，最新的液压集成块式组合阀已将安全阀、止回阀、卸载/旁通阀组合为一体，组合阀工作原理框图如图 3-7-6 所示。

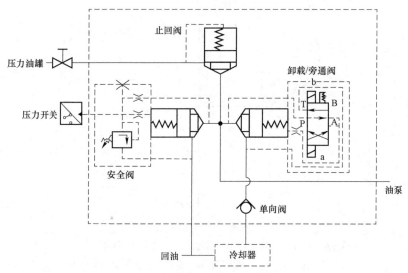

图 3-7-6 组合阀工作原理框图

（4）组合阀工作原理。

1）卸载/旁通阀。油压装置的螺杆泵在运行时是经常启动和停止的，由于电机带动的大功率螺杆泵具有大负载、大惯量的特性，故电机和油泵启动到稳定工作状态需要一定的时间。

如果启动时让其与压力罐接通、直接带上负荷，则对螺杆泵、液压系统和厂内用电系统有瞬间、大的负荷冲击，这将影响到螺杆泵的运行性能、寿命及厂内电网的稳定。采用低油压启动的方法可使螺杆泵启动时处于卸载状态，在卸载/旁通阀的控制下，螺杆泵在一定时间内逐渐带上负载，并在电机转速达到一定值后，螺杆泵才输出工作压力正常、额定流量的压力油。

当油泵启动时，动作组合阀内卸载/旁通阀 a 端电磁阀控制插装阀开启，油泵接近空载工况时启动；油泵启动 2～6s 后，卸载/旁通阀 b 端电磁阀控制插装阀关闭，使已到达额定转速的油泵向压力罐送油。

如一台油泵连续运行，当压力罐内油压达到工作油压上限时，组合阀的卸载/旁通阀 a 端电磁阀插装阀开启，连续运行的油泵输送的压力油经冷却器排入回油箱排油。当压力油罐内油压接近工作油压下限时，组合阀卸载/旁通阀 b 端电磁阀动作，插装阀关闭，油泵向压力油罐输油。

当油压低于工作油压下限的 6%～8%时，启动备用油泵。

2）止回阀。在压力油通往压力罐前设有一止回阀，受压力罐压力的作用，油泵停机后单向阀处于关闭状态；油泵启动后，经低压启动阀的卸载作用，一定时间后，卸载/旁通阀 b 端电磁阀控制插装阀关闭，油泵压力上升到大于压力罐的压力，克服止回阀背压，止回阀开启，向压力罐充油。

3）安全阀。安全阀是为保证压力罐内油压不超过允许值和系统的各环节安全运行而设置的泄放装置，它可防止螺杆泵与压力罐内油压过载，并保护其安全。

安全阀是由安全先导阀与主阀组成的。

在正常状态下，油泵是在油压装置控制系统操纵下工作的，当发生故障（如电触点压力信号装置失灵等）时，螺杆泵仍运转，油压继续升高；当油压大于整定弹簧力时，油泵的供油与排油相通，使油泵工作在泄荷状态，压力罐及螺杆泵都能保持在额定的压力下工作。

压力罐内油压达到工作油压上限时，主、备用油泵停止工作。油压高于工作油压上限 2%以上时，组合阀内安全阀开始排油；油压高于工作油压上限的 10%以前，安全阀应全部开启，并使压力罐中油压不再升高；油压低于工作油压下限以前，安全阀应完全关闭。此时，安全阀的泄油量不大于油泵输油量的 1%。

8. 典型压油装置介绍

HYZ-6.0 油压装置系统如图 3-7-7 所示。它的压力罐和回油箱合为一体，最大工作油压 2.5MPa，容积 6.0m³。本装置的工作介质为压缩空气和 46 号汽轮机油。油泵出口阀组采用插装式结构，即安全阀、单向阀、低压启动阀组合在一起形成一个统一的阀组。该阀组特点是液阻小、通油能力大、动作灵敏、密封性能好、工作可靠、没有噪声。

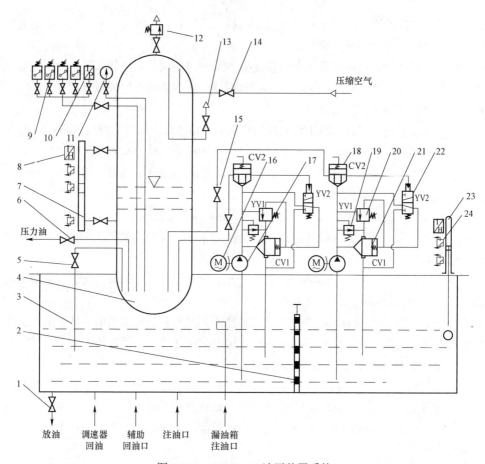

图 3-7-7 HYZ-6.0 油压装置系统

1—放油截止阀；2—滤油网；3—回油箱；4—压力罐；5、6—截止阀；7—磁翻转液位计；
8—液位变送器；9—压力开关；10—压力变送器；11—压力表；12—空气安全阀；13—放气截止阀；
14—供气截止阀；15—进油截止阀；16—电动机；17—螺杆泵；18—单向阀；19—低压启动阀；
20—安全先导阀；21—主阀；22—卸荷先导阀；23—油位信号器；24—液位开关

1）工作原理。油压装置和其用油设备构成一个封闭的循环油路。电动机带动螺杆泵旋转时，回油箱内的油液经滤油网过滤后，由吸油管吸入，经螺杆泵后到达油泵高压腔。在电动机超支的瞬间，由于组合阀中低压启动阀的作用，压力油经主阀被排至回油箱，油泵电动机在低负载下运行。当电动机转速升至额定转速后，压力逐渐建立，低压启动阀关闭，主阀控制腔的压力随之建立，将主阀关闭。当压力升至额定值后，压力油推开组合阀中的单向阀经截止阀进入压力油罐内。需用压力油时，压力罐内的压力油经截止阀送至工作系统的各用油部件，工作后的回油排入回油箱，这样就构成了一个循环的油路系统。

为保证油压装置工作的可靠性，装有两台螺杆泵，一台为工作油泵，另一台为备用油泵，两者应当定期互相切换，两台油泵也可同时工作。工作油泵可采取间歇或连续两种运行方式。

在正常情况下，压力罐内装有 65% 的压缩空气、35% 的液压油，油气比可从压力罐上的磁翻转液位计直接观察，当空气减少油位升高，破坏了正常的油气比时，磁翻转液位计的高油位触点闭合，发出油位过高信号，通过自动补气控制系统使自动补气装置动作，进行自动补气。补气系统的压缩空气经自动补气装置、截止阀进入压力罐，直至油位恢复正常。当自动补气阀出现故障不能补气时，可通过手动补气。压缩空气的泄放可通过自动补气装置中的放气阀或放气截止阀手动进行。当供气系统发生故障，不能停止补气而使罐内压力超过系统允许的上限值时，自动补气装置中的安全阀或罐体顶部的空气安全阀可自动打开排气，以保证系统安全。

2）主要结构。

a. 压力罐装配。压力罐依靠它下部的法兰直立在回油箱上，顶部设有吊环，上侧壁装有一块压力表、四块压力开关、一块压力变送器。在每块压力开关、压力变送器和压力表的下面，都装有一个压力表阀门。在检修时，关闭此阀门，可切断油路，对仪表进行拆换，且不影响其他仪表的使用。压力表用来观测压力罐内压力，压力开关用来控制工作、备用油泵的启动与停止及事故报警，压力变送器可随时监测压力罐内的压力变化，并传输到上位机。

压力罐侧壁装设的磁翻转液位计，用来观测和监控压力罐内压力油与压缩空气的正常比例。

b. 回油箱装配。长方形的回油箱是用油系统工作后回油的汇集处，也是清洁油的储存箱，它由不锈钢板焊接而成，对系统用油的质量提供了更加可靠的保证。

回油箱用槽钢焊成刚性框架，可直接安放和固定在厂房的楼板上。

回油箱的底部开有调速器回油、辅助回油、机组漏油、回油箱进油、排油、及补气阀进气、排气口。这些孔口通过法兰与外部管路相接。为保证油质的清洁，排回的油需经滤油网过滤后才进入油泵吸油区。

回油箱上装有液位计、螺杆泵、组合阀。液位计用来对回油箱液位进行观测和监控，当油位过高或过低时，可发出报警信号；其上的液位变送器用来测量回油箱液位，并随油位变化输出 4～20mA 的模拟量，可实现对回油箱中油位的测量。

回油箱的底略呈倾斜，并装有放油截止阀，以便在清理回油箱时能将所存的油放出。

c. 螺杆油泵。本油压装置采用的是立式螺杆油泵，它具有结构简单、平面安装面积小、安装检修方便、漏油流不出泵体之外等优点，同时还具有效率高、流量均匀、工作平稳、寿命长、能瞬时高压超支等优点。

　　d. ZFY 组合阀。本组合阀由两个插装单元及三个先导控制阀构成，包括了单向阀、安全阀、卸荷阀和低压启动阀的功能。整个阀组的主阀 CV1 是在先导阀 YV1、YV2、YV3 的控制下动作，因此排油时无振动和噪声。

　　组合阀设三个油口，进油口 P 和油泵出口相接，出油口 P2 与压力罐进口相接，回油口 T 与回油箱相接。

　　e. 低压启动先导阀和单向阀。本阀组中的低压启动先导阀 YV3 可使螺杆泵在启动时处于卸荷状态，直到电动机达到额定转速后，螺杆泵才输出额定的工作压力与流量。油泵启动时，由于 P1 的作用，单向阀 CV2 处于关闭状态，低压启动先导阀 YV3 在弹簧力的作用下处于开启状态，主阀 CV1 的控制腔没有油压，只有弹簧力的作用，因此处于开启状态，油经过 CV1 的主阀口流入回油箱。随着 P 口压力上升，低压启动先导阀克服弹簧力而关闭，压力油通过 YV2 进入主阀 CV1 的控制腔，使 CV1 关闭，P 口压力达到额定压力后，克服单向阀的背压，向压力罐供油。

　　f. 安全先导阀 YV1。安全先导阀 YV1 是为保证压力罐内油压不超过允许值设置的，防止螺杆泵与压力罐过载，以保护其安全。

　　当压力罐上压力开关或压力变送器等发生故障，致使油压达到允许的上限值时，螺杆仍在运转，油压继续升高；当压力作用于先导控制阀 YV1 的推力大于弹簧力时，则 YV1 动作，使 CV1 控制腔的油排掉，在 P 口压力作用下将 CV1 推开，使油泵工作在自循环状态下，压力罐及螺杆泵都能保证在规定的压力下工作。

　　g. 卸荷先导阀 YV2。卸荷先导阀是为螺杆泵做连续运行而设置的。

　　螺杆泵采用连续工作时，压力罐内的压力随输入输出流量而变化，当输入流量大于输出流量时，压力随着升高，当压力高于工作压力上限时，先导控制阀 YV2 动作，将 CV1 的控制油排掉，CV1 主阀被推开卸荷，使螺杆泵工作在自循环状态。随着系统的消耗，压力罐内油压逐渐降低，当低于工作油压下限时，YV2 在弹簧力作用下关闭，CV1 控制腔随着建压而关闭，螺杆泵恢复向压力罐供油。

　　当螺杆泵采用断续运行时，卸荷先导阀也可作为安全阀的前级保护装置。

　　h. 空气安全阀。空气安全阀的设置是压力罐保护的最后一级。当压力罐的油压升高，其所有保护不能正常工作时，空气安全阀打开排气，使压力罐压力保持在允许范围内。

　　【思考与练习】

　　1. 举例说明油压装置规格、型号、组成。

　　2. 压力罐上的主要部件有哪几种？

3. 油压装置主要由哪几种主要元件构成？

▲ 模块 2　油压装置的改造（Z52G1002Ⅱ）

【模块描述】本模块介绍油压装置的改造工艺，通过对油压装置安装规范、拆除旧油压装置的方法及新油压装置安装等操作过程讲解与实操，掌握工艺要求，调整试验步骤及验收标准。

【模块内容】

一、安装规范

在水电厂设备改造过程中，经常会进行油压装置全部或部分的更换改造工作，油压装置的更换，有的是伴随着主机设备的改造进行的，如更换水轮机转轮、主机增容改造等，因新机组功率的增大，使得水轮机导水机构操作力矩增加，必须提高油压装置的压力等级，而原压力油罐设计压力不能满足要求，只能进行更换。有的则是因为油压装置本身运行时间较长、部分设备太过陈旧，加之缺陷较多，已达不到系统的要求，也应适时进行改造。对油压装置整体更换的情况很少见，但部分设备（如压油泵、阀组、自动化元件、充排风组件）的更新改造，由于新工艺、新材料的应用，在各个电站经常进行。

压油装置的安装与调试，GB/T 8564—2003《水轮发电机组安装技术规范》中有下列要求。

（1）回油箱、漏油箱应进行注水渗漏试验，保持 12h，无渗漏现象。压力罐做严密性耐压试验。安全阀、止回阀、截止阀应做煤油渗漏试验，或者按工作压力用实际使用介质进行严密性试验，不应有渗漏现象。

（2）回油箱、压力罐的安装。回油箱、压力罐安装允许偏差见表 3-7-2。

表 3-7-2　　　　　　　　回油箱、压力罐安装允许偏差

序号	项目		允许偏差	说　明
1	中心	mm	5	测量设备上标记机组 X、Y 基准的距离
2	高程		±5	—
3	水平度	mm/m	1	测量回油箱四角高程
4	压力罐垂直	mm/m	1	X、Y 方向挂线测量

（3）卧式油泵、电动机弹性联轴节安装找正，其偏心和倾斜值不应大于 0.08mm。油泵轴向电动机侧轴向窜动量为零的情况下，联轴节间应有 1～3mm 间隙。全部柱销

装入后，联轴节应能有稍许相对转动。油泵腔体内应注入合格的汽轮机油。

（4）油压装置各部油位，应符合设计要求。

（5）油泵电动机试运转，应符合下列要求：

1）电动机的检查试验，应符合 GB 50150—2016《电气装置安装工程 电气设备交接试验标准》的有关要求。

2）油泵一般空载运行 1h，并分别在 25%、50%、75%、100%的额定压力下各运行 15min，应无异常现象。

3）运行时，油泵外壳振动不应大于 0.05mm；轴承处外壳温度不应大于 60℃。

4）在额定压力下，测量油泵输油量不应小于设计值。

（6）压油装置各部件的调整，应符合下列要求：

1）安全阀、工作油泵压力信号器和备用油泵压力信号器的调整，应符合安全阀、油泵压力信号器整定值（见表3-7-3）的要求，压力信号器的动作偏差不得超过整定值的±1%。

2）安全阀动作时，应无剧烈振动和噪声。

3）事故低油压整定值应符合设计要求，其动作偏差不得超过整定值的±2%。

4）连续运转的油泵，其溢流阀的动作压力，应符合设计要求。

5）压力罐的自动补气装置及回油箱的油位发信装置，应动作准确可靠。

6）压油泵及漏油泵的启动和停止动作，应正确可靠，不应有反转现象。

表 3-7-3　　　　　　　　安全阀、油泵压力信号器整定值　　　　　　　　（MPa）

额定油压	整定值						
	安全阀			工作油泵		备用油泵	
	开始排油压力	全部开放压力	全部关闭压力	启动压力	复归压力	启动压力	复归压力
2.50		2.55~2.90	2.30	2.20~2.30	2.50	2.05~2.15	2.50
4.00		4.08~4.64	3.80	3.70~3.80	4.00	3.55~3.65	4.00
6.30		6.43~7.30	6.10	6.00~6.10	6.30	5.85~5.95	6.30

（7）压力罐在工作压力下，油位处于正常位置时，关闭各连通阀门，保持 8h，油压下降值不应大于额定工作压力的 4%，并记录油位下降值。

二、拆除旧设备

1. 油压装置整体更换

（1）所需安全措施。

1）机组退出系统备用。

2）关闭机组进口球阀、尾水球阀或快速闸门。

3）引水钢管排水（抽水蓄能：尾水排水）。

4）断开压油泵控制及动力电源。

5）压力罐排压至零。

6）彻底排净压力罐及回油箱内的汽轮机油。

（2）压油装置拆除。

1）拆除各种表计，如有再利用价值，交有关部门保管。

2）拆除油泵电机接线，拆除电机、油泵基础螺栓，拆除油泵连接管路，整体吊出电机及油泵。报废或交有关部门保管。

3）拆除回油箱、压力罐所有与外界连接的油、水、风管路、阀门。管路、阀门拆除时要注意随时检查管路、阀门是否有未排净的存油，做好防护措施，防止污染地面。较重管路拆除应有起重人员配合拆除，注意防止人员伤害。

4）拆除压力罐基础螺栓，整体吊出压力罐。

5）拆除回油箱。大多数情况下，回油箱被浇筑在混凝土内，需进行适当的开挖，必要时可破坏性拆除。

2. 压油泵及阀组更换

（1）所需安全措施。

1）机组停机。

2）断开压油泵控制及动力电源。

3）压力罐排压至零。

4）彻底排净回油箱内的汽轮机油（如为单项工程，且油泵出口阀不更换，压油罐可不排油，关闭油泵出口阀即可）。

（2）压油泵及阀组拆除。

1）拆除油泵电机接线，拆除电机、油泵基础螺栓，拆除油泵连接管路，整体吊出电机及油泵。报废或交有关部门保管。

2）拆除阀组。报废或交有关部门保管。

3）拆除其余残余附件，将拆除后的各基础部位打磨平整。

3. 其他附件的改造

（1）所需安全措施。根据工作需要采取相应的停机、停电、停泵措施。

（2）设备拆除。拆除要更换的设备，封堵或处理各孔洞。

三、安装油压装置

1. 压油装置安装

（1）基础处理。首先根据回油箱的安装尺寸及各管路布置方位，确定基础的开挖范围。安装位置的确定应绝对保证基础楼板能承受充油运行后压油装置的总重。不确定时应经过水工专业人员来确认，必要时加固处理。开挖范围确定后，由水工人员进行开挖。用槽钢制作基础架，吊入基础坑中调整方位、水平，调整好后与基础充分固定。对基础浇筑混凝土养生。

（2）回油箱吊装、固定。混凝土具备安装强度后，即可吊入回油箱。回油箱调整水平合格后，与基础架焊接固定，进行二次灌浆。

（3）压力罐吊装、固定。将压力罐吊入安装位置，调整水平，紧固基础螺栓。注意做好压力罐基础法兰密封，防止运行后出现渗油现象。

（4）油泵、阀组及其他管路附件安装。由于压油装置进行整体更换，油泵、阀组安装位置在回油箱出厂时就已确定，甚至已安装就位，只需对其进行检查、清扫。管路、阀门的配制、安装应遵循简洁、美观、合理的原则，特别注意配制好的管路、阀门在安装前要进行彻底清扫。需安装的管路主要有油泵、阀组相关管路；调速器供油、回油管路；回油箱充油、排油管路；压力罐充风、排风管路；漏油装置管路；压力罐排油管路；压力罐表计附件管路等。

2. 压油泵及组合阀安装

由于新压油泵及阀组与原压油泵及阀组可能存在较大差异，需重新制作基础板及配制管路。以下为卧式油泵及阀组安装步骤。

（1）油泵安装。

1）在回油箱表面确定油泵的安装位置，并进行测绘，用角磨机处理回油箱表面基础位置，无伤痕、高点等。

2）焊接油泵新的基础板，用水平仪进行水平测量，水平度不大于 0.10mm/m。

3）安装油泵找正，并用螺栓将油泵固定。

4）将电机与其基础板用螺栓连接在一起。

5）根据油泵主轴中心位置测绘电机的安装位置，将基础板与电机定位；测量油泵与电机同心度，不大于 0.05mm，否则用加铜皮方式调整轴心低的一侧高度，并进行测量。

6）按照油泵位置进行管路配制，管口插入法兰倒槽内进行焊接，然后将管路与油泵加密封垫后用螺栓连接牢固。

7）手动转动电机与油泵联轴器，转动灵活，无忽重忽轻现象。

（2）组合阀安装。

1）根据油泵和管路的方位对组合阀位置进行测绘。

2）将组合阀底座支架进行焊接固定，用水平仪测量水平度不大于 0.10mm/m。

3）将组合阀放到支架上，按照管路方位摆正，测量其水平度满足要求后，进行点焊固定。

4）管路配制，管口插入法兰倒槽内进行焊接，然后将管路与油泵加密封垫后用螺栓连接牢固。

3. 其他附件的改造

压油装置其他附件的改造，多为一些小附件的改动，如油面计、压力开关、充排风部件，可根据具体改造要求灵活施工，并保证施工工艺正确。

四、调试

1. 压力罐耐压试验

压力罐安装完毕后，必须按照 GB 150—2011《压力容器》的规定进行耐压试验，试验压力为额定压力的 1.25 倍。试验压力下，保持 30min，试验介质温度不得低于 5℃。检查焊缝有无泄漏，压力表读数有无明显下降。如一切正常，再排压至额定值，用 500g 手锤在焊缝两侧 25mm 范围内轻轻敲击，应无渗透现象。

2. 油压装置密封性试验及总漏油量测定

压力罐的油压和油位均保持在正常工作范围内，关闭所有对外连通阀门，升压 0.5h 后开始记录 8h 内的油压变化、油位下降值及 8h 前后的室温。

3. 油泵试运转及压力点油泵输油量检查

（1）油泵运转试验。启运前，向泵内注入油，打开进、出口压力调节阀门，安全阀或阀组均应处于关闭状态。空载运行 1h，分别在额定油压的 25%、50%、75% 下各运行 10min，再升至额定油压下运行 1h，应无异常现象。

（2）压力点油泵输油量检查。压力点油泵输油量的测定是在额定油压及室温情况下，启动油泵向定量容器中送油（或采用流量计），记下实测压力点实测输油量 Q_i 或计量容积 V_i 及计量时间 t_i，按式（3-7-1）算出实测 Q_i 值

$$Q_i = \frac{V_i}{t_i} \tag{3-7-1}$$

式中　Q_i——压力点油泵实测输油量，L/s；

　　　V_i——压力点实测计量容积，L；

　　　t_i——压力点实测计量时间，s。

测定 3 次，取其平均值。

（3）零压点给定转速油泵输油量测定。试验时，进、出口压力调节阀门全开（进口压力指示不大于 0.03MPa、出口压力指示不大于 0.05MPa，则视为进、出口压力示值为零），按压力点油泵输油量测定方法测定零压点实测油泵输油量 Q_o。

4. 安全阀调整试验

启动油泵向压力罐中送油，根据压力罐上压力表来测定安全阀开启、关闭和全关

压力。测定 3 次,取其平均值。

5. 卸载阀试验

调整卸载阀中节流塞的节流孔径大小,改变减载时间,要求油泵电动机达到额定转速时,减载排油孔刚好被堵住,如从观察孔看到油流截止,则整定正确。

6. 油压装置各油压、油位信号整定值校验

人为控制油泵启动或压力罐排油排气,改变油位及油压,记录压力信号器和油位信号器动作值,其动作值与整定值的偏差不得大于规定值。

7. 油压装置自动运行模拟试验

模拟自动运行,用人为排油排气方式控制油压及油位变化,使压力信号器和油位信号器动作,以控制油泵按各种方式运转,并进行自动补气。通过模拟试验,检查油压装置电气控制回路及油压、油位信号器动作的正确性。不允许采用人为拨动信号器触点的方式进行模拟试验。

五、验收

(1)用户组织专门技术人员按照订货的技术要求进行验收。

(2)在厂方代表在场的情况下进行现场开箱检查,包括油泵、组合阀本体完好无损,数量和形式符合合同要求;检查随机供给的密封件及备品备件齐全,并有互换性;随新产品供给的技术文件包括油泵、组合阀原理、安装、维护及调整说明书、原理图、安装图及总装配图;油泵、组合阀出厂检查试验报告、合格证书及装箱单。

(3)现场安装调试后,连续运行若干小时,合格后按照油泵、组合阀说明书及验收规范进行验收。

(4)压力罐、回油箱、油泵、组合阀完好无损,备品备件、技术资料、竣工图纸齐全,准确(包括现场试验记录和试验报告)。

(5)压油装置进行技术改造后,投入运行后还应检查设备的工作状态,包括以下项目。

1)压力罐的油压、油面应正常,回油箱的油面正常。

2)压油泵一台运行,一台备用;油泵启、停间隔时间无显著变化,动作良好;油泵及电动机声音正常,无剧烈振动。

3)电触点压力表(或压力信号器)和安全阀空载动作正常;磁力启动器无异响,启动时无跳动。

4)各管路阀门位置正确,无漏油。

【思考与练习】

1. 对油泵电动机试运转有哪些要求?

2. 压油泵及阀组更换所需安全措施有哪些?

3. 压油装置调试项目有哪些？压油装置主要由哪几种主要元件构成？

▲ 模块 3　漏油装置的改造（Z52G1003Ⅱ）

【模块描述】本模块介绍漏油装置的改造工艺，通过对漏油装置安装规范、拆除旧漏油装置的方法及新漏油装置安装等操作过程讲解与实操，掌握工艺要求，调整试验步骤及验收标准。

【模块内容】

一、安装规范

（1）改造前，首先对新漏油装置全面验收检查，保证各部基本数据符合现场实际要求。

（2）检查泵在运输过程中是否受到损坏，如电动机是否受潮、泵出口的防尘盖是否损坏而使污物进入泵腔内等。

（3）对照说明书与实际设备是否相符。

二、拆除旧漏油装置

（1）手动启动漏油泵，尽量将漏油箱内的汽轮机油排掉。

（2）对集油槽进行排油。

（3）拆除进油管与出油管及渗漏油管路。

（4）分解手动开关阀与止回阀。

（5）将漏油槽上的液位计与自动触点分解开。

（6）电动机电源线拆除。

（7）拆除漏油泵与电动机地脚固定螺栓。

（8）分开漏油泵与电动机，并运出工作现场。

（9）人工清除漏油箱内残油，分解漏油箱，运出工作现场。

三、安装漏油箱

1. 漏油箱的安装

在原来位置安装新漏油箱时，为避免环境潮湿，漏油装置的基础座必须高于地面 10～20mm。漏油箱安装前，应先将上部漏油泵等附件全部拆除，用木塞堵住油箱四周及上部的通孔，然后对油箱注满水，进行渗漏试验经过 12h 后，检查油箱的焊缝、组合面等各处，应无渗漏现象。若发现出现渗漏现象时，对焊缝部分可用电焊补焊的形式消除，对结合面应更换密封板，处理后再重新进行试验，直至达到不漏标准为止。试验完毕后，为避免油箱内部产生锈蚀，应立即将水排掉，并清扫干净，油箱内部的脏垢用和好的面团进行粘贴清扫，清扫干净后在油箱内部表面涂抹一层润滑油或刷一层防锈漆。

2. 漏油泵的安装

将漏油泵与电动机公共水平底板直接安装在漏油箱上部，一般为了拆装方便，均使用螺栓进行固定。泵体与电动机依靠弹性联轴器相连，并安装在公共底板之上。油泵安装后，用手进行手动盘车检查油泵与电动机转动是否灵活，没有别劲和高低不平等现象，否则应进行处理。通常油泵与电动机的轴线调整，都是依靠两联轴器中心是否一致来确定的。由于油泵有销钉固定，而电动机可稍做移动，因此电动机的联轴器可依据油泵找正，先将电动机安放在基础上大致找正，用手触摸两联轴器的外缘应无明显错位，并使两联轴器之间靠紧时，保留 2~3mm 的间隙，然后拧紧电动机基础螺栓。用钢板尺靠在联轴器上，接着使用塞尺测量钢板尺与较低联轴器间隙，在圆周上进行 4 点测量，依据测量结果分析，如电动机低，则应在基础上加垫，垫的厚度等于对应两点记录差的一半。当发现油泵低时，则应松开油泵基础螺栓与销钉，垫高后，再紧上销钉与基础螺栓进行找正。若在平面上发现错位时，可按照上述原则移动电动机。

3. 手动开关阀与止回阀的安装

手动开关阀与止回阀在安装前，应使用煤油进行渗漏试验，试验时间必须保证在8h 以上，确保无渗漏现象。阀门在安装过程中一定要确保流体流动的方向正确。

4. 液位计的安装

液位计的浮子安装在漏油槽内，液位计安装在油箱上部，用螺栓进行固定。

5. 管路的配制

管道安装前，应先对管道内部用清水或蒸汽清扫干净，安装时避免由于管道的重量对泵体造成负担，以免影响泵的精度。一般压力油连接管路均使用法兰连接，管道的安装一般从设备的连接端开始，应先进行预装，预装时检查法兰的连接，管路的水平、垂直及弯曲度等是否符合要求。预装完毕后，可先将管路拆下，正式焊接法兰，然后再进行法兰的平面检查及耐压试验等工作。法兰连接需要采用韧性较好的垫料，因此，应有平整的法兰接触面，以免渗漏。

四、调试

当漏油装置安装结束、各连接管路装配完毕后，集油槽内注入汽轮机油，打开手动开关阀，电气人员对电动机进行接线，瞬时启动电动机，检查电动机旋转方向是否正确，打开接力器排油阀，向漏油箱内注入汽轮机油。然后，调整液位计启动触点，触点调整完毕后，即可进行试验。漏油泵在打油过程中，工作人员时刻检查各连接管路，法兰是否出现渗漏现象。一般情况下，不得任意调整漏油泵的安全阀，如需调整时，必须使用仪器校正。当泵在运转中有不正常的噪声或温度过高，应立即停止工作，进行拆检。管路各连接部位不得有漏油、漏气，否则会发生吸不上油的现象。

五、验收

设备经过 1~2 天试运行后，即可进行验收。技术图纸与设备说明书、标准化作业指导书、竣工报告、设备验收单等全部归档，进行保存。

【思考与练习】

1. 简述漏油装置的拆除过程。

2. 简述漏油装置的安装过程检修工艺。

3. 简述漏油装置安装后的调试步骤。

模块 4 油压装置及漏油装置更新改造方案 （Z52G1004Ⅱ）

【模块描述】本模块介绍油压装置及漏油装置改造方案的制订方法，通过案例分析及方案编制，熟悉标准化作业指导书的要求，掌握正确编写油压装置及漏油装置更新改造方案。

【案例一】卧式三螺杆泵的更换

一、工程概况

油压装置压油泵为卧式三螺杆泵，目前出现了油泵效率低的问题，检查泵内螺杆及衬套有严重磨损，间隙过大，油泵运行时间长，遇到机组调整负荷，备用油泵启动，影响了机组安全运行，组合阀的各阀活塞磨损严重，弹簧变形，经常出现缺陷，维护量大，进行组合阀及油泵更换，工程由×××公司承揽施工，计划工期 15 天。

二、施工组织机构

表一 施工组织机构

三、施工内容

（1）调速系统排油、排压。

（2）油泵及组合阀管路拆除。

（3）油泵及电机、组合阀拆除。

（4）基础及支架拆除。

（5）新油泵、组合阀分解检查运至现场。

（6）油泵及电机基础安装、组合阀支架安装。

（7）新油泵、组合阀安装。

（8）管路配置、安装、清扫、刷漆。

（9）油压装置充油、充压检查。

（10）新油泵、组合阀安装后调试及试运行。

（11）现场及设备清理检查。

四、施工步骤、方法及质量标准

1. 作业流程（见图 3-7-8）

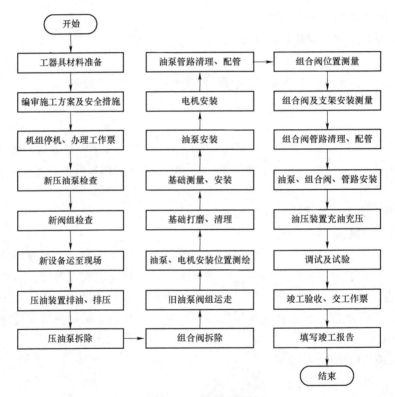

图 3-7-8　作业流程

2. 施工步骤及方法

（1）新压油泵分解检查。分解前各部件做好标记。油泵内无杂质，主、副螺杆无毛刺及伤痕，中心孔畅通，衬套与壳体结合完好，无裂纹、脱落，螺杆与衬套间隙、推力瓦与轴端径向间隙和主、副螺杆间隙符合图纸要求。

（2）新组合阀检查。分解前将各活塞及弹簧做好标记，检查阀体内无杂质，油孔、节流塞畅通，弹簧无锈蚀、变形，活塞与衬套间隙满足图纸要求。

（3）集油槽排油，做好监视，防止跑油。

（4）拆除油泵、组合阀的连接管路，并用白布及塑料布将管口包好。

（5）拆除电机电源线，拆除油泵、电机与基础连接螺栓，取下油泵、电机；由起重人员将电机吊走。

（6）新油泵位置测绘。根据油泵的进、出管路位置确定油泵基础安装位置，确定电机基础的安装位置。

（7）油泵、电机基础拆装。用角磨机磨下原油泵和电机基础板；按照油泵测绘位置安装油泵基础板，测量其水平。

（8）油泵安装。将油泵就位找正，装上连接螺栓，并紧固。

（9）电机安装。根据油泵位置确定电机安装尺寸，将电机基础固定、测量其水平；装上电机，电机与油泵联轴器连接一起，用钢板尺测量平行和倾斜并找正，满足要求，固定电机。

（10）配置油泵的油管路。将管路内部进行清理，配置油泵进油管。

（11）根据油泵位置确定组合阀的安装位置，制作组合阀支架，测量水平，组合阀就位固定。

（12）清理管路，并按油泵及组合阀位置进行管路配置，管路插入法兰口内进行焊接。

（13）管路内外焊渣清理干净后，与油泵、组合阀进行固定。

（14）油压装置按要求充油压，检查各密封处无渗漏。

（15）压油泵及组合阀调试。油压达到额定压力附近时，启动压油泵打油测量输油量，同时调整组合阀的减载阀和安全阀，使其达到相关规程要求。

（16）检查试验无问题，对设备清扫刷漆，对现场清理干净，交付竣工验收。

3. 施工质量标准

（1）安全阀调试。调整安全阀调整螺栓，启动油泵向压力油罐供油，当油压打到2.55MPa 时，安全阀开始动作；当油压打到 2.85MPa 时，安全阀排出油泵全部输油，使压力不再上升；当油压下降到 2.35MPa 时，安全阀应恢复到全关状态。调整先导阀调整螺栓，油泵减载时间达到 5～8s。油泵停止后不反转，止回阀严密。

（2）油泵输油量达到相关规程要求。

（3）检查压油装置各设备及密封点无渗漏。

五、编制施工进度计划（略）

六、质量管理控制措施

1. 三级验收项目

质量见证点（W）见表 3-7-4，停工待检点（H）见表 3-7-5。

表 3–7–4 质 量 见 证 点（W）

序号	验收项目	验收规范
1	压油泵及组合阀分解检查	图纸技术要求及相关规程

表 3–7–5 停 工 待 检 点（H）

序号	验收项目	验收规范
1	压油泵及组合阀调试与试运行	DL/T 563—2016《水轮机电液调节系统及装置技术规程》；WBST–150 型调速器检修技术规程

2. 质量控制措施

（1）准备技术资料。

1）施工前根据技术要求及新产品说明书编制更改工程组织设计。

2）确定压油泵、组合阀更改项目验收单，施工过程中及时填写质量见证点（W）和停工待检点（H），技术人员验收后签字。

（2）检验、试验项目及质量标准。

1）DL/T 563—2016《水轮机电液调节系统及装置技术规程》。

2）厂家组合阀说明书、三螺杆油泵说明书。

（3）严格按上述标准规定的检验、试验项目及质量标准进行验收。

七、环保及文明生产控制措施（略）

八、安全组织技术措施（略）

九、施工平面布置图（略）

【案例二】漏油装置更换改造

一、工程概况（略）

二、施工组织机构（略）

三、施工内容

（1）调速系统排油、排压。

（2）漏油装置管路拆除。

（3）油泵及电机、组合阀拆除。

（4）基础及漏油箱拆除。

（5）新漏油装置运至现场。

（6）安装基础处理。

（7）新漏油装置就位安装。

（8）管路配置、安装、清扫、刷漆。

（9）充油检查，安装后调试及试运行。

（10）现场及设备清理检查。

四、施工步骤、方法及质量标准

1. 作业流程（见图 3-7-9）

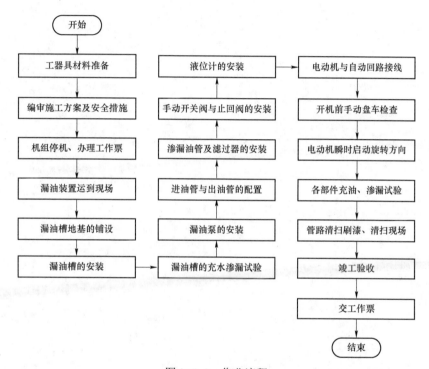

图 3-7-9　作业流程

2. 施工步骤及方法（略）

3. 施工质量标准（略）

五、编制施工进度计划（略）

六、质量管理控制措施

1. 三级验收项目（略）

2. 质量控制措施（略）

七、环保及文明生产控制措施（略）

八、安全组织技术措施（略）

九、施工平面布置图（略）

【思考与练习】

1. 卧式三螺杆泵的更换主要施工内容有哪些？
2. 试述新压油泵分解检查的主要项目。
3. 漏油装置更换主要施工内容有哪些？

第八章

油压装置及漏油装置检修、维护

▲ 模块1 油压装置检修工作流程及质量标准
（Z52G2001Ⅱ）

【模块描述】本模块包含油压装置的检修工作流程及质量标准，通过油压装置检修内容及检修工作流程的讲解、案例分析及知识讲解，掌握制定油压装置检修（大、小修）计划的制订方法。

【模块内容】

在油压装置的运行中，由于各种不良因素的影响，例如，油泵长时间运行的磨损、各调整机构变位或老化，油质变坏，水分侵蚀，湿度、温度变化等，油压装置的工作效率将会逐渐变差。因此，油压装置在运行一定时间后，将会有不同程度的缺陷和隐患，需要进行及时和定期的检修，使其恢复良好的性能和品质，保证机组安全、可靠运行。

一、油压装置检修质量标准

1. 设备排压、排油

压力罐压力排到零，油排干净。回油箱油排干净。

2. 油泵检修

检查油泵主、副螺旋、衬套、壳体等应完好，无裂纹、锈蚀及严重磨损。测量主、副螺旋与推力轴套及与衬套间隙符合图纸技术要求。组装后，油泵与电机转动灵活，无别劲现象。

3. 阀组（安全阀、止回阀等）检修

各阀止口严密；活塞（针塞）无严重磨损；弹簧平直，节流塞及各油路畅通；组装后各活塞动作灵活，各密封点无渗漏油现象。

4. 手动阀门（包括总油源阀）检修

阀体、阀座止口严密，煤油试验应无渗漏；阀杆密封应完整；各密封点无渗漏油现象；组装后开关手动阀门时，阀杆松紧度适当。

5. 压力罐检修

压力罐外观检查应无异常；内部清扫干净；外部各连接管路、阀门、法兰应严密无渗漏；按规定进行耐压试验。

6. 回油箱检修

回油箱外观检查应无异常；内部清扫干净；外部各连接管路、阀门、法兰应严密无渗漏；回油箱滤网检查应完好，清扫干净。

7. 油面计、表计、压力开关检修

油面计检查，浮筒应严密，油面指示应正确。表计指示应正确，校验合格。压力开关动作正确，校验合格。

8. 自动补气装置（或充、排风阀门）检修

手动充、排风阀门应分解检查止口完整、严密，阀体无缺陷，组装后做密封试验应无泄漏。自动补气装置各手、自动控制机构动作应正确，严密。

二、油压装置检修计划制定

1. 检修周期与检修内容

油压装置的检修一般分为故障性检修和计划性（定期）检修。故障性检修是根据运行中出现故障的性质和严重程度，决定检修的内容和时间。计划性（定期）检修的类别有小修、大修和扩大性大修，其检修周期可视各电厂的设备质量状况、自然条件和管理水平等而定。

（1）检修制度。油压装置的计划性（定期）检修一般与水轮发电机组主机设备及调速器的检修同时进行。对于不同的电站，计划性检修的安排也不尽相同。油压装置常用的计划性检修制度见表3-8-1。

表3-8-1　　　　　　　　　　油压装置常用的计划性检修制度

检修类别	检修周期	检修工期
C（D）级检修	每年1~2次	2~4天
B级检修	每3~5年1次	10~15天
A级检修	10年左右1次	15~20天

（2）检修内容。油压装置的检修内容包括分解组合、清扫检查、技术测量、缺陷处理和试验调整五方面。对于小修和大修，这五个方面的具体要求是不同的。

1）小修。油压装置的小修主要是指在枯水期对油压装置进行的维护保养项目，或者设备发生故障需要立即处理的项目。通过小修，掌握油压装置的使用情况，为大修提供依据。

小修的内容主要是检查、处理油压装置个别单元、机构的缺陷或损坏，部件连接的可靠性，油、气、水管道的严密性，以及各时间、行程的测定与调整等。它通常包括以下检修内容：

a. 压力表校验。

b. 油压装置各油面检查或更换新油。

c. 阀组试验、定值整定（包括安全阀、卸载阀、放出阀等）。

d. 油泵自动、备用启停试验。

e. 事故低油压动作试验。

f. 漏油装置检查及滤油器清扫。

g. 易损件修复及缺陷处理等。

2）大修。油压装置的大修通常是指对各单元、部件的解体、清扫，以及特性调整试验工作。其大修的内容主要是对油压装置有系统的拆装、检查、处理，使之恢复到原有的性能。它包括以下检修内容：

a. 压力表校验。

b. 油泵分解检修。

c. 阀组分解检修。

d. 压力罐清扫检查。

e. 回油箱清扫检查。

f. 油面计、表计附件等检查、检修。

g. 其他缺陷处理。

2. 检修的准备工作与程序

（1）准备工作。为在最短的检修工期内，按质、按量地完成油压装置的检修任务，检修前应按检修内容做好以下准备工作。

1）工具和仪器设备。包括拆卸、装配用的一般工具和专用工具，调整、试验用的仪器、仪表及有关设备。

2）消耗材料。包括清洗和修理用的汽油、煤油、酒精、黄油、砂布（纸）、白棉布、密封胶、油盆、防锈漆等。

3）备品和备件。应事先准备好足够供更换的易损件和缺陷件。

4）图纸技术资料。准备制造、安装、检修和运行方面的图纸资料与技术资料，用以了解油压装置的结构原理，研究和确定拆装和调试方法。有关资料如下：

a. 油压装置的随机图纸。

b. 厂家技术鉴定文件和设备使用资料。

c. 主要调整参数的整定值。

d. 技术改进记录。

e. 产品及使用的缺陷记录。

f. 检修程序与基本要求。

3. 油压装置的一般检修程序及其基本要求

（1）确定拆装程序与方法。在熟悉、研究图纸等技术资料后，确定合理的拆装程序和正确的操作方法，应注意保护元器件和阻容件，严禁乱扭、硬撬，以防止元（器）件的变形、损坏。

（2）解体检查与修理。对机械零件，检查其是否划伤、偏磨、断裂，并加以清洗，考虑修复或更换新件。

对组合元件，检查其特性与参数是否符合技术要求，并重新调整、试验。

（3）清污保养。对机械零件，要用汽油洗净，并用酒精擦干、涂油。

（4）组合回装。对机械件的组装，要求涂油装配，方位正确，动作灵活，且无偏斜、卡阻，保证公差配合的精度。

对管路的安装，要求整洁、通顺，内无堵塞，外无漏油；充油后，要排净整个系统内部的空气。

三、油压装置调整试验标准

1. 试验条件

（1）试验准备工作。

1）确定试验的类别及项目，编写试验大纲。

2）制定安全防范措施，注意防止进水阀失灵、机组过速及引水系统异常、触电及其他设备和人身事故。

3）准备好与本试验有关的图纸、资料。

4）准备必要的工具、设备、试验电源，校正仪器及传感器。

5）试验现场应具有良好的照明及通信联络，并规定必要的联络信号。

6）在进行电站调整试验时，还应事先确切了解被试设备及相关设备的状态，制定安全防护措施，特别注意防止在导叶间和转轮室内发生人身事故。

（2）电站试验条件。

1）装置各部分安装及外部配线、配管正确，具备充油、充气、通电条件。汽轮机油的油质、油温、高压空气、电源及电压波形，应符合有关技术要求及制造厂规定。

2）充水试验前，被控机组及其控制回路、励磁装置和有关辅助设备均安装调整完毕，并完成了规定的模拟试验，具备开机条件。

3）现场清理整洁完毕，调试过程中，不得有其他影响调试工作的施工作业。

4）工作条件应满足 GB/T 9652.1—2019《水轮机调速系统技术条件》的有关规定。

2. 一般检查试验

（1）开箱检查。盘柜上标志应正确、完整、清晰，各部件无缺损，按装箱单检查文件资料、装置及其附件、备品备件等是否齐全。

（2）表计检查校验。按有关规程对平衡表、电压表、频率表、导叶和桨叶开度表、压力表等进行检查检验，其精度应符合相应的技术要求。

（3）电气接线检查。对所有电气接线进行正确性检查，其标志应与图纸相符，屏蔽线的接法应符合抗干扰的要求。

（4）绝缘试验。

1）绝缘试验应包括所有接线和器件，试验时应采取措施，防止电子元器件及表计损坏。

2）分别用 250V 电压等级的绝缘电阻表（回路电压小于 100V 时）和 500V 电压等级的绝缘电阻表（回路电压为 100～250V 时）测定各电气回路间及其与机壳、大地间的绝缘电阻，在温度为 15～35℃、相对湿度为 45%～90%的环境中，其值不小于 1MΩ；如为单独盘柜，其值不小于 5MΩ。

3）按 DL/T 563—2016《水轮机电液调节系统及装置技术规程》的有关规定进行绝缘强度试验，应无击穿或闪络现象。

3. 油压装置的调整试验

油压装置的调整试验项目见表 3-8-2。

表 3-8-2　　　　　　　　　　油压装置的调整试验项目

序号	调整试验项目	出厂试验	电站试验	型式试验
1	一般检查试验	△	△	△
2	压力罐的耐压试验	△		△
3	油泵试验	△	△	△
4	阀组调整试验	△	△	△
5	油压装置的密封试验	△	△	△
6	压力信号器和油位信号器整定	△	△	△
7	油压装置自动运行的模拟试验			

（1）压力罐的耐压试验。

1）向压力罐充油。

a. 在压力罐的排气孔上安装排油管，并接至回油箱。

b. 开启油泵截止阀和压力表针阀，其余阀门全部关闭。

c. 用手转动油泵，检查是否灵活，然后通电检查油泵转动方向是否正确。

d. 将油泵注满汽轮机油,以手动方式启动油泵向压力罐充油。

2) 当压力罐充满油后停泵,封闭排气孔,用试压泵升压。

3) 油压升到额定值后,检查有无漏油现象。若无漏油,可继续升压到额定油压值的 1.25 倍,保持 30min,再检查焊缝有无漏油,同时观察压力表读数有无明显下降。若无漏油和压力下降,可降压至额定值,用 500g 手锤在焊缝两侧 25mm 范围内轻轻敲击,应无渗漏现象。

4) 在试压过程中,如发现管道或管道附件漏油,只能在无压条件下进行处理。若发现焊缝漏油,则应停止试验,排油后进行处理。

(2) 油泵试验。

1) 油泵运转试验。在阀组调整前进行。油泵先空载运转 1h,然后分别在额定油压的 25%、50%、75%下各运行 10min,最后在额定油压下运行 1h。试验中,油泵应连续运转,工作应平稳正常。通常用改变压力罐内的气压,并同时调节排油阀或安全阀的方法来控制油泵工作压力。

2) 油泵输油量的测定。在压力罐的油压接近额定值,油温在 30~50℃的条件下,启动油泵向压力罐送油,测量油位上升 100mm 所需的时间,按式(3-8-1)计算油泵的输油量

$$Q = \frac{7.85D^2}{10^5 t} \qquad (3-8-1)$$

式中 Q——油泵的输油量,L/s;

D——压力罐的内径,mm;

t——油位上升 100mm 所需时间,s。

测定三次油泵输油量,取其平均值。

(3) 阀组调整试验。

1) 减载阀的调整试验。改变节流孔大小,以调整减载时间。要求当油泵达到额定转速时,减载阀排油孔刚好被封闭。如从观察孔看到油流截止,则整定正确。

2) 安全阀的调整试验。调整安全阀,使油压高于工作油上限 2%,安全阀开始排油,油压高于工作油压上限的 10%以前,安全阀应全部开启,压力罐中油压不再升高;油压低于工作油压下限以前,安全阀应完全关闭,此时安全阀的漏油量不得大于油泵输油量的 1%。在上述过程中,安全阀应无强烈的振动和噪声。

(4) 油压装置的密封试验。压力罐的油压和油位均保持在正常工作范围内,关闭所有阀门,8h 后油压下降不得大于额定油压的 4%。若油压下降而油位不变,则说明是漏气所致。当油压、油位均下降时,可启动油泵将油位恢复到原值,若油压能恢复至原值,则说明是漏油所致;若油压仍低于原值,则说明在漏油的同时,还有漏

气现象。

（5）压力信号器和油位信号器整定。以向压力罐充油和自压力罐排油的方式来改变油压和回油箱油位，进行压力信号器和油位信号器的整定。压力信号器动作值与整定值的允许偏差为名义工作油压的±2%；回油箱油位信号器的动作允许偏差为±10mm。

（6）油压装置自动运行的模拟试验。试验时，用人工排油排气的方式控制油压和油位的变化，使压力信号器和油位信号器动作，以控制油泵按各种方式运转，并进行自动补气。通过模拟试验，检查油压装置电气控制回路及压力信号器、油位信号器动作的正确性。不允许采用人工拨动信号器触点的方式进行模拟试验。

4. 试验报告

（1）编写试验报告。目的是正式记载观测的数据和计算结果。它应拥有足够资料证明按试验验收规程所做全部试验已达到试验目的。此外，还应将各试验结果列出表格或绘制曲线，可包括经证实的原始记录（或复印件），测量仪表读数应符合观测所得记录。

（2）编写试验报告格式。全部试验均应包括下述内容：

1）试验依据、目的。

2）被试验设备制造厂型号、出厂编号、出厂日期。

3）电站、机组及被试验设备主要技术参数。

4）试验项目（包括条件、方法、仪表及数据）。

5）试验结论（包括曲线、图表、照片）。

6）验收意见及主持、参加单位、人员。

7）附录。

【思考与练习】

1. 简述油压装置小修主要工作内容。

2. 简述油压装置大修主要工作内容。

3. 简述油泵试验的基本步骤。

▲ 模块 2　螺杆泵的检修（Z52G2002Ⅱ）

【模块描述】本模块包含螺杆泵的检修工艺，通过案例分析及操作技能训练，掌握螺杆泵检修注意事项、工艺要求及质量标准。

【模块内容】

调速器油压装置一般采用三螺杆油泵。三螺杆油泵是转子式容积泵，主、从动螺杆上的螺旋槽相互啮合加上它们与衬套内表面的配合，在泵的进、出油口间形成数级动密封腔，这些密封腔不断将液体从泵进口轴向移动到出口，使所输液体逐级升压，形成一连续、平稳、轴向移动的压力液体。三螺杆泵在水电厂的应用，一般有立式和卧式两种布置方式。下面分别介绍其检修要点。

一、立式三螺杆泵检修

V60-1 型立式螺杆泵如图 3-8-1 所示。其检修分解步骤如下。

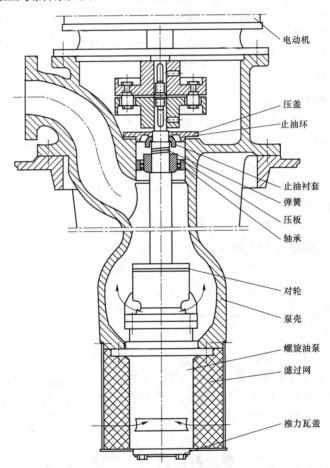

图 3-8-1　V60-1 型立式螺杆泵

拆除电机接线，拆除电机基础螺栓，吊出电机。拆除油泵基础，断开有关管路，吊出油泵，记录两对轮安装深度，拆除对轮。将螺旋衬套与外壳固定螺栓拆除，整体抽出螺旋泵，再分解螺旋，记录推力瓦记号并拆除，然后拆除衬套结合螺栓，记录副螺旋位置，两螺旋不得互换，抽出衬套。主螺旋的对轮一般不分解，如遇轴承有问题方可分解，但要将对轮组装垂直，以防轴承别劲。检查止油盘根应完整，连接片表面光滑，轴承完好。测量螺旋与对应衬套间隙在 0.03～0.08mm，推力瓦间隙应在 0.03～0.07mm。螺旋有磨损，应用天然油石处理，组装时各部件应清扫干净，螺杆应涂上汽轮机油。先将螺旋衬套、螺旋杆、推力瓦进行组装，然后装入泵壳，并检查各部相对位置应正确，最后将螺旋衬套与外壳螺栓紧固。装止油装置时，应将连接片、弹簧、止油垫、止油环一起装入，但注意止油垫与止油环不能脱开，最后组装对轮与电机，并检查对轮间隙应在 4～6mm。

二、卧式螺杆泵的检修

SNH1300 型卧式螺杆泵如图 3-8-2 所示，下面介绍其检修步骤。

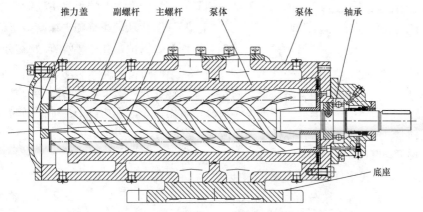

图 3-8-2　SNH1300 型卧式螺杆泵

1. 压油泵电机的拆除与安装

拆前测定对轮间隙，记录装配记号。拆出电动机，记录四角加垫位置及厚度，测定对轮装配深度值，拔出两对轮检查键和键槽应无损伤，对轮胶套应完整，对轮间隙在 1～2mm。组装时，将电机放在基础上，按原位置厚度及安装深度，安装对轮及基础垫。以油泵对轮为基准测定电机对轮相对位置，油泵与电机靠背轮偏差分析如图 3-8-3 所示。电机对轮与油泵对轮产生错位需要在水平方向或垂直方向整体调整，调整量为错位量的一半，若两对轮产生倾斜，则需在电机前端或后端加垫。加垫厚度可根据倾斜和总基础高低来计算选择；有时也可撤垫，组装后两对轮靠在一起，测量其间隙应在 0.5～2mm，偏心小于 0.1mm，振动小于 0.03mm，装好后转动灵活，无异声。

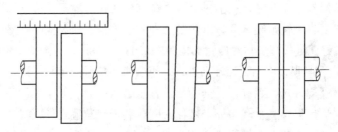

图 3-8-3 油泵与电机靠背轮偏差分析

2. 油泵的拆除与安装

松开后端盖的紧固螺栓，取下端盖，排油；松开联轴器的紧固螺栓，取下泵联轴器及键；松开接油盒的紧固螺栓，取下接油盒；松开轴承座固定螺栓，取下轴承座；松开油泵衬套的固定螺栓，再松开前端盖的紧固螺栓；取下前端盖、主动螺旋、从动螺旋及平衡套,并在从动螺旋和平衡套上打下记号(防止从动螺旋和平衡套掉落磕碰)；用油石和金相砂纸去除螺旋及衬套上的毛刺、伤痕、锈蚀，并测量螺旋与衬套配合间隙，并做好记录；平衡套及球轴承转动灵活、无卡阻，平衡套无明显伤痕及研磨；检查油泵各进出口、油孔无阻塞；衬套固定螺栓及螺栓孔无变形；各密封垫完好、机械密封完好不漏；用清洗剂清洗各部件及衬套，再用白布、绢布擦干；油泵回装按照拆前相反的顺序进行，注意各螺杆组装前应涂上汽轮机油，边转动边装入。

【思考与练习】

1. 简述立式螺杆泵分解检修基本步骤。

2. 简述卧式螺杆泵分解检修基本步骤。

3. 绘出油泵与电机靠背轮偏差分析示意图。

▲ 模块 3 阀组的检修（Z52G2003 Ⅱ）

【模块描述】本模块介绍阀组的检修工艺，通过案例分析及操作技能训练，掌握阀组检修注意事项、工艺要求及质量标准。

【模块内容】

一、安全阀检修

测量并记录安全阀调整螺栓高度，安全阀结构如图 3-8-4 所示，拆除上盖、背帽等，抽出弹簧、活塞。检查各部件应无异常，弹簧平直，活塞和阀座止口严密。各部件清扫、活塞涂油后组装，各部应无渗漏。

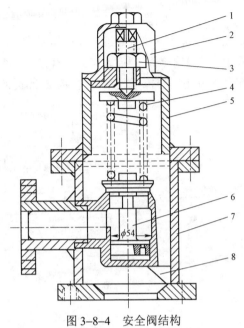

图 3-8-4　安全阀结构

1—调节螺杆；2—保护罩；3—锁紧螺母；4—弹簧；5—支持罩；6—活塞；7—外壳；8—支撑板

二、放出阀检修

分解前测量调整螺帽高度，放出阀结构如图 3-7-5 所示，拆除背帽、螺帽、上盖，抽出针杆、弹簧、活塞。检查活塞磨损情况。测量针杆与活塞，活塞与外壳间隙均在 0.04～0.08mm。检查针杆、弹簧、节流孔、丝堵、外壳等应良好。组装前各部件清扫干净，组装后动作灵活；靠自重活塞可灵活动作，针杆应无卡滞现象，且各密封点密封良好，无渗漏现象。

三、止回阀检修

止回阀结构如图 3-7-4 所示，拆除上盖、弹簧、活塞。各部件无异常，阀止口应紧固、严密。松动应紧固顶丝，并做好防渗漏措施。组装时应清扫干净，保证活塞动作灵活。

四、组合阀检修

组合阀工作原理如图 3-8-5 所示，松开减载阀阀盖与阀体的紧固螺栓，取下减载阀阀盖，取出减载阀弹簧及活塞。松开止回阀阀盖与阀体的紧固螺栓，取下止回阀阀盖，取出止回阀弹簧及活塞。松开安全阀的前端盖紧固螺栓和安全阀后端盖丝堵，取出弹簧和活塞。松开安全阀阀体与先导阀阀体的紧固螺栓，取下安全阀阀体。松开先导阀的调整螺母，取出先导阀弹簧。松下先导阀后端盖丝堵和节流塞，推出先导阀活塞。松开先导阀阀体固定螺栓，取下先导阀阀体。用油石和金相砂纸对减载阀活塞、止回阀活塞、安全阀活塞和先导阀活塞进行处理，以除去研磨和锈蚀。用油石和金相砂纸处理阀体衬套上的研磨和锈蚀。检查阀组各油孔和节流塞是否畅通。检查各弹簧有无变形、弹性是否良好，各密封圈无磨痕、伤痕，有弹性，否则更换。对所有处理完的部件用汽油清扫干净，并用白布擦干。组合阀回装按照拆前相反的顺序进行。

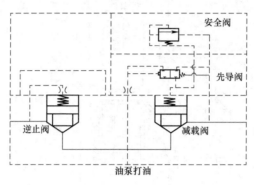

图 3-8-5 组合阀工作原理

【思考与练习】

1. 简述安全阀检修基本步骤。

2. 简述止回阀检修基本步骤。

3. 简述组合阀检修的质量标准。

◢ 模块 4 截止阀的检修（Z52G2004Ⅱ）

【模块描述】本模块介绍截止阀的检修工艺，通过案例分析及操作技能训练，掌握截止阀检修注意事项、工艺要求及质量标准。

【模块内容】

一、手动阀门（包括总油源阀）检修

手动阀应检查有无漏油或其他缺陷，如没有缺陷可不分解。分解时，先拆除阀体，检查阀体，阀座止口严密，阀体上连接螺栓应紧固，封垫完整，阀杆密封应完整，阀座止口如有不良应进行修整，各部缺陷处理好，各盘根应完好，若有异常，应更换合适石墨垫圈（或油麻填料）。用煤油试验应无渗漏。安装时，应先装阀座后装弯头，把阀门放"开"位置，放好法兰盘根后，应先将阀座端的所有螺栓拧紧后，再紧弯头侧螺栓。组装过程中要注意安全。

二、自动油压截止阀的检修

在对油压装置系统的自动化和可靠性要求较高的场合，总油源阀可采用自动油压

截止阀。ZYJ 自动油压截止阀如图 3-8-6 所示，以便在开停机过程中能方便而又安全的将压力罐的总油源及时的关闭和开启。

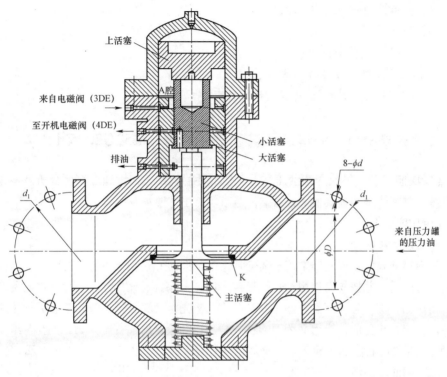

图 3-8-6 ZYJ 自动油压截止阀

ZYJ 自动油压截止阀的工作原理是每次机组开机前，首先通过油压装置的开、闭用电磁阀（3DE）向 A 腔供给压力油，将大活塞少量压下，而主活塞微量下降，于是阀口 K 处开启，则来自压力油罐的压力油源自下而上进入调节系统。当调节系统内基本充满压力油后，小活塞的上下压力差很小，小活塞自动下降，这样除将大活塞全部压下外，还将压力油供至调速器开机电磁阀（4DE），只有此时调速器才具备开机的油源条件，电磁阀（4DE）发出开机信号。首先，应将导水机构的锁定拔出。当锁定拔出后，同时有一股压力油自动进入上活塞上腔，并将其压下。这样只要锁定一拔出，自动油压截止阀绝不会由于电磁阀（3DE）的误动或其他原因而关闭总油源。

自动油压截止阀的关闭，只有在锁定投入后，电磁阀（3DE）令 A 腔排油，大活塞上移，在下腔油压及弹簧的联合作用下上抬，顺序关闭、阻止压力罐内的压力油源外供。

ZYJ 自动油压截止阀的检修要点是检查上活塞、小活塞、大活塞、主活塞磨损情况，应无严重磨损及锈蚀现象；检查各油孔畅通；检查弹簧平直，工作正常；主活塞全关闭时，阀门止口应严密，无泄漏。ZYJ 自动油压截止阀检修后，应保证各活塞动作灵活，投运前做模拟动作试验。

【思考与练习】

1. 简述手动阀门检修要点。

2. 简述手动阀门安装时注意事项。

3. 简述 ZYJ 自动油压截止阀的检修要点。

▲ 模块 5　油压装置其他部件检修（Z52G2005Ⅱ）

【模块描述】 本模块介绍油压装置其他部件的检修工艺，通过案例分析及操作技能训练，掌握油压装置其他部件检修注意事项、工艺要求及质量标准。

【模块内容】

一、压力罐检修

压力罐外观检查应无异常，各纵横焊缝应定期做探伤检验。用清洗剂清扫罐内时，应戴防毒面具，并按规定使用行灯，设专人监护，保持通风良好。压力罐内部用汽油或酒精清扫。检查罐内有无脱漆。如有脱漆，应先将底漆去掉，清扫干净后均匀地涂上漆。关闭人孔盖前，应用面团再次粘一遍，详细检查内部有无异物。人孔盖组合螺栓紧度应足够。检查压力罐内、外部各连接管路、阀门、法兰应严密，无渗漏。

二、回油箱检修

回油箱外观检查应无异常。排净汽轮机油后，应进行彻底清扫。如用酒精或汽油清扫时，应戴防毒面具，并按规定使用行灯。清扫时，设专人监护，保证通风良好。回油箱内部清扫时，重点检查内表面油漆有无脱落起皮，如有应进行处理。最后用面团再次粘一遍。同时，检查回油箱内、外部各连接管路、阀门、法兰应严密，无渗漏。

回油箱滤网检查应完好，清扫干净。

三、油面计、表计、压力开关检修

油面计检查，浮筒应严密，油面指示应正确。表计指示应正确，校验合格。压力开关动作正确，校验合格。同时，检查各管路、阀门、法兰，应严密、无渗漏。

四、自动补气装置（或充、排风阀门）检修

手动充、排风阀门应分解检查止口完整、严密，阀体无缺陷，组装后做密封试验，应无泄漏。

空气止回阀如图 3-8-7 所示。它的作用是停止供气时，防止压力罐中的空气倒流，同时，在压力罐中空气太多时承担放气任务。检修时，应分解检查止口完整、严密，

阀体无缺陷，弹簧平直无异常。组装后做密封试验应无泄漏。

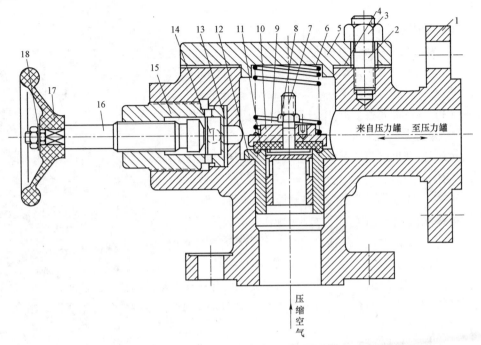

图 3-8-7 空气止回阀

1—阀体；2—螺栓；3、8、18—螺母；4、9、11、13、18—垫片；5—盖；6—弹簧；
7、14—活塞；10—压盖；12—衬套；15—螺塞；16—螺杆；17—手轮

五、自动补气装置检修

自动补气装置检修要点有以下内容：检查手动阀门阀体无缺陷，做密封试验应无泄漏。自动补气球阀动作应准确，开、闭灵活，补气后关闭严密。止回阀应严密，无磨损、锈蚀等缺陷。空气滤过器应进行清扫。

【思考与练习】

1. 简述压力罐检修要点。

2. 简述回油箱检修要点。

3. 简述油面计、表计、压力开关检修要点。

◢ **模块6 漏油装置检修（Z52G2006Ⅱ）**

【模块描述】本模块包含漏油装置检修工艺，通过漏油装置检修安全、技术、组

织措施讲解和工艺介绍，掌握漏油装置检修时通用注意事项、一般技术措施及工艺要求。

【模块内容】

1. 漏油装置检修主要质量标准与规范

（1）电动机找正，动作灵活，振动小于 0.05mm。

（2）齿轮啮合良好不漏油，止口严密弹簧平直，安全阀动作值 0.7～0.8MPa。

（3）滤过网完整，清扫干净，漆膜脱落的应涂耐油漆。

2. 漏油装置检修一般安全技术措施

（1）拉开机组漏油泵电动机动力电源断路器（断路器编号），并悬挂"禁止合闸，有人工作"牌。

（2）关闭接力器排油阀、漏油泵出口阀。

（3）在上述阀门上悬挂"禁止操作，有人工作"牌。

（4）在工作地点处悬挂"在此工作"牌。

3. 检修时通用注意事项及工艺要求

（1）应有适当的工作场地，并有良好的工作照明；场地清洁、注意防火、准备消防器具；无关人员不得随便进入场地或随便搬动零部件；各部件分解、清洗、组合、调整有专人负责。

（2）参加检修的人员应当熟知漏油泵的工作原理和工作状态，明确检修内容和检修目的。

（3）施工过程中，工作负责人不应离开现场。

（4）检修人员必须熟知检修规程，掌握设备检修工艺。

（5）设备零部件存放应用木方或其他物件垫好，以免损坏零部件的加工面及地面。

（6）同一类型的零件应放在一起，同一零部件上的螺栓、螺帽、销钉、弹簧垫及平垫等，应放在同一布袋或木箱内，并贴好标签。

（7）对有特定配合关系要求的部件，如销钉、连接键、齿轮、限位螺栓等，在拆卸前应找到原记号。若原记号不清楚或不合理时，应重做记号，并做好记录。

（8）设备分解后，应及时检查零部件完整与否，如有缺陷，应进行复修或更换备品备件。

（9）拆开的机体，如油槽、轴颈等应用白布盖好或绑好。管路或基础拆除后留的孔洞，应用木塞堵住，重要部件应加封上锁。

（10）检修部件应清扫干净，现场清洁。

（11）所有管道的法兰，密封垫内径应较外径大一些，密封垫配制合适。密封垫直径很大需要拼接时，可采用燕尾式拼接办法。如密封方式为胶条密封，须胶粘应削接口，粘胶后无扭曲或翘起之处。

（12）需要进行焊接的部件，焊前应开坡口。

（13）所有零部件，除安装结合面、摩擦面、轴表面外，均应进行去锈涂漆。漆料种类颜色按规定要求。第二遍漆应在第一遍漆干后方可喷刷。

（14）管路及阀门检修必须在无压条件下进行。

4. 漏油装置检修项目

漏油装置检修项目主要包括以下几方面内容：

（1）漏油泵分解检修。

（2）管路分解、去锈、刷漆。

（3）漏油槽清扫。

（4）阀门分解检查、清扫、去锈、刷漆。

5. 调整试验

（1）工作前泵的各紧固件是否牢固。

（2）试验前手动盘车泵的旋转方向是否符合要求。

（3）检查主动轴是否运转灵活。

（4）进口阀门是否打开。

（5）注意填料的工作，若发生泄漏，观察其发展程度，拧紧压盖。

【思考与练习】

1. 简述漏油装置检修主要质量标准。

2. 漏油装置检修项目主要包括哪几个方面？

3. 简述漏油装置一般安全技术措施。

▲ 模块 7　油压装置及漏油装置调整试验（Z52G2007Ⅱ）

【模块描述】本模块包含油压装置及漏油装置调整试验，通过压力罐耐压试验、密封性试验及总漏油量测定、油泵试运转及输油量检查、安全阀或阀组试验、各油压与油位信号整定值校验、油压装置自动运行模拟试验操作过程的详细介绍，掌握油压装置及漏油装置调整试验的方法和步骤、试验的标准和试验结果分析方法。

【模块内容】

一、压油罐耐压试验

1. 试验目的

检查压油槽的强度和检修质量。

2. 试验安全注意事项

（1）试验人员远离试验区 3m 以外。

（2）排净压油槽内所有空气，用油耐压，关闭有关阀门。

（3）只有在正常压力下才能进入禁区，检查渗漏。

3. 试验内容与要求

（1）系统充注汽轮机油前，压力罐、回油箱、调速器、油泵、阀门及管路等，必须全部清洗干净，再将合格的汽轮机油加入回油箱中。加入的油量应能满足耐压试验所需。

（2）将压力罐上部排气孔丝堵拆除，安装空心管接头；将排油管经空心管接头接至集油槽。开启油泵出口阀，启动油泵向压力罐送油，同时，测量油面上升一定高度所需时间，估算压力罐充满油所需时间。到最后缓慢充油，当压力罐全部充满后停泵。将有关阀门及顶部排气孔封堵。用手压泵在合适连接处安装耐压管路。检查无异常后，开始试压。

（3）油压升到额定油压后，检查各部有无渗漏现象。若无渗漏，可继续升压至额定压力的 1.25 倍并保持 30min，试验时试验介质温度不得低于 5℃。检查焊缝有无泄漏，压力表读数有无明显下降。如一切正常，再排压至额定值，用 500g 手锤在焊缝两侧 25mm 范围内轻轻敲击，应无渗漏现象。检查无异常后恢复所有设备。

（4）在试压过程中，发现有异常则只能在无压状态下处理，需要电焊作业则在无油、无压状态下进行。

二、油压装置密封性试验及总漏油量测定

1. 试验目的

检查设备的检修质量，检查罐体及各阀门的严密性。

2. 试验内容

将压力罐压力、油面均保持在正常工作范围内，切除油泵及操作把手电源，关闭所有阀门，并挂好作业牌。30min 后开始记录 8h 内的油压变化、油位下降值及 8h 前后的室温。油压下降不得超过额定压力的 4%。

三、油泵试运转及输油量检查

1. 试验目的

通过试验检验设备的检修质量，测定油泵的输油量。

2. 泵运转试验

启运前，向泵内注入油，打开进、出口压力调节阀门，安全阀或阀组均应处于关闭状态。空载运行 1h，分别在额定油压的 25%、50%、75% 下各运行 10min，再升至额定油压下运行 1h，应无异常现象。

3. 油泵输油量检查

（1）压力点油泵输油量测定。在额定油压及室温情况下，启动油泵向定量容器中送油（或采用流量计），记下实测压力点实测输油量 Q_i 或计量容积 V_i 及计量时间 t_i，按式（3-7-1）算出实测 Q_i 值。

测定 3 次，取其平均值。由于压力罐油面计反应缓慢，每次需压力稳定后再测量。计量时间 t_i 的选定可考虑排除卸载时间的影响。

（2）零压点给定转速油泵输油量测定。试验时，进、出口压力调节阀门全开（进口压力指示不大于 0.03MPa、出口压力指示不大于 0.05MPa，则视为进、出口压力示值为零），按上述方法测定零压点实测油泵输油量 Q_o。

四、安全阀调整试验

启动油泵向压力罐中送油，根据压力罐上压力表来测定安全阀开启、关闭和全关压力。测定 3 次，取其平均值。

压力油罐内油压达到工作油压上限时，主、备用油泵停止工作。油压高于工作油压上限 2%以上时，组合阀内安全阀开始排油；当油压高于工作油压上限 10%以前，安全阀应全部开启，并使压力油罐中油压不再升高。当油压低于工作油压下限以前，安全阀应完全关闭。此时，安全阀的泄油量不大于油泵输油量的 1%。

若定值不对，可调整安全阀调整螺杆。向下调整排油压力升高，向上调整则排油压力降低。

五、卸载阀试验

调整卸载阀中节流塞的节流孔径大小，改变减载时间，要求油泵电动机达到额定转速时，减载排油孔刚好被堵住，如从观察孔看到油流截止，则整定正确。

六、ZFY 组合阀调整试验

1. 调整安全阀

通过调整安全先导阀 YV3 的调节螺钉，使主阀 CV1 的油压高于工作油压上限 2%后开始排油，在油压高于工作油压上限 10%之前应全部开启达到全排油。当压力降到工作油压下限之前全部关闭。调整时按顺时针方向缓慢转动螺钉（压紧调节螺钉），压力逐步达到整定值，再反复试验几次验证整定压力值无变化后，将调节螺钉用锁紧螺母锁紧，并拧上保护罩。压力值整定时，其方法为由低向高定，开始整定时的定值其排放压力值最好低于额定压力值的 15%以上（即由低向高调整）。

2. 调整旁通（卸荷）阀

采用电磁阀作先导控制旁通（卸荷）阀的调整方法：通过电站压力电信号装置或传感器的二次回路触点，整定电磁先导阀的动作值，使压力罐内压力稍高于工作油压上限时，电磁阀带电动作主阀排油，并使压力罐内油压不再升高。当压力降至工作油压下限时，电磁阀失电使主阀关闭。为防主阀切换速度过快，必要时采取缓冲措施（节流孔塞）。当和油压装置控制柜里软启动并联动作减载启动时，一样同理使电磁阀相应动作以达到目的。

3. 调整低压启动阀

油泵电动机从静止状态到额定转速，即油泵从启动达到额定油压过程中，通过调整低压启动阀行程调节的调节螺钉和流量调节的节流塞或可变调整节流针，更换不同的节流孔塞，使减载时间加长或缩短，还可采用更换压盖上的节流孔塞，使减载时间在合理的范围内。整定完毕后，须将外部保护罩拧紧，防止出现漏油现象。

以上调整的前提是保证低压启动阀里的活塞在套里是滑动轻快的，没有发卡现象。

4. 单向阀检查

观察油泵停止后，单向阀是否能迅速关闭严密且使油泵不倒转，以防止压力罐的油倒流。若动作不灵活，应检查阀芯是否有卡阻，控制孔是否堵塞或过小，排除异常后重新试验。

七、油压装置各油压、油位信号整定值校验

人为控制油泵启动或压力罐排油排气，改变油位及油压，记录压力信号器和油位信号器动作值，其动作值与整定值的偏差不得大于规定值。

八、油压装置自动运行模拟试验

模拟自动运行，用人为排油排气方式控制油压及油位变化，使压力信号器和油位信号器动作，以控制油泵按各种方式运转，并进行自动补气。通过模拟试验，检查油压装置电气控制回路及油压、油位信号器动作的正确性。不允许采用人为拨动信号器触点的方式进行模拟试验。

【案例】HYZ–6.0 油压装置的安装后调整

HYZ–6.0 油压装置系统如图 3–7–7 所示。

油压装置的所有零部件在解体安装前必须仔细清洗，然后将所有管路用压缩空气吹净，再按图纸进行组装。组装时，各连接部位必须连接紧密，不允许有任何外部泄漏。清洗时应注意轻放，不能划伤零件。

一、油压装置组装时的注意事项

（1）螺杆油泵与电动机由联轴器连接后，用手轻轻转动，要求转动灵活轻便，不准有卡阻现象。

（2）螺杆油泵与吸油管的连接紧密，保证密封性良好，不准有任何吸气现象。

（3）初次安装或螺杆泵检修后投入运行前，应向泵内注满工作油液后方能投入运行。

二、油压装置安装后的第一次启动

（1）首先向压力罐中充 1.0MPa 的压缩空气，然后从螺杆油泵到压力罐的阀门均须打开。

（2）用点动方式启动螺杆油泵，检查电动机的旋转方向，应与螺杆油泵上箭头所指方向一致，然后再启动螺杆油泵，向压力罐中送油，直到压力罐中油位达到正常油位值。这期间应注意油泵运转是否平稳，有无振动及异常的噪声。然后打开空气阀，向压力罐中充以压缩空气，使压力至 1.5MPa，检查油管路及各组件连接处的密封性，应保证不漏油、气。

（3）继续向压力罐内充气，将压力提高到 2.5MPa，持续时间 30min。此时，油位还应维持在正常油位处。进一步观察各连接处的密封性，不得有渗漏现象发生。若无异常现象，即可投入运行。

三、整定油压装置压力开关

（1）整定主用油泵启、停压力开关，下限压力值整定为 2.3MPa，工作油泵能自动投入运行；上限压力值整定为 2.5MPa，工作油泵能自动停止。

（2）整定备用油泵启、停压力开关，下限压力值整定为 2.1～2.2MPa，备用油泵能自动投入运行；上限压力值整定为 2.5MPa，备用油泵能自动停止。

（3）整定高压报警压力开关，压力值整定为 2.8MPa。

（4）整定低压报警压力开关，压力值整定为 1.8MPa。

四、调整安全先导阀

通过调整安全先导阀 YV1 的调节螺钉，使主阀 CV1 在工作油压高于最高工作油压 2%（2.55MPa）开始排油，高于工作油压 10% 之前，应全部关闭。调整时，按顺时针方向缓慢转动螺钉，压力逐步达到整定值，反复调试几次，整定压力值无变化后，将调节螺钉用螺母锁紧。

五、调整卸荷阀

通过调整卸荷先导阀 YV2 的调节螺钉，使主阀 CV1 在压力高于工作油压上限 2.5MPa 时开始排油，随即全排，并使压力罐内油压不再升高。当压力降至最低工作油压 2.3MPa 时，应全部关闭。

六、单向阀检查

观察油泵停止工作后，单向阀是否能迅速关闭严密，防止压力罐的油倒流。若动作不灵活，应检查阀芯是否卡阻，控制孔是否堵塞，排除异常后重新试验。

七、低压启动阀的检查

油泵电动机从静止状态到额定转速时，减载时间一般为 3～6s，减载时间若太长，应仔细清洗零件，保证活塞滑动轻快，没有卡阻现象，或者加大阻尼节流孔，若减载时间太短，应减小节流孔，延缓 YV3 的动作速度。

八、调整空气安全阀

本空气安全阀应定期校验。在油压装置试验时，当油压高于 2.9MPa 时开启，油压低于 2.3MPa 之前关闭。

九、压力罐液位信号器的整定

按相关给定值进行整定。

【思考与练习】

1. 简述压力罐耐压试验安全注意事项。

2. 简述压力点油泵输油量测定方法。

3. 简述 HYZ–6.0 油压装置油泵组装时的注意事项。

◢ 模块 8 油压装置及漏油装置维护的周期及规范
（Z52G2008 Ⅰ）

【模块描述】本模块包含油压装置及漏油装置维护基本知识，通过知识讲解，掌握油压装置及漏油装置维护周期及规范要求。

【模块内容】

一、对油压装置的基本要求

（1）油质符合有关规定要求。

（2）油泵及阀组工作正常，运行平稳。

（3）压力油罐油位与回油箱油位在规定范围内。

（4）自动补气装置及油压信号装置动作正常。

二、油压装置的基本运行方式

1. 油泵的基本运行方式

（1）自动（备用）运行。

（2）手动运行。

2. 补气装置的运行方式

（1）自动补气。

（2）手动补气。

三、油压装置的运行操作

1. 补气

（1）自动补气。

1）自动补气装置在"自动"位置。

2）检查压力油罐油位正常。

（2）手动补气。

1）将油泵操作把手转换至"切除"。

2）检查补气压力在额定值，打开补气阀。

3）缓慢打开压力油罐的排油阀，当压力、油位降至规定值时，关闭排油阀。

4）待压力油罐压力上升到额定油压时，重复上款操作。

5）待油位降至规定值时，停止补气，关闭补气阀。

6）将油泵恢复运行。

2. 油泵的运行方式

（1）油泵应至少保证一台"自动"，一台"备用"。

（2）手动操作油泵时，应注意监视油压，操作人员严禁离开操作现场。

（3）应定期进行备用油泵的启动试验。

四、GB/T 9652.1—2019《水轮机控制系统技术条件》对油压装置的要求

（1）油压装置正常工作油压的变化范围在名义工作压力的±2%～±4%以内（对额定油压为 10～16MPa 的油压装置，其正常工作油压的变化范围可达名义工作油压的±5%）。

（2）压力罐可用油的体积。在正常工作油压下限和油泵不打油时，压力罐的容积至少应能在压力降不超过正常工作油压下限和最低操作油压之差的条件下提供规定的各接力器行程数，对混流式水轮机为 3 个导叶接力器行程；对转桨式水轮机，除 3 个导叶接力器行程外，还要求 1.5～2 个桨叶接力器行程；对冲击式水轮机，除 3 个折向器接力器行程外，还要求 1.5～2 个喷针接力器行程。

（3）在正常工作油压上限，非隔离式压力罐内油和空气体积比通常为 1/3～1/2。

（4）组合式和分离式油压装置应设置 2 台油泵，每台油泵的输油量足以补充漏油量，并有最少 2 倍的安全系数。通常每台泵的每分钟输油量不大于接力器容积的 0.65 倍。

（5）油泵打油时，油泵出口至压力罐的压力降通常不大于 0.2MPa。

（6）控制系统管道内油的流速不超过 5m/s。

（7）当油压高于工作油压上限 2%以上时，安全阀应开始排油；当油压高于工作油压上限的 10%以前，安全阀应全部开启，并使压力罐中油压不再升高。

安全阀的泄漏量不大于油泵输油量的 1%。

（8）设有自动补气装置的组合式或分离式油压装置，应设空气安全阀，其动作值为工作油压上限的 114%。

（9）当油压低于工作油压下限 0.1～0.15MPa 时，有备用油泵的 2.5～6.3MPa 油压装置应启动备用油泵。

（10）油压装置各压力信号器整定值的动作偏差，不超过整定值的±2%。

五、油压装置及漏油装置维护周期

对油压装置及漏油装置，一般要求每周进行一次巡检。巡检主要检查油压、油位是否正常，油质是否合格，油温是否在允许范围内；各管路、阀门、油位计有无漏油、漏气现象，各阀门位置是否正确；油泵运转是否正常，有无异常震动、过热现象；各表计指示是否正常，断路器位置是否正确，各电气元器件有无过热、异味、断线等异常现象等。

汛期或有其他特殊要求情况时，可酌情增加巡检次数。

【思考与练习】

1. 简述对油压装置的基本要求。

2. 简述油压装置手动补气的基本步骤。

3. 油压装置正常工作油压的变化范围是多少？

▲ 模块 9 油压装置及漏油装置维护保养（Z52G2009Ⅰ）

【模块描述】 本模块包含油压装置及漏油装置设备维护工艺要求，通过油压装置及漏油装置的巡回检查项目和内容的讲解，掌握油压装置及漏油装置定期维护保养的工艺要求。

【模块内容】

油压装置是水轮机调节设备的重要组成部分，若运行中出现异常现象，会直接或间接导致发电设备的安全、经济运行受到威胁或对人身安全造成伤害。如果得不到及时有效的处理，将引起设备隐患的进一步扩大，直至造成事故的发生。坚持对运行设备的定期巡检与维护，可及时发现运行设备存在的安全隐患，从而最大限度减少事故的发生，延长设备的无故障间隔时间和使用寿命。

一、油压装置的巡检与维护基本要求

（1）现场运行、检修规程应对调速器及油压装置的巡回检查、定期维护项目和要求做出规定。

（2）巡回检查和定期维护工作必须认真执行，并做好记录。

（3）油压装置压力油罐手动补气时，应随时观察压力油罐油位和油压。补气未完，操作人员不得离开现场。

二、油压装置的巡回检查

油压装置的巡检应重点检查以下内容：

（1）油压装置油压、油位正常，油质合格，油温在允许范围内。

（2）各管路、阀门、油位计无漏油、漏气现象，各阀门位置正确。

（3）油泵运转正常，无异常震动、无过热现象。

（4）油泵应至少有一台在"自动"，一台在"备用"或两台泵"轮流"。

（5）自动补气装置完好，失灵时应及时手动补气。

（6）各表计指示正常，断路器位置正确，各电气元器件无过热、异味、断线等异常现象。

漏油装置维护检查主要项目如下：

（1）漏油装置外观检查，运转中不应出现过大的振动现象，听不到异常声音。

（2）检查油管路与阀门接头、压盖等部位，密封止漏良好，阀门动作灵活。

（3）设备应清扫干净，现场清洁。

巡回检查时，必须开设备巡回检查票，不得动无关设备。如发现缺陷，应通知运行值班员，并另开工作票进行处理。

三、定期维护

（1）定期对油泵进行主、备用切换。

（2）定期对备用油泵及漏油泵进行手动启动试验。

（3）定期对自动补气阀组进行动作试验。

（4）对有关部位进行定期加油。

此外，油的清洁是保证调节设备正常工作的重要条件。应定期进行油的化验和净化，并根据运行需要补充或更换新油。同时，应尽量避免油中混水。经常检查补气管路、冷却水管路，应无漏气、漏水现象。向压力罐中补气时，一般不要由空气压缩机直接打入，要经过储气罐将压缩空气冷却分离水分后补入。

四、油压装置常见缺陷的处理

下面简单介绍油压装置常见缺陷的处理方法。

1. 油泵空转不打油

油泵启动后，压油罐油位不上升或上升较慢。可能是油泵转速低，检查处理；组合阀的安全阀全开启或卸载阀长时间开启不关闭，调整安全阀、卸载阀的调整螺栓，并试验；或者分解组合阀进行检查，根据发现问题进行逐项处理；油泵内充满空气或油内充空气，吸油管路不严，进行排气处理。

2. 漏（渗）油

油压装置的管路、阀门、接头等部位有渗漏油现象。此时，应检查密封材料问题，可能是有砂眼、裂纹，也可能安装过程紧固时预紧力不够出现松动，进行相应处理。如需分解处理，则注意要泄压排油后再分解设备。

3. 压力表失灵

压力表指示不正确，先确认系统压力是否正确，如无问题，重新校验表或更换新表。

4. 油泵运行停止后反转

油泵运行停止后反转，检查止回阀止口、弹簧或止回阀处的节流塞，并进行相应处理。

【思考与练习】

1. 简述油压装置的巡检与维护基本要求。

2. 油压装置的巡检应重点检查哪些内容？

3. 油压装置的定期维护都有哪些内容？

4. 油泵空转不打油的原因有哪些？

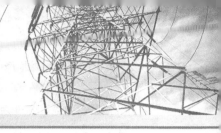

第九章

油压装置及漏油装置故障处理

▲ 模块 1　油压装置故障处理（Z52G3001Ⅱ）

【模块描述】本模块包含油压装置故障处理知识，通过油压装置典型故障现象和原因分析，总结正确的故障处理方法等知识讲解，掌握油压装置故障处理原则及方法。

【模块内容】

油压装置是给调速器提供压力油源的设备。即使在最不利的情况下，压力油源也必须保证机组及时关机，否则会发生机组失控的危险，所以对油泵、表计、压油装置附件及油质要求很高。油压装置在运行中会出现各种各样的故障，运维人员应知道其产生的原因和处理方法，以进行预防和及时处理，保证设备的安全运行。

1. 油压降低处理

（1）检查自动泵、备用泵是否启动，若未启动，应立即手动启动油泵。如果手动启动不成功，则应检查二次回路及动力电源。

（2）若自动泵在运转，检查集油箱油位是否过低，安全减载阀组是否误动，油系统有无泄漏。

（3）若油压短时不能恢复，则把调速器切至手动，停止调整负荷，并做好停机准备。必要时，可关闭进水口工作门（阀）停机。

2. 压力油罐油位异常处理

（1）压力油罐油位过高或过低，应检查自动补气装置工作情况，必要时手动补气、排气，调整油位至正常。

（2）集油箱油面过低，应查明原因，尽快处理。

3. 漏油装置异常处理

（1）漏油箱油位过高，而油泵未启动时，应手动启动油泵，查明原因尽快处理。

（2）油泵启动频繁且油位过高时，应检查电磁配压阀是否大量排油及接力器漏油是否偏大。

4. 油泵"抱泵"——油泵卡死故障

导致"抱泵"的原因较多，除制造的质量问题外，还有以下几种原因：

（1）分解、清洗后组装质量不佳。常见的现象是泵杆与衬套、支架、底盖等有关零件的不同轴度超差过大，手动转动不灵活。此时，应放松各有关螺母，用木槌敲击有关部位，调整上述各零件之间的相对位置和间隙，再边转动泵杆，边拧紧螺母，直至能够轻快地旋转泵杆为止。否则，一启动就会出现"抱泵"事故。

（2）主、从动泵杆的棱角处有毛刺和飞边，局部型面接触不良，间隙过小。此时，应用细锉或油石，将上述缺陷予以修整，再用细研磨砂加汽轮机油进行配研，时间不要过长。然后再分解、清洗、检查型面。若还有飞边、毛刺或局部型面接触不良的部位时，再行修锉和配研，直至合格为止。

（3）两从动螺杆在装配时装错位置，影响螺杆面的接触。处理方法：分解主从螺杆时，对主从螺杆装配位置做记号，并记录。安装时检查分解记录，最好由同一人完成分解、检查、测量及组装工作。

（4）由于逆转而"抱泵"。由于泵前面的单向阀密封性不佳，油泵停止工作后，罐中的压力油立即倒流，油泵立即逆转，而且加速度很大，很容易将泵"抱死"。这时，应立即检修或更换单向阀。

（5）铁屑、焊碴、铸砂等异物进入泵内导致"抱泵"。这时，应查清异物来源，进行分解、清洗、检查异物，更换汽轮机油。

（6）油泵启动前，没有在衬套内注入汽轮机油，造成启动时干摩擦发热膨胀而"抱泵"。处理方法：油泵检修后第一次启动前，应向衬套内注入汽轮机油，使之润滑。

5. 油泵输油量过低或不上油

油泵输油量过低或不上油主要原因如下：

（1）吸油管与油泵壳体连接处漏气或吸油口被堵塞。

（2）油温过高或过低。

（3）油的牌号不对。

（4）回油箱内油中混气过多。

（5）回油箱透气性太差。

（6）泵杆与泵杆，泵杆与衬套之间的间隙过大，磨损严重。

（7）油泵旋转方向有误（反向）。

（8）齿轮泵的齿顶和齿端间隙过大。

产生油泵输油量过低或不打油现象时，要进行检查、试验，确定原因后，做相应的处理。

6. 油泵振动

油泵振动的主要原因如下：

（1）吸油管漏气。

（2）联轴器松动或不同心。

（3）油管路固定不牢（松动）。

（4）截止阀的阀杆和阀盘松动。

（5）电机与油泵、油泵与外壳连接松动。

处理方法：检查吸油管是否松动漏气，回油箱油位是否过低；调整电机与油泵同心度；紧固各连接部位等。消除上述缺陷，振动就会减小或全部消失。

7. 推力套磨损过快

（1）泵杆底部推力头的沟槽上有毛刺。应用细锉或油石将毛刺去掉。

（2）铜套里有杂物。应分解油泵，清除杂物。同时，应更换汽轮机油，清洗回油箱，用面粉将回油箱各角落彻底清扫一遍。

（3）铜套的材质不合格（不耐磨）。更换合格铜套。

8. 油泵工作时向外甩油

有一部分立式螺杆泵有往外甩油和溅油的缺点。对此，可在支架内加一圆形挡板，毛病即可消除。

9. 回油箱内油中泡沫过多

造成回油箱内油中泡沫过多的原因如下：

（1）回油箱内油面过低。

（2）放油管、安全阀和旁通阀的排油管太短，露在油面之上，排泄油通过空气，将空气混射入油中。

（3）用油牌号不对。

（4）油泵吸油管漏气。

逐项检查，消除上述缺陷，即可解决。

10. 安全阀振动

造成安全阀振动的原因如下：

（1）结构设计上有缺点。振动严重的安全阀在动作时，常伴有刺耳的啸叫声。试验证明，这与安全阀活塞的形状及其下面的节流孔径有关。将安全阀活塞平面密封改为锥面密封，能减轻高频振动时的撞击声。节流孔太小时，活塞迅速上升使缓冲腔压力急剧下降，导致活塞向下冲撞而引起振动。可适当扩大节流孔径，分别进行试验，直至将活塞振动减至最低限度。

（2）安全阀有漏气处。停机时间稍长，安全阀内就有空气，油泵启动那一瞬间，就会出现振动。

（3）油泵输油量过低，安全阀动作时会出现振动现象。换上合格的油泵后，振动立即消失。

11. 安全阀整定值易变

这是由于安全阀弹簧质量不好，应更换经过热处理的合格的弹簧。

12. 止回阀撞击和油泵反转

止回阀活塞背腔也是缓冲腔，其上的节流孔用以控制活塞的动作速度。如果节流孔过大，活塞动作过快会产生剧烈的撞击；如果节流孔过小，会造成活塞动作过慢，使油泵停止时逆向压力油回油过多而使油泵反转。可适当改变节流孔径，进行试验处理。

13. 油泵启动频繁

原因可能是导叶和桨叶协联关系不正常；一直有电流作用步进电机，桨叶偏全开或全关极限位置，回油量增加；导叶和桨叶接力器配合间隙过大，渗漏油大；受油器的操作油管与浮动瓦的配合间隙大，渗漏油大；机组运行不稳定，负荷摆动。

处理：根据现象进行逐项检查，并做相应的处理。

14. 油泵与电机联轴节缺口加大，损坏严重

原因分析：运行时间长，启动频繁；油泵与电机联轴节的接触面太小，造成缺口加大。

处理方法：更换一新的联轴节或采用弹性连接方式；加大油泵与电机联轴节的接触面，把电机上的半个联轴节下移，使其凸出部分全部嵌入油泵联轴节的凹形内，然后用小螺钉紧固，使连轴节不产生移动。

15. 油泵不断打油，但压力罐内油压上不去，始终在某值波动

原因分析：安全阀没有整定或整定过低，油泵打上的油全部由安全阀排至回油箱，没有进入压力罐，使油压上不去。

处理方法：重新调整安全阀定值，使之工作正常。

16. 压力罐上各接头处如油位计、表计、放气阀、放油阀等处漏油严重

原因分析：处理方法不对，橡胶密封圈不耐油或密封圈大小不合适。

处理方法：各接头处加合适耐油橡胶密封圈或密封垫。

【思考与练习】

1. 试述油压装置油压降低原因及处理方法。

2. 试述油泵"抱泵"的原因及处理方法。

3. 试述油泵振动的原因及处理方法。

4. 试述油泵启动频繁的原因及处理方法。

▲ 模块 2 漏油装置故障处理（Z52G3002Ⅱ）

【模块描述】本模块包含漏油装置故障处理知识，通过漏油装置典型故障现象和原因分析，总结正确的故障处理方法等知识讲解，掌握漏油装置故障处理原则及方法。

【模块内容】

漏油装置发生故障时，主要包括以下几方面。

（1）漏油箱出现严重漏油现象。漏油箱发生漏油，主要原因是油箱的焊缝出现严重裂纹或止回阀、手动开关阀动作失灵、管路堵塞等，应立即排掉漏油箱的油进行处理。

（2）漏油泵出现噪声或振动过大的原因如下：

1）吸入管或过滤网堵塞，处理方法是消除过滤网上的污物。

2）吸入管伸入液面较浅。处理方法是吸入管应伸入液面油箱较深处。

3）管道内进入空气。处理方法是检查各连接处，使其密封。

4）排出管管道阻力太大。处理方法是检查排出管道及阀门是否堵塞。

5）齿轮轴承或侧板严重磨损。处理方法是拆下清洗，并修整缺陷或更换。

6）加转部分发生干涉。处理方法是拆下检查，并排出故障。

7）吸入液体黏度太大。处理方法是进行黏度测定，并预热液体，如不可能，则降低排出压力或减少排出流量。

8）吸入高度超过规定值。处理方法是提高吸入液面。

（3）不排油或排油量少的原因如下：

1）吸入高度超过规定值。处理方法是提高吸入液面。

2）管道内进入空气。处理方法是检查各连接处，使其密封。

3）旋转方向不对。处理方法是按泵的方向纠正。

4）吸入管道堵塞或阀门关闭。处理方法是检查吸入管道是否堵塞及阀门是否全开。

5）安全阀卡死或研伤。处理方法是拆下安全阀清洗，并用细研磨砂研磨阀孔，使其吻合。

6）吸入液体黏度太大。处理方法是进行黏度测定，并预热液体，如不可能，则降低排出压力或减少排出流量。

（4）密封漏油的原因如下：

1）轴封处未调整好。处理方法是重新调整。

2）密封圈磨损而间隙增大。处理方法是适量拧紧调节螺母或更换密封圈。

3）机械密封动静球的摩擦面损坏或有毛刺、划痕等缺陷。处理方法是更换动静球或重新研磨。

4）弹簧松弛。处理方法是更换弹簧。

【思考与练习】

1. 漏油泵出现噪声或振动过大的原因有哪些？

2. 漏油泵不排油或排油量少的原因有哪些？

3. 漏油泵密封漏油的原因有哪些？

第四部分

空气压缩机改造、检修与
故障处理

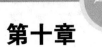

第十章

压缩空气系统的更新改造

▲ 模块 1　压缩空气系统更换改造工作概述（Z52H1001Ⅱ）

【模块描述】本模块涉及压缩空气系统的改造基本工作，通过压缩空气系统类别、型号、参数、组成及动作原理等知识的讲解，掌握压缩空气系统更换改造工作流程。

【模块内容】

一、压缩空气系统组成

1. 压缩空气的用途

空气具有可压缩性，经空气压缩机做机械功使本身体积缩小、压力提高后的空气叫压缩空气。压缩空气是一种重要的动力源。与其他能源比，它具有下列明显的特点：清晰透明，输送方便，没有特殊的有害性能，没有起火危险，不怕超负荷，能在许多不利环境下工作，空气在地面上到处都有，取之不尽。

空气占有一定的空间，但它没有固定的形状和体积。在对密闭容器中的空气施加压力时，空气的体积就被压缩，使内部压强增大。当外力撤销时，空气在内部压强的作用下，又会恢复到原来的体积。因此，在水电站中广泛地应用其作为操作能源，在机组的安装、检修与运行过程中，都要使用压缩空气。

压缩空气在水电站的用途见表 4–10–1。

表 4–10–1　　　　　　　　　压缩空气在水电站的用途

项目	作　　用	用气压力（MPa）	对空气质量的要求
压力罐充气	向压力罐内充入 2/3 容积的压缩空气。利用压缩空气膨胀和压力变化小的特点，驱动油罐内另一 1/3 容积的压力油去控制机组	2.5~6.3	清洁、干燥
空气断路器	空气断路器的触头断开时，利用压缩空气向触头喷射以灭弧	约 2	清洁、干燥
密封止水	在进水阀或主轴部位需密封时，向外围橡胶围带充压缩空气以封水止漏	0.8	一般

续表

项目	作用	用气压力（MPa）	对空气质量的要求
机组停机制动	停机时，利用压缩空气推动制动闸瓦与发电机转子制动环摩擦使机组停机	0.8	一般
调相运行	反击式水轮发电机组作调相运行时，向转轮室充入压缩空气压低水位，使转轮脱出水面，不在水中旋转，以减少电能消耗	0.8	一般
风动工具	供各种风铲、风钻、风砂轮等在安装检修作业时使用	0.8	一般
设备吹扫	施工及运行中清扫设备及管路等	0.8	一般
破冰防冻	北方冰冻地区，电站取水口处利用压缩空气使深层温水上涌，防止水面结冰	0.8	一般

压力罐充气使用的压缩空气质量较高，为不使压缩空气中的水分渗入油中腐蚀调速系统自动化元件，通常都需要对压缩空气进行干燥处理。高压压缩空气系统除因干燥空气增加了一些附件外，其组成与低压压缩空气系统相似，也是自动控制运行的。

干燥空气的方法有多种，经运行证明比较可靠的是热力法，即采用压力较高的空气压缩机将压缩空气的压力升至正常工作压力以上一定范围，使压缩空气的相对湿度增高，以便利用油水分离器将其中的水分凝结并排出，然后再送入储气筒中，当用气时，储气筒的压缩空气经减压阀降压至工作压力送用气设备时，空气体积膨胀，相对湿度降低，从而得到干燥的压缩空气。

也有的电站不设低压空气压缩机，而是由高压压缩空气系统经减压阀减压到制动、清扫所需压力，一样可以满足工作要求。另外在一些小型电站，压油装置压力罐上设有中间补气罐，可进行自动补气，因此，并不需要设立高压压缩空气系统，只需一套低压压缩空气系统，还可减少投资。总之，压缩空气系统的设置应灵活配置，以满足现场实际需要为准。

2. 压缩空气系统的任务和组成

压缩空气系统的任务，就是及时地供给用气设备所需的气量，同时满足用气设备对压缩空气的气压、清洁和干燥的要求。为此，必须正确地选择压缩空气设备，设计合理的压缩空气系统，并实行自动控制。

压缩空气系统由以下四部分组成：

（1）空气压缩装置。包括空气压缩机、电动机、储气罐及油水分离器等。

（2）供气管网。由干管、支管和管件组成。管网将气源和用气设备联系起来，输送和分配压缩空气。

（3）测量和控制元件。包括各种类型的自动化元件，如温度信号器、压力信号器、电磁空气阀等，主要作用是保证压缩空气系统的正常运行。

（4）用气设备。如油压装置压力油罐、制动闸、风动工具等。

3. 压缩空气系统实例

某厂厂内压缩空气系统实例如图 4-10-1 所示。压力罐充气、机组制动和调相压水用气均设有单独供气干管，风动工具及其他吹扫用气由调相干管引出。为保证制动气源可靠，除制动储气罐进气管上装设止回阀外，还从调相干管引气作备用。

低压压缩系统全部实行自动化：压力信号器 1～4YX 用来控制工作和备用空气压缩机 1KY 和 2KY 的启动和停止，以及储气罐压力过高或过低时发出信号；温度信号器 1WX、2WX 用来监视空气压缩机的排气温度，当温度过高时，发出信号并作用于停机；电磁阀 1DCF、2DCF 用来使空气压缩机无负荷启动和停机时排污；电磁空气阀 1DKF 和 2DKF 用来控制机组制动给气；电磁配压阀 1DP 和 2DP 控制调相压水给气。高压压缩系统设有两台高压空气压缩机 3KY、4KY，正常运行时，一台工作，另一台备用。在油压装置安装或检修后充气，两台空气压缩机可同时工作。空气压缩机的启动和停止由压力信号器自动控制。本电站容量不大，机组台数少，故由手动操作向压力罐补气。

二、空气压缩机类别、型号

空气压缩机是一种压缩气体、提高气体压力或输送气体的机械。其种类很多，分类方法各异，结构和工作特点各有不同。目前，电厂使用的空气压缩机都属于容积式空气压缩机，有往复空气压缩机和回转空气压缩机两大类。往复空气压缩机主要为轴驱动的活塞空气压缩机，而回转空气压缩机多为单转子或双转子螺杆空气压缩机。

（一）活塞空气压缩机

活塞空气压缩机是目前使用最普遍，应用最广的一类空气压缩机。

1. 活塞空气压缩机的分类

（1）按活塞的压缩动作分类。

1）单作用空气压缩机：气体只在活塞的一侧进行压缩，又称单动空气压缩机。

2）双作用空气压缩机：气体在活塞的两侧均能进行压缩，又称复动或多动空气压缩机。

3）多缸单作用空气压缩机：利用活塞的一面进行压缩，而有多个气缸的空气压缩机。

4）多缸双作用空气压缩机：利用活塞的两面进行压缩，而有多个气缸的空气压缩机。

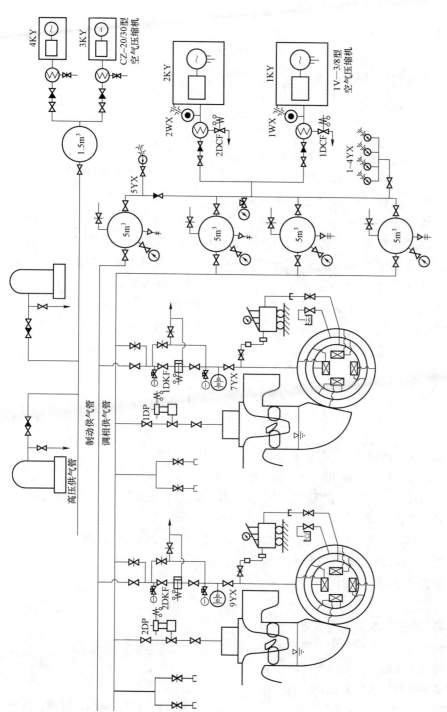

图 4-10-1　某厂厂内压缩空气系统实例

（2）按空气压缩的排气压力分类。

1）低压空气压缩机：排气压力在 0.3～1.0MPa。

2）中压空气压缩机：排气压力在 1～10MPa。

3）高压空气压缩机：排气压力在 10～100MPa。

4）超高压空气压缩机：排气压力在 100MPa 以上。

（3）按排气量（进口状态）分类。

1）微型空气压缩机：排气量小于 $1m^3/min$。

2）小型空气压缩机：排气量为 $1～10m^3/min$。

3）中型空气压缩机：排气量为 $10～60m^3/min$。

4）大型空气压缩机：排气量大于 $60m^3/min$。

（4）按曲轴连杆的差异分类。可分为无十字头和有十字头两种。其中，无十字头的空气压缩机多用于低压、小型空气压缩机；有十字头的空气压缩机则适用于大、中型及高压空气压缩机。

（5）按结构形式分类。可分为立式、卧式、角度式等。一般立式用于中小型；卧式用于小型高压；角度式用于中小型。国内活塞式空气压缩机通用结构代号的含义为立式–Z，卧式–P，角度式–L，星型–T、V、W、X。

其他还有如按冷却方式可分为风冷、水冷，按固定方式可分为固定式和移动式等多种分类方式。

2. 活塞式空气压缩机的主要特点

（1）优点。

1）适用压力范围广，不论流量大小，均能达到所需压力。

2）热效率高，单位耗电量少。

3）适应性强，即排气范围较广，且不受压力高低影响，能适应较广阔的压力范围。

4）可维修性强。

5）对材料要求低，多用普通钢铁材料，加工较容易，造价也较低廉。

6）技术上较为成熟，生产使用上积累了丰富的经验。

7）装置系统比较简单。

（2）缺点。

1）转速不高，机器大而重。

2）结构复杂，易损件多，维修量大。

3）排气不连续，造成气流脉动。

4）运转时有较大的震动。

活塞式空气压缩机主要由机体、曲轴、连杆、活塞组、阀门、轴封、油泵、能量调节装置、油循环系统等部件组成。

（二）螺杆空气压缩机

回转式螺杆空气压缩机通常指双螺杆空气压缩机。其发展历程较短，下面简要介绍一下双螺杆空气压缩机的结构原理、特点及其简单分类。

1. 基本结构

螺杆空气压缩机的基本结构如图4-10-2所示。在"∞"形的气缸中，平行的配置着一对互相啮合的螺旋形转子。通常对节圆外具有凸齿的转子，称为阳转子或阳螺杆。在节圆内具有凹齿的转子，称为阴转子或阴螺杆。一般阳转子与原动机连接，由阳转子带动阴转子转动。因此，阳转子又称主动转子，阴转子又称从动转子。在空气压缩机机体的两端，分别开设一定形状和大小的孔口。一个供吸气用，称作吸气孔口；另一个供排气用，称作排气孔口。

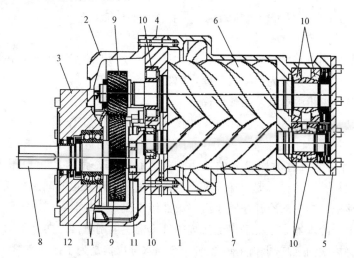

图4-10-2　螺杆空气压缩机的基本结构

1—转子外壳；2—齿轮外壳；3—齿轮箱盖；4—轴承外壳；5—封盖；6—阳转子；7—阴转子；
8—传动轴；9—驱动轮和驱动齿轮；10—转子轴承；11—传动轴轴承；12—轴封

2. 特点

（1）优点。

1）可靠性高。螺杆空气压缩机零部件少，没有易损件，因而它运转可靠，寿命长，大修间隔可达4万～8万h。

2）操作维护方便。螺杆空气压缩机自动化程度高，操作人员不必经过长时间的专业培训，可实现无人值守运转。

3）动力平衡好。螺杆空气压缩机没有不平衡惯性力，机器可平衡地高速工作，可实现无基础运转，特别适合用作移动式压缩机，体积小，重量轻，占地面积少。

4）适应性强。螺杆空气压缩机具有强制输气的特点，容积流量几乎不受排气压力的影响，在宽广的范围内能保持较高的效率，在压缩机结构不做任何改变的情况下，适用于多种介质。

5）多项混输。螺杆空气压缩机的转子齿面间实际上留有间隙，因而能耐液体冲击，可压送含液气体、含粉尘气体、易聚合气体等。

（2）缺点。

1）造价贵。

2）不能用于高压场合。由于受到转子刚度和轴承寿命等方面的限制，螺杆空气压缩机只能适用于中、低压范围，排气压力一般不能超过 3MPa。

3）不能用于微型场合。螺杆空气压缩机依靠间隙密封气体，目前一般只有容积流量大于 $0.2m^2/min$ 时，螺杆空气压缩机才具有优越的性能。

3. 螺杆空气压缩机的分类

螺杆空气压缩机有多种分类方法。按运行方式分为无油空气压缩机和喷油空气压缩机两类；按结构形式分为移动式、固定式等。

三、空气压缩机的参数及工作原理

下面以某 W 形活塞式空气压缩机为例，介绍其参数及工作原理。

某 W 形高压空气压缩机如图 4-10-3 所示。空气压缩机的三个气缸呈 W 形排列，空气压缩机对从空气过滤器吸入的自由空气进行压缩，最终的出口压力最高可达 4.0MPa。气缸的排列方式和趋于平衡驱动系统即使在高速下也能确保空气压缩机的平稳运行。压缩空气的内部冷却在第 1 级和第 2 级由梳式冷却器实现，在第 3 级由一个再冷却管实现。冷却器完全处在轴流风扇的气流中，风扇直接由曲轴驱动。风扇的外罩引导气流直接吹向气缸阀和油池。安装一个油水分离器是为了排放在第 2、3 级压缩，再冷却过程中产生的水分。排水阀由一个独立的控制器操纵。空气压缩机由一个型号为 B3/B5 的电机驱动，电机与压缩机之间由一个弹性联轴器机械地连接起来，电动机与压缩机的曲轴箱通过法兰连接。

设计特点及配备如下。

（1）驱动系统。曲轴由两个滚柱轴承支撑，连接杆轴承是可更换的滑动轴承。活塞销轴承是滚柱轴承，第一级活塞的材质是轻合金，第二、三级的活塞材质是灰铸铁。

（2）润滑。连杆滑动轴承的润滑由一个整体的润滑泵来实现，润滑油由油泵从曲轴箱打出经过过滤器和一些小孔到达润滑点。曲轴箱轴承、活塞销的轴承及活塞都由喷溅的润滑油来润滑，齿轮泵由曲轴经过一个减速齿轮来驱动，一套（超压限制阀）溢流阀来限制油压。

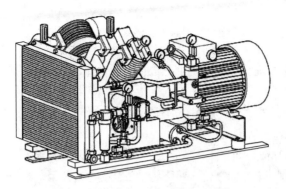

图 4-10-3　某 W 形高压空气压缩机

（3）阀。第 1 级配备了维修方便的同心阀，第 2 级和第 3 级配备了低摩擦的膜片阀。这些配备确保了重要部件的寿命长久。

（4）空气过滤器。空气的吸入过滤器是一个带阻尼管的纸式过滤器。

（5）内部冷却器。第 1 级和第 2 级的梳式冷却器是铝制的，第 3 级冷却器是由腮状的钢管组成的，外表面是镀锌的。

（6）安全装置。每一级高压室都配有安全阀。第 1 级安全阀装在梳式冷却器里，第 2 级安全阀装在第 3 级气缸的头部，第 3 级安全阀装在第 3 级后的分离器上。安全阀的放空压力标在阀上。为控制冷却，一个温度控制器装在最终的分离器上，当温度达到 80℃时，温度控制器给电动机控制系统一个信号关掉空气压缩机。

（7）监控。油位可由一个油位尺来测量，由压力表油压电器监控。第 1 级和第 2 级、第 3 级的压力可由压力表来监控。

（8）自动化。自动操作单元配备有电磁阀来控制分离器的放空和排水。

【思考与练习】

1. 压缩空气在水电站的用途有哪些？

2. 简述压缩空气系统的任务和组成。

3. 活塞式空气压缩机的主要组成部件有哪些？

4. 简述螺杆空气压缩机的基本结构。

▲ 模块 2　空气压缩机安装规范、调试及验收（Z52H1002Ⅱ）

【模块描述】本模块包含空气压缩机的改造工艺要求，通过对空气压缩机安装规范、拆除旧空气压缩机的方法及新空气压缩机安装等操作过程详细介绍，掌握工艺要求，调整试验步骤及验收标准。

【模块内容】

一、安装规范

更换或改造应在充分论证的基础上进行选型设计，选型应根据现场实际需要合理选择空气压缩机形式、压力等级、排气容量、电压等级、冷却方式等。对空气压缩机形式、结构的正确选择，是关系到今后使用和维护的一个重要方面，故在选型购置时，必须考虑下列因素。

（1）各项性能指标及可靠性较好，能满足生产和工艺要求。

（2）结构合理，零件标准化、通用化，工艺先进，使用、维修方便。

（3）安全保护装置、调节装置、专用工具齐全、可靠、先进。

（4）必须与已有气系统的压力等级和用气量相匹配。

设备到货后，应尽快会同有关部门和电气、仪表、设备的安装人员和订货、保管人员等共同开箱验收。按照装箱单、使用说明书及订货合同上的要求，认真检查设备各部位的外表有无损伤、锈蚀（有条件的，应拆封清洗、检查验收设备内部）；随机零部件、工具、各种验收合格证，以及安装图纸（包括易损件图纸）、技术资料等是否齐全。同时，应做好验收记录。对于从国外引进的设备或重要零部件（如曲轴、连杆、活塞杆、连接螺栓等）应仔细检查，并做无损探伤。发现问题，应当场拍照和记录，及时报有关部门处理。如验收后暂时不安装，可重新涂油，按原包装封好入库保存。

安装空气压缩机前，负责安装的技术人员和操作者必须熟悉设备技术文件和有关技术资料，了解其结构、性能和装配数据，周密考虑装配方法和程序。绝大部分空气压缩机在制造厂内进行了严密的装配和试验，安装时最好不要拆卸、解体，以免破坏原装配状态，除非制造商提供的技术文件中有详细的允许拆卸的说明。回转空气压缩机出厂时已组成整套装置，并经试验检验合格。安装时，仅需按厂家说明，进行整体安装。

安装时，应对结合部位进行检查，如有损坏、变形和锈蚀现象，应处理后安装。

安装用的工具必须适当，如旋紧螺纹时，应使用与其相符的扳手，不应使用活扳手或其他工具代替；有预紧力矩要求的螺纹连接，应按规定力矩旋紧，严禁过松或过紧；对没有预紧力矩要求的螺纹，也应按相应的材料和用途确定预紧力矩，以免松紧失当。

安装后，应认真检查安装精度是否符合技术文件和有关规定的要求，并应做检测记录。对密闭容器、水箱、油箱在安装前，应进行渗漏检查。

空气压缩机的吊装应确保安全，使用合理的吊装设备和工具。应特别注意机件上的各种标记，防止错装、漏装。对安装说明书中的警示、警告应特别注意。

空气压缩机安装后，必须明显标示旋转方向。对所有可能危害人身的运动部件应装设保护装置。对温度超过 80℃的管路应设置防护。气体、液体排放装置的排放口不应威胁人身安全。

对于空气压缩机，一般还有下列要求：

（1）空气压缩机应安装在周围环境清凉的地方。若必须把空气压缩机安装在炎热和多尘的环境，则空气应通过一个吸入导管，从尽可能清凉少尘的地方吸入，并尽可能降低吸入空气的湿度。

（2）吸入的空气不应含有导致内燃或爆炸的易燃烟气或蒸汽，例如，涂料溶剂的蒸汽等。

（3）风冷空气压缩机应安装在冷却空气能畅通的地方。

（4）空气压缩机周围应留有适当的空间，便于进行必要的检查、维护和拆卸。

（5）为维护和试车的安全，应能单独对一台空气压缩机进行停机和开机，而不影响其他空气压缩机运行。

（6）空气压缩机的吸气口应布置在不易吸入操作人员衣服的位置，以避免造成人身伤害。

（7）未配有吸入空气过滤器或筛网系统的空气压缩机，不能安装和使用。

（8）输入功率大于 100kW 的空气压缩机，当过滤器中灰尘或其他物体积聚会引起其两端压力降显著增加时，其每个吸入空气过滤器都应装设压力降指示装置。

除以上要求外，进气和排气管路，进、出水管路和电力线等，都应与空气压缩机上的管路直径和电力线的通流面积匹配，并应连接可靠，走向合理美观、维修方便。空气压缩机排气口至第一个截止阀之间，必须装有安全阀或其他压力释放装置，并保证安全阀能定期校验。在管路（特别是气体进、排气管路）的最低处，应安装排放管，且保证启闭方便。

二、拆除旧空气压缩机

旧空气压缩机的拆除，须断开旧空气压缩机动力电源和控制电源，挂好标记牌。断开机器与其他任何气源的连接，并释放空气压缩机系统内的压力；水冷式空气压缩机另需断开冷却水源，排净空气压缩机内部冷却水。

三、安装空气压缩机

移动式空气压缩机无需建立基础，直接与压缩空气系统建立固定或可拆卸的管路连接即可。非移动式空气压缩机则需根据技术要求进行安装。

1. 无基础空气压缩机的安装

一般中、小型回转空气压缩机，小型的往复式活塞空气压缩机，以及制造厂专门提供的无基础空气压缩机都属于这一类。安装工作应按下述步骤进行：

（1）按空气压缩机室平面布置图或预定的安装位置先确定机器的方位，然后处理地面（若地面是大于 100mm 厚的混凝土地面，即可进行下一步）。

（2）在地面上用墨线划出空气压缩机拟安装位置的轴线，将空气压缩机搬运到预定位置，使空气压缩机的纵、横轴线与地面墨线重合，并在空气压缩机底座下垫橡胶板或木板，检查空气压缩机位置是否合理和操作维护是否方便。若位置合理，可开始找平。

（3）以空气压缩机上与地面平行的加工平面或底座平面作为基准，用水平仪测量水平。纵横水平控制在 0.2mm/m 范围内较好，水平可用垫在机座底下的橡胶板或木板调整。

（4）接气体管路。水冷却空气压缩机应连接进水和出水管路。

（5）完成电气安装。

（6）按说明书规定的其他安装要求完成规定的安装。

2. 有基础不解体空气压缩机的安装

这类空气压缩机主要包括中、小型活塞空气压缩机等。这些空气压缩机在制造厂内大都经过严密的安装、检验和试验。试验后一般不解体，但进行了必要的防锈和包装。有些制造厂拆除了进、排气阀，有的拆除了活塞另行包装。所以，安装此类空气压缩机时，应整体安装，不应解体，以保持原有的精度。

当采用预留地脚螺栓安装时，按照基础施工时划定并保留的空气压缩机轴线，在基础平面上画出空气压缩机轴线和底座（或机身）轮廓，并测量地脚螺栓或预留孔是否符合要求。若不符合要求，应修整预留孔或设法修理预埋螺栓使之符合要求。在地脚螺栓两边放置垫铁，垫铁与机组应均匀接触。放上垫铁后，用精度为 0.02mm/m 的水平尺在纵、横向找平。基础表面的疏松层应铲除，基础表面应铲出麻面。

将空气压缩机吊到预定位置，平稳下落，下落时防止擦伤地脚螺栓螺纹。待空气压缩机放平后，检查机器轴线与预定位置是否相符，并检查垫铁位置与高度是否合理。垫铁应露出空气压缩机底座外缘 10～30mm，且应保证机器底座受力均衡。然后移开吊装设备和工具。测量空气压缩机纵向和横向水平度，每米允许偏差 0.1mm，检查每组垫铁是否垫实。垫铁都平均接触后，开始预紧地脚螺栓，并同时检查水平度的变化。当地脚螺栓均匀旋紧，且力矩达到要求时，空气压缩机水平度也合格，才算找平。否则，应调整垫铁厚度，使水平度达到要求。用 0.25kg 或 0.5kg 的手锤敲击，检查垫铁的松紧程度，应无松动现象。不可使用改变不同位置地脚螺栓力矩的方法使水平度符合要求。

上述工作完成后，即可支模板灌浆。灌浆应在找平找正后 24h 内进行，否则应对找平找正数据进行复测核对。在捣实混凝土时，不得使地脚螺栓歪斜或使空气压缩机产生位移。

当采用预留地脚螺栓孔（二次灌浆法）安装时，在铲平基础及放好垫铁使空气压缩机放平后，初找空气压缩机纵横水平度，挂上地脚螺栓，并调整地脚螺栓高出螺母约 3 个螺距，并检查地脚螺栓铅垂度，允差为 1/100。挂地脚螺栓时，应在螺栓和机座螺栓孔之间垫一定厚度的铜皮，使螺栓保持处于螺栓孔中心，防止在旋紧螺母时，由于螺栓偏心而使空气压缩机产生不应有的移位，铜皮应在灌浆初凝后取出。当灌浆混凝土强度达到设计强度的 75% 时，重新找正空气压缩机，并将地脚螺栓旋紧。上述工作完成后，即可进行管线安装工作。

地脚螺栓与基础的几种连接方式如图 4-10-4 所示。

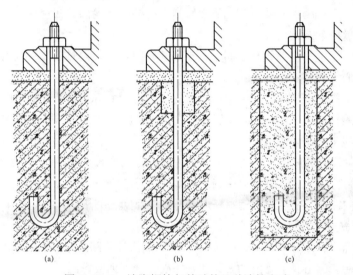

图 4-10-4 地脚螺栓与基础的几种连接方式
（a）全部预埋法；（b）部分预埋法；（c）二次灌浆法

3. 储气罐的安装

固定式空气压缩机通常采用立式储气罐，其高度为直径的 2～3 倍。储气罐可减弱排气时的气流脉动（起缓冲器的作用），稳定输出压缩空气的压力，还可起油水分离器的作用。

（1）储气罐压缩空气的进口一般应接在罐的中、下部，出口接在上部，以利于析出空气中夹带的油和水。

（2）储气罐的最低点必须装设排污阀门，排出的油、水尽量排到油水收集器中后排出。

（3）储气罐应装压力表和安全阀，并定期校验。罐的进口应装止回阀、出口切断阀门。罐的外表应涂耐久性的灰色油漆，并保持漆色明亮，内表面则应涂防锈油漆。

4. 阀门的安装

（1）空气压缩机所用阀门必须有足够的强度和密封性，垫料、填料和紧固零件应符合介质性能所需要求。安装位置应便于操作和维修。

（2）水平管道上的阀门，阀杆应向上垂直或略有倾斜，禁止朝下。一般截止阀介质应自阀的下口流向上口；旋塞、闸阀和隔膜式截止阀允许从任意端流入和流出。

（3）止逆阀的介质流向不得装反。升降式止逆阀应保持阀盘轴线与水平面垂直；旋转式止逆阀摇板（阀瓣）的旋转轴应水平放置。止逆阀在安装前后，必须检查、调整其关闭位置和密封性。

（4）在空气压缩机与储气罐的进气管道上应装设止逆阀，在空气压缩机与止逆阀之间应装设放空管及阀门。

（5）空气压缩机至储气罐之间不宜装切断阀门。如装设时，在空气压缩机与切断阀门之间，必须安装安全阀。

（6）安全阀的开启压力应为工作压力的 1.1 倍，其开启时所能通过的流量，必须大于空气压缩机的排气流量（即能保证尽快排流卸压）。杠杆式安全阀在安装时，必须保证阀座轴线与水平面垂直。

（7）法兰连接的阀门，安装时应保证两法兰的端面平行和同心。螺纹连接的阀门，安装时螺纹应完整无损，并涂以密封胶合剂或在管道上缠生胶带。

（8）阀门在安装前后应转动阀杆，检查其是否灵活（有无卡阻或歪斜）及密封性。

5. 管路安装

空气压缩机管路分为气体管路（主管路）、润滑油管路、冷却水管路、控制和仪表用管路、排污管路五种。管路的安装和制作应符合下列要求：

（1）与空气压缩机连接的管道，安装前必须将内部处理干净，不应有浮锈、熔渣、焊珠及其他杂物。

（2）与空气压缩机连接的管道，其固定焊口一般应远离空气压缩机，以避免焊接应力的影响。法兰副在自由状态下应平行且同心，其间距应以能顺利放入垫片的最小间距为宜。

（3）管路最好弯制或焊接构成，尽量减少法兰和管件的使用；管道之间、管道和设备之间的距离不应小于 100mm；管路的法兰及焊缝不应装入墙壁和不便检修的地方；管路不应有急弯、压扁、折扭等现象，转弯处尽量采用大的圆弧过渡。

（4）管道布置应整齐美观，便于操作维护，不应妨碍通道。

（5）所有气体管道和管件的最大允许工作压力，应至少大于额定排气压力的 1.5 倍或 0.1MPa，两者取最大值，且不应小于安全阀的整定压力。

（6）水管路应装有高点排气、低点排污接头，以便整个系统的气、液排净。气管路也应有低点排污接头。

（7）为补偿输气管道的热胀冷缩，管道每隔 150～250m 宜装设伸缩器。伸缩器用于压缩空气管道上一般有弧形伸缩器和套管式伸缩器两种。

（8）管道的走向应平直，无急弯。为消减气流脉动引起的管道振动，架空管道应选择合理的固定方法、支撑方式、刚度和间距。

（9）所有容器、管道和阀门在新装或大修后，于试车前均应用压缩空气吹扫其中的沙土、杂物等；并必须做耐压试验，合格后方能投入正常运行。

四、空气压缩机试运行

空气压缩机安装结束后需进行试运行，以检验安装质量和设备工作状态是否符合设计要求。

1. 试运行前应具备的条件

（1）空气压缩机主机、驱动机、附属设备及相应的水、电设施均已安装完毕，经检查合格。

（2）土建工程、防护措施、安全设备也已完成。

（3）试运行所需物品，如运行记录、工具、油料、备件、量具等应齐备。

（4）试运行方案已编制，并经审核批准。

（5）试运行人员组织落实，应明确试运行负责人、现场指挥、技术负责人、操作维护人员和安全监护人员。

（6）工作电源已具备，空气压缩机上下游已做好试运行准备。

2. 试验主要项目

（1）冷却水系统通水试验（水冷机组）。

（2）润滑油系统注油。

（3）电动机试转。

（4）空载试运行。

（5）负载试运行。

五、验收

空气压缩机安装后，验收因设备交付状态不同而有所区别。

对于无基础空气压缩机和不解体空气压缩机，一般在出厂时进行了负载试车，安装试运合格后，由使用单位与安装单位共同验收即可。

解体空气压缩机由于进行了解体后的恢复安装，安装后状态是否符合设计制造要求，有待制造厂家确认，空气压缩机安装后的试运行数据也需供货方确认，这些都需要使用单位、安装单位和制造厂共同验收。

验收的依据是空气压缩机的采购合同和有关技术参数，使用单位、安装单位和制造厂的最终检验和试验数据，以及国家有关强制性的标准和法则。

安装施工中各项施工记录，交工文件及各种原始记录应填写清楚，不得缺项，各签章栏内应有签名或印记，并签署日期。安装交工文件和试运行记录应有规定值和实测值以便对照。空气压缩机的安装交工文件应装订成册，按规定的份数分别保管，安装单位应组织有关单位对安装工程质量进行交工验收，经有关方签署交竣工证明后，空气压缩机方可投产使用。

空气压缩机及附属设备的完好标准见表 4–10–2，可作为验收时的参考依据。

表 4–10–2 空气压缩机及附属设备的完好标准

项目	分类	检查内容
设备	主机系统	排气量、工作压力等参数均在设计范围内使用； 附属设备（如空气过滤器、储气罐等）齐全
		运行平稳，声响正常
		气缸无锈蚀和严重拉伤、磨损，气室及曲轴箱清洁，封闭良好
		进、排气阀不漏气，无严重积碳、积灰情况，设备外表清洁、无油污
		各种管路选用、安装合理①，色标分明，无漏气、漏水、漏油现象
	安全装置	安全阀动作灵敏、可靠（包括储气罐的）
		压力表、油压表灵敏可靠，有温度计可进行测温②
		负荷（压力）调节器能调节到生产所需气压
	润滑系统	滤油器效果好，油压不低于 0.1MPa
		按规定牌号使用润滑油，并定期更换，耗油量不超过规定值
		有十字头结构的空气压缩机润滑油温度小于 60℃，无十字头结构的空气压缩机润滑油温度小于 70℃
	冷却系统	应有断水保护装置，冷却水温度不超过 35℃
		二级气缸（包括二级以后的）排气温度小于 160℃（在满负荷情况下）
		冷却装置完好，排水温度小于 45℃（在满负荷情况下）
	电气装置	电动机配备合理，有失压、失励措施
		电气装置（包括控制柜）齐全、可靠，电气仪表指示正确
		防护罩等防护装置牢固、安全、可靠
使用与管理		随机技术档案齐全（有使用说明书、合格证等）。储气罐定期检查，并有记录可查③
		有安全操作规程、运行维护记录，文明卫生、防火措施好
		排污管使用达到要求，做好废油回收工作

注 本表适用于低压活塞式空气压缩机，其他类型可参照执行。

（1）空气压缩机与储气罐之间需装止回阀；空气压缩机与止回阀之间需安装放空管与阀门；储气罐上须安装安全阀，储气罐与安全阀之间一般不得装切断阀门；储气罐与输气总管之间，应装设切断阀门。

（2）一级排气及以后的进、排气温度，运转机构的润滑油温度等处均应在相应位置装设温度计（表）或有测温点，一级排气及以后级的进、排气压，储气罐气压、润滑油压、冷却水压等处均应装设压力表。

（3）储气罐材质、焊接、安装、使用应符合技术要求，有压力容器检验合格证或有关部门验收合格单。

压缩空气管道完好要求如下：

1）压缩空气管道技术档案、资料齐全、正确，有管线图、安装（或改装）施工图、水压试验单等。

2）管道油漆明亮，外表无锈蚀现象，无漏气现象。

3）管道敷设与使用应能满足生产工艺要求，选用管道材料及附件应符合规范要求。管道一般可采用架空敷设，架空管道可沿建筑物、构筑物布置，在用气入口处宜装阀门和压力表。管道宜选用结构合理的支架或吊架妥善支撑。在确定支架的间距时，应考虑管件、管道重量。管道连接一般选用焊接或法兰连接。

压缩空气管道架空或埋地敷设时，与其他工业管道、电力、电信线路之间的水平或垂直交叉净距应满足管道设计规范有关要求。

4）压缩空气管道强度试验（用水试压）。

$$p<0.5\text{MPa 时} \qquad p_a=1.5p$$
$$p\geq0.5\text{MPa 时} \qquad p_a=1.25p$$

式中 p——工作压力，MPa；

p_a——试验压力（不得小于 0.3MPa）。

试验程序：升压至试验压力，保持 20min 做外观检查无异状，再降至工作压力进行检查，无渗漏为合格。

【思考与练习】

1. 空气压缩机在选型购置时，必须考虑哪些因素？
2. 简述无基础空气压缩机的安装步骤。
3. 地脚螺栓与基础的连接方式有几种？画出相应示意图。
4. 空气压缩机管路一般有哪几种？
5. 简述空载试运行的步骤。

▲ 模块 3 空气压缩机的更新改造方案（Z52H1003Ⅱ）

【**模块描述**】本模块介绍空气压缩机更新改造方案的制订，通过案例的学习，遵照标准化作业指导书，掌握正确编写空气压缩机的更新改造工作方案制订方法。

【**模块内容**】

一、空气压缩机改造工作方案的编写

空气压缩机改造工作方案的编写，一般包括以下几个方面。

（一）工程概况

包括工程项目、施工目的、工期要求、工程施工特点及施工单位。

（二）施工组织机构及组织管理措施

1. 建立施工组织机构（略）

2. 建立健全工程管理制度（略）

（三）施工准备

包括技术资料准备、工器具及材料准备、劳动力配置、施工现场准备。

（四）施工步骤、方法及质量标准

1. 作业流程

以图的形式确定施工顺序。

2. 施工步骤、方法（略）

3. 施工质量标准（略）

（五）编制施工进度计划

工程的计划开、竣工日期及进度用工程进度横道图表示。

（六）质量管理控制措施

1. 质量管理措施（略）

2. 质量控制措施

（1）设立三级验收点。

（2）现场检查验收制度。

（七）环保及文明生产控制措施（略）

（八）安全组织措施（略）

1. 危险点分析及控制措施（略）

2. 一般安全措施（略）

（九）施工平面布置图（略）

二、空气压缩机改造工作流程

空气压缩机改造工作流程如图 4-10-5 所示。

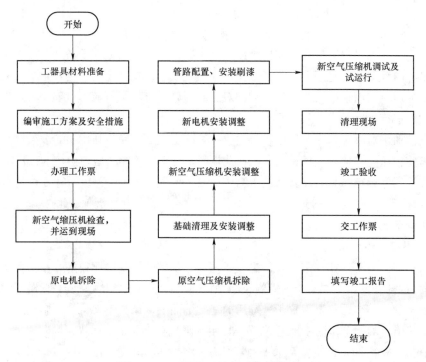

图 4-10-5　空气压缩机改造工作流程

【案例】WP126 型空气压缩机安装工程施工技术方案

（一）工程概况

某厂高压风系统原有 3S50-10 型空气压缩机两台，现计划更换为三台 WP126L 型空气压缩机。

（二）施工组织机构及组织管理措施

1. 建立施工组织机构（略）

2. 建立健全工程管理制度（略）

（三）施工准备

1. 技术资料准备

根据工程的技术要求及设备说明书，编制并审批施工方案及施工安全措施，准备项目验收单，收集新设备图纸及说明书，准备验收规范。

2. 工器具及材料准备（略）

3. 施工现场准备

对现场进行勘察和测量，确定施工场地，并设置作业围栏，见施工布置图所示。

（四）施工步骤、方法及质量标准

1. WP126L 空气压缩机安装工程的基本要求及工序流程

新空气压缩机安装位置仍在原高压空气压缩机室内。根据现场条件考虑施工期间原 3S50-10 空气压缩机正常运行、新空气压缩机安装后检修空间、电气盘屏安装等合理布置。新空气压缩机安装、调试期间对原高压风系统的影响应尽可能小，以保证机组的安全运行。

安装前，对原 1 号空气压缩机接引临时管路至原 2 号空气压缩机。安装时，先进行 3 号空气压缩机的安装调试工作，在此期间，压空气压缩机室内两台 3S50-10 型空气压缩机正常运行，只需在新空气压缩机接入系统施工时短时停机。待 3 号空气压缩机投入运行后，将两台 3S50-10 型空气压缩机退出运行，整体拆除。此时 1、2 号空气压缩机具备安装条件，可安装。

2. 空气压缩机机械部分安装

（1）基础施工。在安装间画出空气压缩机的基础轴线及底座轮廓。将基础地面铲出麻面，局部开挖露出混凝土内钢筋 3~4 处或插筋。参考空气压缩机地脚螺栓孔尺寸，用槽钢制作一钢架。将钢架置于处理后的基础地面上，调整钢架位置到空气压缩机的基础轴线上，钢架上平面距地面 330mm，用水平尺在钢架上平面纵、横向找平，调整到 0.10mm/m 内即可。位置及水平调整好后，将钢架与地面基础钢筋点焊固定，应确保可靠连接，无松动。复测水平及轴线位置合格。

上述工作完成后，即可支模板灌浆。混凝土基础墩高度为 280mm。

（2）管路配制。当基础混凝土达到使用强度后，将空气压缩机吊入安装位置，缓慢下落至基础钢架上，调整水平，紧固地脚螺栓。然后进行管路配制。

管路共有两路。一路为空气压缩机出口排气管，一路为空气压缩机冷凝排污管路。

空气压缩机出口排气管固定部分管路采用 $\phi32$ 厚壁无缝钢管。出口高压软管经可焊接管接头与 $\phi32$ 厚壁无缝钢管连接，再经出口阀（DN25 截止阀）后汇入 $\phi45$ 干管，再经 DN40 截止阀（原 1 号空气压缩机出口×××阀）进入高压风系统。空气压缩机冷凝排污管路经内径 $\phi60$ 橡胶软管后汇入 $\phi60$ 排污干管，$\phi60$ 橡胶软管与排污干管采用 2.5″管卡子与排污干管连接。

所有焊接后的管路安装前应进行彻底清扫，焊缝应经仔细检查，有条件应进行探伤或耐压试验。

（3）其他安装工作。管路配制完成后，将空气压缩机其他附属部件（如各种表计、安全阀、进气阀等）未安装部件全部装配好。其中，表计、安全阀应经校验合格。

3. 空气压缩机安装后整体调试

（1）启动试运行前应具备的条件。

1）启动试运前需由厂家技术人员到现场培训指导,空气压缩机首次启动试运行时必须有厂家技术人员参加。

2）空气压缩机及其连接管路、阀门安装完毕，空气压缩机系统与高压风系统已可靠接入；管路、阀门应严密（阀门安装前做严密性试验，管路做通压试验），管路内应清洁、无杂物；检查空气压缩机各部紧固螺栓、管路等应无松动，保护罩应完好；检查空气压缩机排污阀应全开；空气压缩机手动盘车应转动灵活无整劲现象，风扇转动灵活。

3）电气盘屏、电缆线安装完毕，检查确认电气连接正确、牢固。

4）储气罐及管路上的相关附件（传感器、压力开关、表计、安全阀）安装完毕（或检查具备试运条件），且压力开关定值整定完毕；表计、安全阀校验合格。

5）检查曲轴箱内润滑油位应合格。

6）空气压缩机室内应清洁、无杂物，确保空气压缩机运转时无灰尘、金属屑等。

（2）启动试运行。

1）试转。

a. 试转前断开空气压缩机出口管路，打开空气压缩机排污阀。检查系统无异常，空气压缩机已具备运转条件。

b. 检查电机转向是否正确。合动力电源隔离开关，智能控制器获得电源，显示屏显示电压，电源指示灯亮。按下"启动"按钮后，立即按"紧急停机"按钮，检查电机转向应与电机上的贴花转向相同（或从电机非驱动端看为顺时针旋转）。如转向不对应，调整接线后再次检查转向。

2）空气压缩机空载运行。确定电机转向正确后，按启动按钮后，立即按卸载按钮，空气压缩机便一直运行在空载运行状态。第一次空载运行时间宜短（可运行 1min），空载运行时空气压缩机振动应很小，无异常声响，温度、压力、油压应正常。停车后检查各部应无异常现象。如一切正常再次启动空气压缩机，让空气压缩机运行在空载工况 30min。各部应无异常现象（温度、压力、油压、声音），停车检查，各部紧固件应无松动。

3）空气压缩机带负荷运行（手动）。如空气压缩机空载运行正常，可带负荷运行。恢复空气压缩机出口管路，按空气压缩机启动按钮，空气压缩机达到额定转速后，依次自动关闭各级排污阀，空气压缩机即开始带负荷运行。空气压缩机带负荷运行时，各运动部件应无异常响声；空气压缩机振动不应过大。带负荷运行 5min，停车检查空气压缩机各部位应无明显温升，各连接部件应无漏气、漏油和松动等现象。检查一切正常后，再启动空气压缩机继续向储气罐打压，监视储气罐压力上升情况（空气压缩机第一次带负荷运行可在较低压力下进行。方法为单独向一个脱离系统的排压后的储气罐打压，然后逐渐升高压力）。

4）空气压缩机自动运行。自动控制系统全部投入，对空气压缩机进行自动启停试验和备用空气压缩机启动试验。

a. 空气压缩机自动启停试验。对空气压缩机进行自动启停试验，空气压缩机应按整定值启停。试验时，需以单个储气罐为负载进行。缓慢排掉储气罐压力，检查空气压缩机运行应正常。

b. 备用空气压缩机启动试验。模拟自动空气压缩机故障，负载压力降低，备用空气压缩机应按整定值启动，此项试验也需以单个储气罐为负载进行。

（3）投入系统运行。试验合格后，恢复各储气罐进、出口阀，检查新安装的系统管路有无漏点，空气压缩机运行有无异常。经厂验收合格后，新系统即可投入使用。

4. 3S50–10型空气压缩机拆除

新空气压缩机经试运合格后，投入运行。原旧3S50–10型空气压缩机即可整体拆除。拆除前，应检查空气压缩机出口管路、排污管路、各表计连接管路已全部拆除，空气压缩机一次、二次接线也已全部拆除。拆除空气压缩机四个地脚连接螺栓，由起重人员将空气压缩机整体吊出，运至指定地。

（五）编制施工进度计划（略）

（六）质量管理控制措施（略）

（七）环保及文明生产控制措施（略）

（八）安全组织措施（略）

（九）施工平面布置图（略）

【思考与练习】

1. 空气压缩机改造工作方案的编写，一般包括哪几个方面？

2. 空气压缩机改造施工准备包括哪些内容？

3. 绘出空气压缩机改造工作流程图。

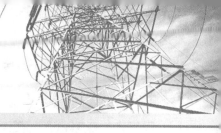

国家电网有限公司
技能人员专业培训教材　水轮机调速器机械检修

第十一章

空气压缩机检修、维护

▲ 模块 1　空气压缩机检修工作流程及质量标准
（Z52H2001Ⅱ）

【模块描述】本模块包含空气压缩机的检修工作流程及质量标准，通过空气压缩机检修内容及检修工作流程知识讲解及案例分析，熟悉掌握制定空气压缩机检修（大、小修）计划的制订方法。

【模块内容】

由于空气压缩机是在高温、高压条件下连续运转的动力设备，经过长期的运行，其零部件都会有不同程度的磨损，使性能降低甚至失效。为保证空气压缩机应有的性能而持续、正常、不间断地供气，除本身的材质、制造及装配质量、正确的操作外，在很大程度上同维护保养和检修的好坏有关。因此，要求操作和维修人员必须遵照有关规定，认真做好空气压缩机的维护保养和检查修理工作。

对各型空气压缩机的维修方式、周期及内容，各制造厂家和使用单位的规定虽有不同，但都是建立在日常维护保养工作的基础上。通过合理安排的各种维修活动，使空气压缩机在整个寿命周期内，提高其运行的安全性和可靠性，保持良好的技术状态，延长使用寿命；达到维修费用最低，创造价值最高，提高设备综合利用效率。

一、压缩空气系统检修计划制定

空气压缩机的检修工作，大多数项目已在定期保养时进行，在此，只介绍大修方面的有关内容。

1. 大修的时间

应根据技术文件规定或累计运行小时，维修、运行等原始记录与资料，结合设备的精度、性能现状等进行综合分析后来确定合理的大修时间。检修间隔与工期见表 4-11-1。

表 4–11–1　　　　　　　　　检 修 间 隔 与 工 期

序号	检修类别	间隔	工期	备注
1	巡回检查	一周	半天	可视情况而定
2	小修	半年	7 天	可视情况而定
3	大修	一年	20 天	可视情况而定

2. 大修前的准备工作

（1）技术准备工作。主要有修前预检，图纸、资料的准备，制定修理工艺，编制更换件的修复制造工艺，以及工、检、研具的选用与设计等方面的工作。

（2）生产准备工作。主要是组织好修理所需更换件、外购件的配套和特殊材料的准备工作。要有计划、有重点地进行，以免造成准备不足而延误时间或过剩时的经济损失。

3. 大修内容

空气压缩机检修一般进行以下主要内容：

（1）空气压缩机全部解体清洗。

（2）镗磨气缸或更换气缸套，并做水压试验。未经修理过的气缸使用 4～6 年后，需试压一次。

（3）检查、更换连杆大小头瓦、主轴瓦，按技术要求刮研和调整间隙。

（4）检查曲轴、十字头与滑道的磨损情况，进行修理或更换。

（5）修理或更换活塞或活塞环；检查活塞杆长度及磨损情况，必要时应更换。

（6）检查全部填料，无法修复时予以更换。

（7）曲轴、连杆、连杆螺栓、活塞杆、十字头销（或活塞销），不论新旧都应做无损探伤检查。

（8）校正各配合部件的中心与水平；检查、调整带轮或飞轮径向或轴向的跳动。

（9）检查、修理气缸水套、各冷却器、油水分离器、缓冲器、储气罐、空气过滤器、管道、阀门等，无法修复者予以更换，直至整件更换，并进行水压与气密性试验。

（10）检修油管、油杯、油泵、注油器、止回阀、油过滤器，更换已损坏的零件和过滤网。

（11）校验或更换全部仪表、安全阀。

（12）检修负荷调节器和油压、油温、水流继电器（或停水断路器）等安全保护装置。

（13）检修全部气阀及调节装置，更换损坏的零部件。

（14）检查传动皮带的磨损情况，必要时全部更换。

（15）检查机身、基础件的状态，并修复缺陷。

（16）大修后的空气压缩机，在装配过程中，应测量下列项目：

1）各级活塞的内外止点间隙。

2）十字头与滑道的径向间隙和接触情况。

3）连杆轴径与大头瓦的径向间隙和接触情况。

4）十字头销与连杆小头瓦的径向间隙和接触情况。

5）填料各处间隙。

6）连杆螺栓的预紧度。

7）活塞杆全行程的跳动。

对不符合技术要求的，应予以修理、调整。

（17）试压和试运转后，防腐涂漆。

（18）吸收新工艺、新技术，以提高设备性能，达到安全、经济运行的目的。

空气压缩机检修具体内容应根据设备实际运行状况及以往检修经验，有针对性确定检修内容。做到有的放矢，以提高检修质量。

二、压缩空气系统检修质量标准

压缩空气系统是由空气压缩机及其附件、储气罐、供气管路和用气设备等组成的。在不同电厂，压缩空气系统结构各不相同，而最大区别则在于空气压缩机产品形式多样，因此，不同空气压缩机对其检修要求也有区别。下面，只就压缩空气系统检修共性的部分，归纳了一些检修要求，供参考。

1. 活塞式空气压缩机检修质量标准

活塞式空气压缩机检修质量标准见表 4–11–2。

表 4–11–2　　　　　　　　活塞式空气压缩机检修质量标准

序号	检修项目	质量标准
1	各部连接管路及滤过器清扫检查	各管路无腐蚀和积碳，清扫干净，滤过器完整干净，各接头丝扣完好
2	冷却器及风扇检修（风冷）	冷却器吹扫干净，用水压耐压无泄漏，风扇调整好中心，转动灵活，皮带紧度适当
3	冷却器检修（水冷）	各级冷却器清扫干净，螺旋片、蛇形管、冷却管清洁、完好，无渗漏
4	一级阀组检修	弹簧阀片无严重磨损、刻痕，结碳清除，气缸有头螺钉及阀片有头螺钉扭矩符合要求

续表

序号	检修项目	质量标准
5	二级阀组检修	无严重磨损,密封面无泄漏,双缝自锁螺母紧固扭矩符合要求。组装后用气、油试验5min无泄漏
6	三级阀组检修	阀片和环的周边应与其配合座完全吻合,吻合线磨损量达到片或阀厚度的10%应更换,组装后无泄漏,动作灵活;汽油试验5min,各部有头螺钉,螺母的扭矩符合要求
7	活塞、连杆气缸检修	检查活塞环磨损,环槽磨损,检查气缸磨损,轴头销磨损,各种配合间隙符合要求
8	曲轴及轴承检修	曲轴转动灵活平稳,润滑油畅通。轴向窜动小于0.1mm,轴颈椭圆度、锥度小于0.02mm,曲轴各部配合间隙符合要求
9	曲轴箱排、充油及清扫	将脏油排出,清扫干净注入合格的新油,型号符合要求。油面加至油面计上端,加油前要将滤过器清扫干净,检查有无损坏
10	电动机拆装	联轴器完好,对轮间隙应在0.5~2mm,偏心应小于0.1mm,装后转动灵活
11	排污阀分解检查	阀杆动作灵活,止口完好
12	气水分离器清扫检查	清扫干净,检查无严重腐蚀,装后不漏气
13	安全阀及压力表校验检查	空气压缩机上安全阀的整定值按规定整定,压力罐上的安全阀参照DL/T 612—2017《电力行业锅炉压力容器安全监督规程》。动作值调整到工作压力的1.08~1.1倍,调整完安装前用汽油试验不漏(5min)
14	止回阀分解检查	动作灵活,不漏风,无腐蚀
15	油泵分解检查	检查螺旋齿轮的磨损及油泵驱动销的磨损,组装后不漏油,转动灵活
16	各阀门检修	阀体动作灵活,不漏风
17	冷却器检查	检查空气冷却器有无磨损松动,两次大修要对冷却器耐压试验一次
18	高低压储气罐检验	参照 DL/T 612—2017《电力行业锅炉压力容器安全监督规程》,外部检查每年不少于一次,安全等级1~3级的压力容器每6年进行一次内、外部检验,安全等级为3~4级的压力容器每3年进行一次内、外部检验。检验后清扫干净。应用10年须做耐压试验,无泄漏

2. 螺杆式空气压缩机检修质量标准

螺杆式空气压缩机检修质量标准见表4-11-3。

表4-11-3　　　　　螺杆式空气压缩机检修质量标准

序号	检修项目	质量标准
1	进气过滤系统检修	空气滤清器应清洁、无杂物; 步进电机动作正常; 联轴器、限位器、限位臂无裂痕和破损等现象; 各处密封垫、密封盖应完好

续表

序号	检修项目	质量标准
2	压缩机主机检修	阴、阳转子应啮合良好，表面光洁，无毛刺、裂纹等现象； 两根轴表面应光洁、无锈蚀现象； 圆锥滚柱轴承应转动灵活，旋转时无异声； 阳转子、阴转子与壳体的间隙符合要求
3	油分离系统检修	分离筒内应清洁、无杂物； 导流板无断裂等现象； 更换新的油分离器滤芯； 油分离筒体内回油过滤网清洁，小孔畅通； 安全阀校验合格； 最小压力阀、断油阀分解、清扫干净，回装后试验动作正常； 油过滤器内清洁、无杂物； 更换新的油过滤器滤芯； 更换新的油分离筒下部软管； 检查各部密封垫完好，回装后各处无渗漏
4	风冷却系统检修	油冷却器表面清洁； 风扇叶无裂纹、破损等，表面清洁； 风扇罩网格无破损； 后冷却器表面清洁； 水分离器内锈垢清扫干净； 更换各连接软管； 检查各处密封垫应完好，回装后各处无渗漏
5	储气罐检修	容器铭牌完好； 容器外表面无裂纹、变形等不正常现象； 容器的管路、焊缝、受压元件等无渗漏； 地脚螺栓紧固完好，基础无下沉、倾斜等现象； 安全阀校验合格； 压力表校验合格
6	各阀门检修	更换各阀门密封垫； 检修后阀门操作灵活，煤油试验无渗漏

三、压缩空气系统调整试验标准

（1）空气压缩机运行时的规定工况。

1）水冷空气压缩机冷却水用水量见表 4-11-4。

表 4-11-4　　　　　　　　水冷空气压缩机冷却水用水量

额定排气压力（MPa）	0.7（0.8）	1.0	1.25
规定工况下的冷却水量（L/m³）	2.5	3.0	3.5

注　当空气压缩机在非规定工况下运行时，其冷却水量将随进水温度的变化而变化。

2）风冷空气压缩机冷却空气温度：为吸气温度 20℃时相应所处的环境温度，单位为℃。

3）排气压力：符合铭牌或现场实际需要（不高于铭牌压力）要求，单位为MPa。

4）转速：按产品技术文件规定，单位为r/min。

（2）空气压缩机在规定工况下的实际容积流量应不低于公称容积流量的95%。

（3）空气压缩机一级吸气温度不应超过40℃，水冷空气压缩机冷却水进水温度不应超过35℃。

（4）有油润滑的空气压缩机，每级压缩后的排气温度不应超过180℃；使用合成润滑油的空气压缩机或无油润滑的空气压缩机，则不应超过200℃。空气压缩机机身或曲轴箱内的润滑油温度不应超过70℃。

（5）润滑油压力系统中应设全流量过滤器和油压指示仪表。油过滤器精度至少为0.08mm，润滑油压力应不低于0.1MPa并可调，润滑系统能承受的压力应不低于0.4MPa。

（6）空气压缩机每一压缩级后应设安全阀，在其工作时应保证系统中的受压元件所受压力不超过其最大工作压力的1.1倍。安全阀应符合JB/T 6441—2008《压缩机用安全阀》及TSG 21—2016《固定式压力容器安全技术监察规程》的有关规定。

（7）空气压缩机的储气罐应符合JB/T 8867—2015《固定的往复活塞空气压缩机储气罐》的规定，其他钢制压力容器应符合GB 150—2011《压力容器》及TSG 21—2016《固定式压力容器安全技术监察规程》的有关规定。

（8）空气压缩机应设自动调节系统，该系统应能根据储气罐中气体压力的改变自动进行调节，减少容积流量时，应保证降低空气压缩机所需功率。

（9）空气压缩机的气路、水路、油路的连接应保证密封，不应互相渗漏和外泄。

（10）空气压缩机的气缸、气缸盖、气缸座、活塞、湿式气缸套、铸造的冷却器壳体等受压零件的气腔应以不低于最高工作压力的1.5倍做水压试验；气缸、气缸盖和气缸座等零件的水腔应做水压试验，不应渗漏。

（11）空气压缩机的振动烈度不应超过规定。空气压缩机的振动烈度见表4-11-5。

表4-11-5　　　　　　　　　空气压缩机的振动烈度

空气压缩机类型	振动烈度
对称平衡型	18.0
角度式（L形、V形、W形、星形、扇形）、对置式、立式	28.0
卧式、无基础	45.0

（12）空气压缩机主要易损件的更换时间应不少于规定值。空气压缩机主要易损件的更换时间见表4-11-6。

表4-11-6　　　　　　　　　　空气压缩机主要易损件的更换时间

主要易损件名称		阀片	气阀弹簧	活塞环	填料
更换时间（h）	有油机	4000		6000	4000
	无油机	2000			

注　更换时间为可有效使用时间。

（13）空气压缩机应设有报警、报警停车安全保护装置，并在发生下列情况之一时能报警或报警停车。

1）润滑油油压过低。

2）水冷空气压缩机冷却水温度过高或冷却水中断。

3）排气温度超过规定值。

4）系统压力和空气压缩机出口气压超过规定值。

（14）空气压缩机的油、水、气管路及压力表的管路应排列整齐，单管的弯曲应圆滑，排管的弯曲圆弧应一致。空气压缩机外表面油漆应光洁。紧固件、操作件应做装饰处理。对喷涂油漆的风冷空气压缩机气缸及气缸盖外表面，不应打腻子，且油漆应具有良好的导热性和耐热性。

以上空气压缩机调整试验标准具体要求节选自 GB/T 13279—2015《一般用固定的往复活塞空气压缩机》。回转式螺杆空气压缩可执行 JB/T 6430—2014《一般用喷油螺杆空气压缩机》。

（15）螺杆空气压缩机的规定工况如下。

1）水冷螺杆空气压缩机油冷却器冷却水量见表4-11-7。

表4-11-7　　　　　　　　水冷螺杆空气压缩机油冷却器冷却水量

公称排气压力（MPa）	0.7	1.0	1.25
规定工况下冷却水量（L/m³）	4	4.8	5.6

2）风冷螺杆空气压缩机冷却空气温度为吸气温度20℃时相应所处的环境温度，单位为℃。

3）排气压力按铭牌或现场实际需要（不高于铭牌压力）规定，单位为MPa。

4）转速为产品技术文件规定的额定转速，单位为r/min。

（16）螺杆空气压缩机在规定工况下的实际容积流量应不低于公称容积流量的95%。

（17）螺杆空气压缩机在规定工况下的比功率、噪声声功率级应符合规定。

（18）螺杆空气压缩机压缩每立方米空气所消耗的润滑油应不大于 50mg。

（19）当一级吸气温度为 40℃、冷却水进水温度小于等于 30℃ 及总压力比为公称值时，其排气温度应不超过 110℃，但各级压缩空气的最低温度应不低于其露点温度。有后冷却器情况下，其水冷螺杆空气压缩机组的供气温度应不超过 40℃。

（20）螺杆空气压缩机的吸气口应设置空气滤清器，保证吸入的空气清洁。

（21）螺杆空气压缩机的主要排气口应装设止回阀，其启闭灵敏、可靠。

（22）螺杆空气压缩机应设置安全阀。安全阀应灵敏、动作可靠，并应符合 GB/T 12243—2005《弹簧直接载荷式安全阀》和 TSG 21—2016《固定式压力容器安全技术监察规程》中的有关规定。

（23）螺杆空气压缩机应设有流量自动调节装置，当流量减小时，轴功率应能相应降低。

（24）润滑油系统中，应设置全流量过滤器。油过滤器至少应能滤掉 40μm 的微粒。

（25）螺杆空气压缩机的气路、油路和水路系统应连接可靠、密封性好，不应有任何相互渗漏和外泄现象。

（26）螺杆空气压缩机的排气侧应设置油气分离器。设有后冷却器时，还应设置疏水阀。

（27）机壳、排气端盖、排气腔的工作表面及油泵体等受压部件，应以最大允许工作压力的 1.5 倍进行水压试验，历时 30min 不得渗漏。

（28）螺杆空气压缩机设有增速箱时，箱体应做渗漏试验，灌注煤油后需经 2h 观察，不得有渗漏现象。

（29）螺杆空气压缩机的钢制压力容器应符合 GB 150—2011《压力容器》及 TSG 21—2016《固定式压力容器安全技术监察规程》的规定。

（30）螺杆空气压缩机转子和联轴器体为锻件时，应按规定制造和验收；当转子直径大于 250mm 时，应每根做超声波探伤检查，其缺陷等级应不超过 4 级。转子外圆、型面、齿槽、各主轴颈表面不得有裂纹、冷隔、铁豆、缩松、气孔及夹杂物等影响质量的缺陷，其摩擦表面上不得有凹痕、毛刺和碰伤。转子的齿形误差、导程误差、分度误差，转子、机壳等重要零件的主要尺寸公差、表面粗糙度、形位公差等均应符合图样的规定。

（31）机组和隔声罩的外表面，应涂上油漆，漆膜应具有一定的耐温和耐腐蚀性能，油漆表面应平整光滑、色泽一致、美观大方，不允许有凸凹损伤和油漆剥落等影响外观质量的缺陷存在。

【思考与练习】

1. 空气压缩机大修前的技术准备工作有哪些？

2. 对高低压储气罐检验有何规定？

3. 对安全阀及压力表校验的基本要求有哪些？

4. 空气压缩机在发生哪些情况时能报警或报警停车？

模块2 空气压缩机检修（Z52H2002Ⅱ）

【模块描述】本模块涉及空气压缩机检修工艺，通过空气压缩机检修安全技术措施及检修注意事项和工艺介绍，掌握空气压缩机检修工艺要求及调整试验方法、步骤及标准。

【模块内容】

压缩空气系统检修主要包括空气压缩机的检修、管路、阀门、储气罐、油水分离器的检修、表计附件等的检修。在现场实际工作中，空气压缩机的检修是检修人员对压缩空气系统检修的最主要内容，以下将介绍空气压缩机检修安全、技术要求，并结合典型设备的检修步骤、项目来了解空气压缩机及压缩空气系统其他附件的检修过程。

一、空气压缩机检修安全技术措施

1. 空气压缩机检修的一般安全措施

（1）机组停机。

（2）断开设备控制及动力电源。

（3）关闭和设备连接的所有油、水、风管路。

（4）排掉管路余压。

（5）动火作业、高处作业及进行其他重要作业，应履行相关审批措施，现场采取必要的安全防范措施。

2. 空气压缩机检修的一般技术措施

（1）根据该设备存在的缺陷及问题，制定检修项目及检修技术方案。

（2）根据实际情况和检修工期，拟定检修进度网络图及安全措施。

（3）了解设备结构，熟悉有关图纸，资料。明确检修任务、检修工艺及质量标准。

（4）检修工作前，对工作人员进行相关的技术交底和安全教育。

（5）设专人负责现场记录、技术总结、检修配件测绘等工作。

（6）根据检修内容，备全检修工具，提出备品备件、工具、材料计划。

（7）对检修设备完成检修前试验。

（8）实行三级验收制度，填写验收记录，验收人员签名。

（9）试运行期间，检修和验收人员应共同检查设备的技术状况和运行情况。

（10）设备检修后，应及时整理检修技术资料，编写检修总结报告。

（11）设置检修标准化作业牌，并放置作业指导书（卡）及安全措施。

二、空气压缩机检修注意事项

（1）部件分解前应熟悉图纸，了解结构，分解时应注意各配合位置。

（2）开工作票，工作负责人要向工作组成员交代和系统分开的位置。

（3）拆装时注意各结构相同部件的位置，应做好记录，分别存放。

（4）拆卸后的部件注意盘根，垫的厚度，各油孔、接头应随时封堵包好，防止杂物进入。

（5）拆卸后的部件注意保管，用汽油清扫干净后，应用白布擦干，保证各零件的孔口畅通。

（6）组装时，各连接件的螺母要用标准开口扳子拆装，用力要均匀适当。要求有扭矩的地方，一定要使用力矩扳手。

（7）检修中不得用脚踏压力管路。分解时，要将管路内的压力排尽，方可作业。

（8）修后试运行时，要先用手搬动联轴器转动一周，无异常方可启动试运，试运时空气压缩机出口管路要解开，运转正常，确认无问题时方可连接系统。

（9）检查系统阀门关、开正确，方可带负荷试运，试运时要有负责人指挥，分工明确，出现问题停止试运。

三、空气压缩机检修具体内容

1. 绍尔 WP271L 型空气压缩机分解检修（三级压缩活塞式空压机）

（1）检查连接的安全性。检查管道、气缸、曲轴箱所有螺杆、螺母连接的坚固程度。在保养期间发现螺杆、螺母松动，对其紧固。以后运行时间每满 50h 须重新检查其松紧度。

（2）换油。大修后必须换油，所有接下来的换油频率是每运行 1000h 换一次，但是至少一年一次。

（3）清洁空气过滤器。打开支架取出空气过滤器，插进一个新的空气过滤器，然后盖上支架盖子。

（4）检修阀。第一极同心阀如图 4-11-1 所示，第二极膜片阀如图 4-11-2 所示，第三极膜片阀如图 4-11-3 所示。

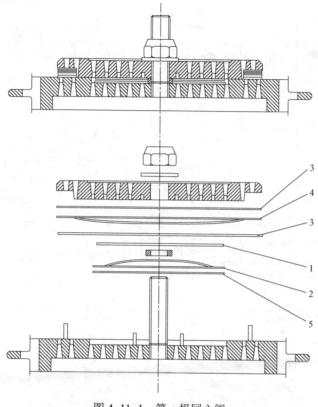

图 4-11-1　第一极同心阀
1—进气阀板；2—进气阀簧；3—排气阀板；4—排气阀簧；5—进气阀板

1）第一极同心阀的解体。注意：不应破坏封条区域，不能用钳子等类似工具夹阀。

检查阀的零件，看阀板和弹簧上是否有损坏或产生碳化物。在清洗阀的零件时应避免损坏零件，最好是把零件浸泡在汽油里，特别注意检查阀座上的密封圈和阀片。密封圈上任何细小损伤的修复可通过抛光的化合物打磨的方法来实现。受损的阀件在任何情况下都应该更换。

2）检查第二极、第三极的膜片阀。必须检查阀的碳化合损伤情况，如果膜片碳化严重或受损，那么就必须换阀。

3）阀的组装。与阀解体程序相反的程序为组装程序，组装阀时要换上新的垫圈、填料。垫圈、填料生产都有小的公差。这是专门为这种装配而设计的。在填料、垫圈上的任何修改都会导致泄漏和空气压缩机的重大损坏。

（5）活塞环的检修。

1）按照"阀的解体"描述的方法拆下气缸头和阀。

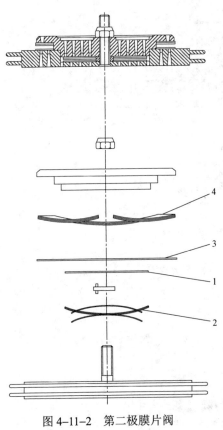

图 4-11-2 第二极膜片阀

1—进气阀板；2—进气阀簧；3—排气阀板；
4—排气阀簧

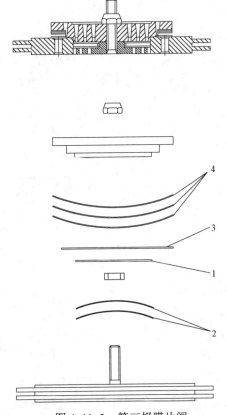

图 4-11-3 第三极膜片阀

1—进气阀板；2—进气阀簧；3—排气阀板；4—排气阀
簧 1）阀的拆卸。先分解气缸头部的输送压力空气管道
上的法兰，拆除气缸头部的螺母，取下气缸，取出阀

2）松开气缸底部螺母、拆下气缸，在这个过程中严防气缸撞击曲轴箱。

3）拆掉定位圈后卸下活塞销，然后拆下活塞。

从活塞上拆下活塞环放进气缸，用滑规测量一下活塞环与气缸之间的间隙，如果超过以下测量值，必须更换活塞环。

a. 第 1 级：1.3mm。

b. 第 2 级：0.75mm。

c. 第 3 级：0.55mm。

4）按相反的程序装配，安装活塞环时注意方位的正确性，记号 TOP 必须朝上，活塞环装配方向如图 4-11-4 所示。

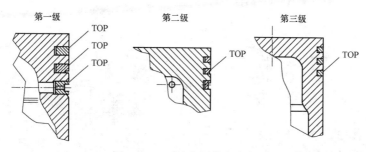

图 4-11-4　活塞环装配方向

（6）更换活塞销及活塞销轴承。

1）按照"活塞环的检修"描述的方法拆下活塞。

2）打开检查孔盖，拆小连接杆。

3）将活塞销轴承从连接杆的小孔里推出来，换掉轴承和活塞销，按相反的顺序组装，注意连接杆的位置正确与否。

（7）活塞与气缸的检修。第一级气缸带缸头如图 4-11-5 所示，第二级气缸带缸头如图 4-11-6 所示，第三级气缸带缸头如图 4-11-7 所示。

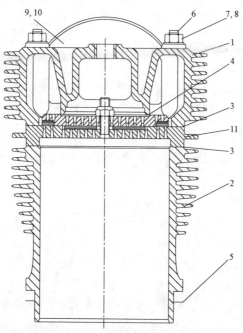

图 4-11-5　第一级气缸带缸头

1—第一级气缸头；2—第一级气缸；3—第一级缸头密封；4—低误差密封垫；5—第一级缸脚密封；
6—柱头螺栓；7—六角螺母；8—垫圈；9—空气过滤器；10—第一级同心阀；11—空气过滤器滤芯

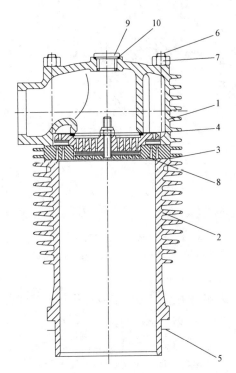

图 4-11-6 第二级气缸带缸头

1—第 2 级气缸头；2—第 2 级气缸；3—第 2 级缸头密封；
4—低误差密封垫；5—第 2 级缸脚密封；6—柱头螺栓；
7—六角螺母；8—第 2 级同心阀；9—螺塞；10—密封垫

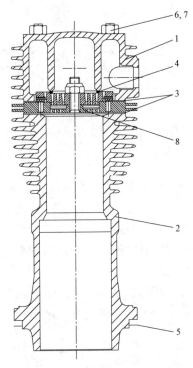

图 4-11-7 第三级气缸带缸头

1—第 3 级气缸头；2—第 3 级气缸；3—第 3 级
缸头密封；4—低误差密封垫；5—第 3 级缸脚密封；
6—柱头螺栓；7—六角螺母；8—第 3 级同心阀

1）如"活塞环的检修"描述的那样拆下气缸。

2）检查气缸、活塞是否有划伤，磨损度是否严重，如果发现划伤、磨损严重，应将其更换。

3）测量气缸，如果气缸直径的磨损极限值超过下列极限值，应更换相应气缸。

a. 第 1 级：最大直径 160.15mm。

b. 第 2 级：最大直径 88.10mm。

c. 第 3 级：最大直径 50.10mm（上部）、最大直径 88.10mm（导向部分）。

4）按相反顺序组装。

（8）弹性联轴器的检修。拆掉曲轴箱上的盖子（这个盖子正对着第 3 级的分离器），目测一下内部情况。为了拆下联轴器上活动齿轮圈，必须将电机从法兰上拆下来，检查活动齿轮圈的受损情况，如果需要的话，更换齿轮圈，按以下程序进行。

1）支撑起空气压缩机的离合器以下部分。

2）松开电动机的连接螺母，拆下螺母。

3）用起重吊环小心地提起电动马达，将马达与法兰相分离。

4）更换齿轮圈。

2. H565M-WL 型空气压缩机检修（四级压缩，带十字头结构）

H565M-WL 型空气压缩机的下列子总成或零部件能在不拆卸压缩机的情况下从压缩机上直接拆卸下来：自动同心阀总成；空气冷却器总成；润滑油泵总成；润滑油滤网总成；润滑油安全阀总成；空气安全阀总成；辅助显示和保护装置。

汽缸和轴瓦、活塞和连杆总成、曲轴总成则需按一定拆卸程序进行拆卸，直到需要拆卸的零件拆卸完。

（1）一级自动阀和汽缸检修。下面介绍第一级自动输出阀、自动进口阀检修程序，第二、三、四级同心阀分解、拆装、检修程序同第一级基本相同，不做介绍。自动同心阀直径为 240mm 的汽缸（第二级）如图 4-11-8 所示，自动同心阀直径为 140mm 的气缸（第三级）如图 4-11-9 所示，自动同心阀直径为 85mm 的汽缸（第四级）如图 4-11-10 所示。

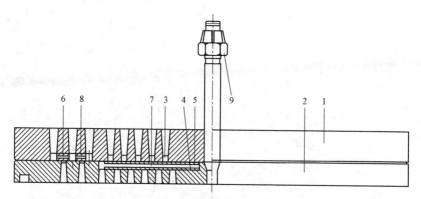

图 4-11-8　自动同心阀直径为 240mm 的汽缸（第二级）

1—上汽缸体总成；2—下汽缸体总成；3、6—阀板；4—阀板下提升垫圈；
5—弹簧板中间提升垫圈；7、8—弹簧板；9—螺母

1）自动进口阀装配。自动进口阀直径为 400mm 的汽缸（一级输入）如图 4-11-11 所示。自动进口阀装配，可参考"自动输出阀装配"。

2）自动输出阀拆卸。自动输出阀直径为 400mm 的汽缸（一级输出）如图 4-11-12 所示。从汽缸上拆卸自动输出阀；拧松和拆卸输出阀螺母 8、垫圈 9 和底座总成 2；从防护罩 1 上拆卸下阀板 3、下提升垫圈 5、两个截流板（风门）6、八个闭合弹簧 7 和上提升垫圈 4。彻底清洁所有零部件。使用热水和苏打溶液用柔软的刷子清除油脂和

积碳。在清洁操作期间必须小心，因为任何刮伤都可能导致泄漏或最终导致破裂。

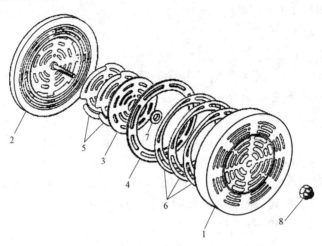

图 4-11-9　自动同心阀直径为 140mm 的气缸（第三级）

1—上汽缸体总成；2—下汽缸体总成；3、4—阀板；5—弹簧板；
6—波纹弹簧板；7—导向环；8—螺母

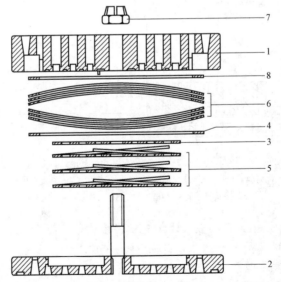

图 4-11-10　自动同心阀直径为 85mm 的汽缸（第四级）

1—上汽缸体总成；2—下汽缸体总成；3—阀板；4—气门环；5—弹簧板；
6—弹簧圈；7—螺母；8—垫环

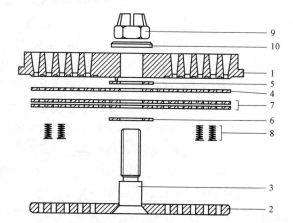

图 4-11-11　自动进口阀直径为 400mm 的汽缸（一级输入）

1—底座总成；2—防护罩；3—中心螺栓；4—阀板；5—上提升垫圈；
6—下提升垫圈；7—截流板；8—闭合弹簧；9—螺母；10—垫圈

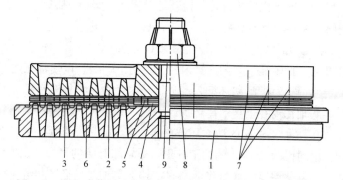

图 4-11-12　自动输出阀直径为 400mm 的汽缸（一级输出）

1—防护罩；2—底座总成；3—阀板；4—上提升垫圈；5—下提升垫圈；
6—截流板；7—闭合弹簧；8—螺母；9—垫圈

3）自动输出阀装配。应仔细观察每个零件，任何有缺陷、磨损或损坏的零件必须进行更换。底座总成 2 和防护罩 1 上的气门环和阀门座可通过精细的金刚砂膏轻轻进行"搭接"。重新装配前，清洁所有零件，并确保清除掉所有研磨膏的痕迹。本项操作优先使用的方法是轻轻把气门环和阀门座"搭接"到一个平板上。应确保此次操作完成时，在无应力的条件下，表面是"平"的。按照与拆卸顺序相反的顺序在防护罩总成和底座总成上装配输出阀的零件，并确保所有零件都正确地位于定位销上。安装一个新的自锁螺母，并拧紧螺母至 7.6kgf·m 检查输出阀是否能正常工作，以及是否存在阀板运动。必须非常小心，以确保输出阀在操作中不被刮伤或损坏。

注意:不管运行多长时间，当输出阀由于任何原因受到干扰时，必须丢弃 O 形圈；

安装的新 O 形圈检查槽和密封表面是否清洁，并处于良好的状态。

4）自动进口阀拆卸。从汽缸上拆卸进口阀。拧松和拆卸进口阀螺母 9、垫圈 10 和底座总成 1。从防护罩 2 上拆卸下阀板 4、下提升垫圈 6、两个闭合弹簧 8 和上提升垫圈 5。同时，也要特别注意拆卸每个零件的方法和顺序，以有利于重新装配。一定要参考阀装配的图解以确保零件按照正确的顺序进行重新装配。这对阀的正确运行是非常必要的。彻底清洁所有零部件。使用热水和苏打溶液用柔软的刷子清除油脂和积碳。在清洁操作期间必须小心，因为任何刮伤都可能导致泄漏或最终导致破裂。

5）汽缸、轴瓦和活塞的拆卸。按照上面的步骤拆卸阀。断开水管，并把冷却水从汽缸套管中排出去。拆卸螺栓和弹簧垫圈。拆卸阀安装板。用提升机构的吊环螺栓把汽缸升起来。拆卸螺母和弹簧垫圈。拆卸汽缸，注意不要损坏活塞和活塞环。可手工拆卸与汽缸滑动配合的轴瓦和 O 形圈，拆卸有头螺钉和载荷分布杯，从十字头上拆卸活塞。记录活塞和活塞环的安装方向，并拆卸活塞环。

彻底清洁所有拆卸下来的零件，并检查是否损坏、磨损、腐蚀、产生裂纹或扭曲，必要时进行更换。那些受扰动的接头、衬垫和 O 形圈应进行更换。

6）汽缸、轴瓦和活塞的装配。轻轻润滑 O 形圈，并安装到轴瓦上。O 形圈必须拉伸到轴瓦套管上。把轴瓦安装到汽缸内径（使用滑动配合以使轴瓦能够用手推动）。轴瓦必须位于定位销上。把活塞环插入汽缸轴瓦内径中，并检查活塞环间隙是否在规定的误差之内。从轴瓦内径上把活塞环拆卸下来，并安装到活塞上。相邻活塞环的环间隙必须离开 180°（如果最初的活塞环被重新安装，则它们必须处于拆卸前的同一位置和方向）。转动曲轴以使十字头的端部处于从曲轴箱开始的最大突出位置。把载荷分布杯安装到活塞上，并用有头螺钉将活塞固定到十字头上。轻轻润滑曲轴端部的轴瓦内径和倒角。轻轻润滑 O 形圈，并把 O 形圈安装到汽缸套管上。用提升机构的吊环螺栓把汽缸总成升起来，并把汽缸放置到曲轴箱上。安装垫圈和螺母，并拧紧螺母至 26.8kgf·m。把水管安装到汽缸上。轻轻润滑 O 形圈，并把 O 形圈安装到轴瓦上。把阀安装板放置到轴瓦上，并用螺栓和垫圈进行固定，并拧紧螺栓至 13.0kgf·m。

（2）曲轴箱检修。

1）连杆和十字头的拆卸。记录每个汽缸相对于曲轴箱的位置，并按照前面所描述的步骤拆卸汽缸。记录活塞销安装的曲轴箱侧。拆卸螺栓和垫圈，并拆卸十字头端板。端板由定位销固定。弯曲舌片垫圈和拆卸螺栓。拆卸连杆的大端盖和大端半轴承。端盖由定位销固定。拆卸十字头和从曲轴箱相反一侧连杆的小端半部。从连杆上拆卸大端轴承。拆卸十字头外的弹性挡圈和舌片活塞销以释放连杆。现在可拆除小端轴承。

2）主轴承和曲轴的拆卸。按照本部分中给出的步骤拆卸护罩、汽缸、活塞、十字头、油箱、油泵和水泵（如果安装的话）。从曲轴箱上拆卸放油塞，接头和滤网来把润滑油排干净。拆卸把曲轴箱固定到支撑板上的螺栓和垫圈，并把曲轴箱总成提升到合适的工作表面。用拉出器从轴上拆卸压缩机半连接器驱动带轮或飞轮。拆卸轴键。使用提升装置把曲轴箱总成转动到垂直于非驱动端部的表面（不要损坏端表面）。拆卸螺栓，并从曲轴上与油封一起拆卸下轴承支座和主轴承。槽位于曲轴箱杠杆轴承支座表面中。从主轴承上拆卸曲轴。从轴承支座上拆卸 O 形圈、油封和主轴承。从曲轴箱上拆卸主轴承。

3）油泵的拆卸。从油箱上拆卸放油塞，把油放干净。从油泵和油箱上拆卸润滑油输出阀和回油阀。断开油管。拆卸螺栓和垫圈，并与接头一起拆卸油泵。

4）油箱的拆卸。从油箱上拆卸放油塞，把油放干净。从油箱上断开曲轴箱通气管和油管、回油管。断开空气和油压力表管。拆卸把油箱固定到曲轴箱上的螺栓和弹簧垫圈，并拆卸油箱和油压力表板。彻底清洁油箱，冲洗以清除任何污垢。

5）主轴承和曲轴的安装。彻底清洁曲轴箱和所有零件，特别注意油道和轴承表面。检查所有轴承是否有必须清除掉的高点和毛刺。把主轴承安装到曲轴箱上。轻轻润滑 O 形圈，并把它安装到主轴承支座上。把主轴承安装到轴承支座上。检查主轴承是否损坏，并将轴承内径清洁干净。把曲轴箱旋转到竖直位置，非驱动端在下面。润滑主轴承的内径。小心把曲轴降低到曲轴箱内以安装到主轴承上（曲轴需要旋转以使平衡重清除曲轴箱十字头支撑）。润滑主轴承的内径。把轴承支座放置在曲轴上，并把轴承支座装配到曲轴箱上。安装螺钉和弹簧垫圈。拧紧螺钉至 13.6kgf•m，检查曲轴的轴向端游隙是否在 0.4～0.92mm（0.016～0.035in）。轻轻润滑曲轴延伸部分，并把油封安装到轴承支座上。旋转曲轴箱到水平位置。

6）连杆和十字头的安装。把小端衬垫安装到连杆上，检查衬垫上的孔是否与连杆上的孔对齐。清洁和润滑小端衬垫，并把连杆插入十字头。把活塞销推入十字头和衬垫，并用弹性挡圈固定。把定位销和大端外壳安装到连杆和大端盖上。润滑大端外壳的轴承表面。按照拆卸前的位置用曲轴箱同侧的活塞销把十字头-连杆总成安装进曲轴箱和曲轴上。曲轴可能需要旋转以使十字头清除平衡重。把大端盖安装进连杆，并用安装在每个锁紧垫圈和大端盖的光垫圈安装螺钉和锁紧垫圈。拧紧螺栓至 46.2kgf•m。弯曲锁紧垫圈的舌片以锁住螺栓。安装端板，并用螺栓和锥形弹簧垫圈固定。拧紧螺栓至 5.4kgf•m。把油泵销安装到曲轴的非驱动端。把滤网、放油塞和接头安装到曲轴箱上。旋转曲轴一周。安装驱动管接头。

7）油泵的装配。把接头放置到泵法兰上，并把泵安装到曲轴上以确保驱动卡圈与驱动销接合。安装螺栓和弹簧垫圈。拧紧螺栓至 3.2kgf•m。

8）油箱的安装。检查油箱是否彻底清洁。把油箱与油压表板放置到曲轴箱上。用螺栓和弹簧垫圈把油箱固定到曲轴箱上。安装放油塞和接头。连接曲轴箱通气管和油管、回油管。连接空气和油压表管，油箱充油。

3. 英格索兰 MM132 螺杆空气压缩机检修

（1）进气空气过滤器检查、更换。进气空气过滤器，如图 4-11-13 所示。查看进气空气过滤器的状况，让空气压缩机以加载模式运行，然后在当前状态屏幕上观察"Inlet Fiter（进气空气过滤器）"。如果显示 "Inlet Fiter OK"，则不需保养。如果屏幕上"WARNING"（警告）字样在闪烁，同时显示"CHANGE INLET FILTER（调换进气空气过滤器）"，那么就应调换进气空气过滤器。

如要调换进气空滤芯，松开其壳体顶部的翼形螺母，去除盖子，让空滤芯暴露出来。小心拆除旧的滤芯，以防灰尘进入进气阀，将旧滤芯报废。彻底清洁滤芯壳体，擦清所有表面。

装入新滤芯，并检查一下，以确保安装妥帖。安装进气空气过滤器壳体的顶盖。检查翼形螺母上的橡胶密封，必要时进行调换。旋紧翼形螺母。

开机，并以加载模式运行，以检查空气过滤器的状况。

（2）油过滤器更换。油过滤器如图 4-11-14 所示。查看油过滤器的状况，空气压缩机必须在运行。观察当前状态屏幕上的"Injected Temperature（喷油温度）"，如温度低于 120℉（49℃），机器可继续运行。当温度高于 120℉（49℃）时，观察屏幕上"Coolant Fiter（油过滤器）"。如显示"Coolant Fiter OK"，则油过滤器不需服务。如"WARNING（警告）"字样在闪烁，同时，显示"CHANGE COOLANT FILTER（调换油过滤器）"，那么就应调换油过滤器。

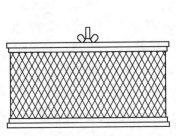

图 4-11-13 进气空气过滤器

只在装备油泵的机组上提供该阀

图 4-11-14 油过滤器

在每次大修后及此后每运行 2000h 或更换冷却油时，应调换油过滤芯。

调换时，使用适当的工具松开旧的油过滤芯。用油盘接拆除过程中漏出的油，报废旧的油滤芯。用干净且不起毛的布头擦清油过滤器的密封表面，以防灰尘进入油系统。

将滤芯备件从包装盒中取出，在其橡胶垫上涂一层润滑脂，然后安装。旋转滤芯，直至密封垫与过滤器总成的头部相接触，然后再旋紧大约半周。

开机，并检查是否有泄漏。

（3）冷却油。SSR ULTRA 冷却油（制造厂灌注）是一种以聚乙二醇为基础的冷却油，应每隔 8000h 或每两年调换一次，两者以先到为准。

更换冷却油需要的物品如下。

1）适当大小的油盘和容器用来接收从机组排放出来的润滑油。

2）足以重新灌注的适当数量的正确牌号的润滑油。

3）至少要有一只适当型号的油过滤芯备件。

每台空气压缩机都有一个冷却油排放阀，位于油分离筒体底部。

空气压缩机一停机就要放油，因为趁油还热时容易放得干净，而且冷却油内的浮颗粒能随油一起排出。

如要放空机组的油，要拆除油分离筒体底部排放阀的油塞。将随机带来的排放软管和接头总成安装于排放阀的端部，并将软管一端放在一个合适的油盘内，打开排放阀开始排油。排完后，关闭阀门，从阀上拆除软管和接头总成，并将它们放在适当的地方以备后用。重新装上排放阀端部的油塞。

不要将用过的放油软管保存在开关箱内。

机组排油完毕，而且装好新的油滤芯后，重新向系统加注新的冷却油，一直加到油位到达油窥镜的中点。重新盖好加油口盖。启动空气压缩机，运行一小会儿，正确的油位是当机组卸载运行时油位在油窥镜的中点。

（4）油分离筒体回油过滤网/小孔拆装及清洗。油分离筒体回油过滤器/节流小孔如图 4–11–15 所示，需要的工具有开口扳手、钳子。

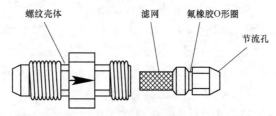

图 4–11–15　油分离筒体回油过滤器/节流小孔

程序：滤网/小孔总成的外观与直管接头相似，装在两段外径为 1/4″的回油管之间，主体用 1/2″六角钢制成，在六角的平面上刻有小孔的孔径和液流方向。

可拆卸的滤网和小孔位于总成的出口端，需根据保养周期的规定定期清洗。

如要拆除滤网/小孔总成，先断开两端的回油管，牢牢抓住中心部分，同时，用一把钳子轻轻夹住密封回油管总成的出口端。将该端拉出中心部分，同时要小心避免损失滤网及密封表面。

在重新安装前，还需清洁，并检查所有零件。

当总成安装好后，确认流向正确。观察刻在中心部分上的箭头，确保流向是从油分离筒体流向主机。

（5）油分离芯。如要检查油分离芯的状况，先让空气压缩机以额定压力满载荷运行，并在显示板上选择"SEPARATOR PRESSURE DROP（分离器压降）"。如果显示"XXPS1"，说明状况良好，不需保养。如果警告灯亮，并显示"CHG SEPR ELEMENT（调换分离芯）"，那就应当调换油分离芯。

松开主机上的回油管。

松开将回油管引入筒体的接头，并拆去管总成。

拆下筒体盖上的管子。如果需要，做好标记。

使用适当的扳手拆除筒体盖上的螺栓，然后拆除筒体盖。

小心取出油分离芯。丢弃坏了的芯子。

清洁筒体及其盖上装密封垫片的表面，小心勿让旧垫片的碎片掉入筒体里。仔细检查筒体，绝对确保无任何异物（如碎布片或工具等）掉入筒体内。检查新分离芯密封垫片是否损伤，然后将分离芯备件装入筒体。将分离芯定位于筒体的中心。

将筒体盖放到其正确位置上，并装好螺栓，要以对角方式旋紧各螺栓以免盖子一侧过紧，盖子紧固不当可能造成泄漏。检查筒体回油过滤网及小孔，必要时清洁。将回油管向下装进筒体，刚碰到分离芯底部后，提起约 1/8″（3.2mm），紧固各接头。将各调节管路装到其原来位置。启动空气压缩机，检漏，然后便可工作。

（6）冷却器芯清洗。关闭截止阀，并从冷凝水排放口中释放机组压力，从而确保空气压缩机与压缩空气系统隔绝。确保主电源断路器断开，锁定且挂好标记牌。

需要的工具为螺栓刀、成套扳手、配有经职业安全与健康标准（OSHA）认证的喷嘴软管。

1）风冷冷却器清扫。目测冷却器芯的外部，确认是否需要对其进行彻底清理，常常只需要清理掉脏垢、灰尘或其他异物，便能暂时解决问题。

当冷却器被油、油脂或其他重厚物质的混合物包裹时，会影响机组的冷却效果，这时就需要对冷却器芯的外部做彻底清洁。

如果确定空气压缩机工作温度由于冷却器芯内部通道被异物或沉淀物所阻而高于正常范围，则冷却器应拆下做内部清理。

2）油冷却器的拆卸及内部清洗。拆除面板及顶盖；放空冷却油；拆除油冷却器箱侧板；拆开油冷却器进、出口管路；堵住油冷却器进、出口，以防污染；拆除冷却器侧面的固定螺钉，并通过冷却器导风罩将其拆下；用清洗剂清扫冷却器，应清扫干净；按相反顺序安装起来；确保风扇网罩重新装好；往空气压缩机内加冷却油；空气压缩机运转 10min，检查油位正常，并无渗漏点后装面板。

3）水冷冷却器。如装有水冷式热交换器也需要定期检查保养。检查系统内的过滤器，必要进行调换或清洗。

仔细检查水管结垢情况，必要时应进行清洗。如使用清洗溶液，在空气压缩机恢复使用之前，务必要用清洁水将化学物彻底清洗掉。清洗完毕要检查冷却器腐蚀情况。

管子内表面有几种清洗办法。用高速水流冲洗管子内部可去除多种沉淀物。较严重的结垢可能需要钢丝刷和杆子。如有专用的气枪或水枪，也可利用橡皮塞子强行穿过管子来去除结垢。

重新安装冷却器壳的顶盖时，各螺栓要以对角方式均匀紧固。但过分紧的话，顶盖会裂开。清洗溶液必须与冷却器的金属材料相容。如采用机械清洗方法，一定要小心避免损坏冷却器管路。

（7）冷却油软管。冷却器来回输送冷却油的挠性软管会随着时间老化而变脆，因而需要每 2 年更换一次。

更换时，先关闭截止阀，并从冷凝水排放阀释放压力，以确保空气压缩机与空气系统隔离。确保主电源断路器已断开，锁定且挂好标记牌。

拆除罩壳面板；将冷却油放入干净容器，盖好容器以免弄脏，如果油本来已受污染，必须调换新油。拆除软管时牵牢握住接头。按与拆卸相反的程序安装新软管和机组，开机并检漏。

4. 空气压缩机附件检修

（1）安全阀及压力表校验。安全阀应按规定送有相关资质的单位进行校验，安全阀每年应进行一次校验，压力表每半年应进行一次校验，安全阀的起跳压力应为工作压力的 1.08～1.10 倍。安全阀的回座压差一般应为起跳压力的 4%～7%，最大不得超过 10%。

安全阀一经校验合格应加锁或铅封，并挂检验合格标志，特别注意密封件和聚四氟乙烯带的使用，确保不进入阀内，避免堵塞。

压力表校验后安装时不得用手拧压力表外壳，一定要使用扳手安装，防止表针的零位变动。

（2）高、低压储气罐检修。由运行人员做好措施，排净压力。排压时注意另外一个工作罐的压力变化，如果隔离阀门不严，应先处理阀门。储气罐压力排净后，可分解人孔盖，分解人孔盖时一定先将所有螺栓松开 2～4 圈后确认缸内没有压力，方可将螺栓全部松开打开人孔门盖。检查罐内的腐蚀情况，应将铁锈、污垢除掉，清扫干净。如果需要涂防锈漆时，应注意人身安全，制定措施，戴好防毒面具，设专人监护方可作业。安装人孔门盖时应更换密封，检查人孔门螺栓完好，所有螺栓受力一致，用大锤均匀紧 3~4 遍。

（3）压力罐（容器）超压试验。超压试验一般可二次大修试验一次，一般为 10 年。压力容器内部检验应每次大修检查一次，新投产应一年后检查一次。外部检验每年不少于一次，每年可同小修一起进行。

超压试验前要准备好试压泵，一般要有两块压力表为最好。打开罐上部的排气丝堵，将罐内注满水，拧紧丝堵。使接好的手压泵压力缓慢的升到工作压力，检查有无泄漏或异常现象。再升至额定压力的 1.25 倍，保持 20min，降到工作压力检查有无异常现象。在水压试验时，环境温度不得低于 5℃。

（4）止回阀检修。分解拆出压盖和弹簧，抽出阀体，检查止口应严密，各连接螺栓丝扣应完好。安装后应注意阀体行程，保证分解前行程动作灵活不卡。

（5）阀门检修。阀门检修可随压力罐一同进行，每次大修要更换盘根和法兰密封垫，检查各部腐蚀情况，检查阀门止口应完整，无锈蚀。阀杆盘根一定要更换。填料数量要足够。组装后保证阀体动作灵活。

（6）气水分离器清扫检查。气水分离器检查参照压力罐检修，试验。

四、调整试验

修后调整试验是设备安装工作中的最终检验环节，是设备安装质量的有力保证。通过对设备及系统的试验与调整，可及时发现所安装的系统、设备本身在制造时的缺陷和安装过程中造成的质量问题，以判断设备是否能正常投入运行。

1. 试运行前应具备的条件

（1）空气压缩机主机、驱动机、附属设备及相应的水、电设施均已安装完毕，经检查合格。

（2）土建工程、防护措施、安全设备也已完成。

（3）试运行所需物品，如运行记录、工具、油料、备件、量具等应齐备。

（4）试运行方案已编制，并经审核批准。

（5）试运行人员组织落实，应明确试运行负责人、现场指挥、技术负责人、操作维护人员和安全监护人员。

（6）工作电源已具备，空气压缩机及系统已做好试运行准备。

2. 冷却水系统通水试验（水冷机组）

冷却水系统通水试验前，应检查冷却水管路、管件是否安装牢固，阀门是否启闭灵活，有无漏水可能，是否符合管路安装的要求。通水后待各级排水管都出水时，检查水管路有无漏水，检查供水压力是否合格。

3. 润滑油系统注油

油箱应清洗干净，注入清洁润滑油到正常油位，拆开润滑油通往轴承、各级气缸的油管，油管内充满润滑油。

4. 空载试运行

空载试运行前的准备工作如下：

（1）空气压缩机各部机构安装完毕，具备启动条件。

（2）各润滑部位已充分润滑。

（3）盘车 2~5r，检查各运动部件有无异常现象。

（4）启动空气压缩机前，空气压缩机各级活塞不应停在止点位置。止点位置就是曲轴运行 360° 过程中，活塞在缸体内运行的最大行程和最小行程状态下，活塞两个端面与缸体前后端面之间的间隙。靠近曲轴箱端的间隙为后止点，远端为前止点。根据压缩比的不同，止点间隙大小不一样，一般在 3mm 左右，考虑到机组运行时活塞杆的伸长量，一般前止点要大于后止点。止点间隙的调整可通过活塞杆与十字头连接处的丝扣调节，现在空气压缩机十字头的连接方式一般为液压连接，止点间隙的测量可通过压铅丝测得。

空载试运行步骤如下：

1）开启冷却水的进水阀和各处回水阀，检查冷却水的压力及回水情况。

2）现场指挥人员、监护人员、操作人员就位，其余人员撤到安全区。

3）瞬间启停电动机，检查电动机转向是否正确。

4）再次启动空气压缩机，依次按运行 30s、30min、1h 运转空气压缩机。启动空气压缩机后，应立即检查各部分声响、温升及振动情况，若发现有异常情况，应立即判断原因，及时处理，情况严重不能处理时，应立即停车。

5）空气压缩机空载试运行应满足润滑油压力正常、启动电流和运行电流正常、各部温度正常、各运动部件温升不超过规定值、试运行中应无异常声响、卸载正常。

5. 负载试运行

空载试运行若一切正常后，进行负载试运行，运行前应进一步检查空气压缩机和附属装置，明确操作方法，明确需紧急停机时的信号（声音和手势）及执行人员。

空气压缩机负载试运行步骤如下：

（1）投入冷却水，检查水流情况。

（2）检查储油箱油位合格。

（3）按规定程序启动空气压缩机，空载运行 20min，然后分三到五次加压到规定压力。

各级排气压力的调节控制可通过各级放空阀门、卸载阀门、旁通阀门，以及各级油水分离器、冷却器及排污阀调节控制，负载试运行时的加载应缓慢进行，每次压力稳定后应连续运行 1h 后再升压。

在负载运行中，一般应避免带压停机，紧急情况下可带压停机，但停机后必须立即卸压。

空气压缩机负载试运行阶段，应经常检查如下项目：

1）各部位有无撞击声、杂声和异常振动。

2）各运动部件供油情况及润滑油压力、温度是否符合空气压缩机技术文件的规定。

3）各级吸、排气压力，温度是否符合空气压缩机技术文件的规定。

4）管路有无剧烈振动及摩擦现象。

5）冷却水的进水温度、排水温度符合有关要求。

6）各级吸、排气阀工作有无异常，密封部分有无漏气。

7）各级仪表、控制和保护装置是否处于正常工作状态。

8）各级排污阀及油水分离器的排油、排水情况。

9）有无连接松动的现象。

10）安全阀应无漏气现象。

【思考与练习】

1. 空气压缩机大修前的一般安全措施有哪些？

2. 大修后的空气压缩机在装配过程中，应测量哪些项目？

3. 对安全阀及压力表校验的基本要求有哪些？

4. 简述压力罐（容器）超压试验的方法。

5. 空气压缩机负载试运行阶段，应做哪些经常项目检查？

◢ 模块 3　空气压缩机维护的周期及规范（Z52H2003Ⅰ）

【模块描述】本模块包含空气压缩机维护的基本知识，通过知识讲解，掌握空气压缩机维护周期及规范要求。

【模块内容】

空气压缩机的日常维护保养是空气压缩机正常、高效、安全、可靠运行的保证。进行维护保养前，应仔细阅读制造厂提供的使用维护说明书和有关技术文件，并将具体规定和要求转化为维护保养制度。

1. 空气压缩机维护保养的通用要求

（1）设备完整无损，处于良好状态，压力、温度、电流、电压均在正常参数左右，不能偏离过大，通过合理的维护保证良好的状态。

（2）空气压缩机应无漏油、漏水、漏气现象。

（3）保持仪表的完整齐全，指示准确，并按期校验。

（4）管路、线路整齐、正规、清洁畅通，绝缘良好。

（5）冷却水与润滑油应符合要求。不能混用不同的润滑油。

（6）新空气压缩机和大修后的空气压缩机，首次运行 200h 后，应更换润滑油，清洗运动部件和油池或油箱，并清洗或更换油过滤器。若排出的润滑油经过滤化验，符合润滑油质量要求时，可继续使用。

（7）油位应符合要求。

（8）安全装置（如安全阀、保险装置、自控或保护装置）灵敏可靠，接地装置应符合要求。

（9）设备与工作场地应整齐、清洁，无灰尘、油渍，标牌齐全，连接可靠。

（10）认真填写记录和维护保养日志。

2. 定期维护保养

定期维护保养通常分一级、二级和三级保养。

（1）一级保养。一级保养应每天或每次巡回检查时进行，保养内容如下：

1）检查润滑油位和油压。油量不足应加油，油压不合格应进行处理。

2）检查仪表指示是否正确，更换指示值不准或已损坏的仪表。

3）检查油过滤器和空气过滤器压差是否超限，对超限的过滤器予以清洗或更换。

4）检查喷油螺杆空气压缩机油分离器前后压差。

5）检查空气压缩机有无异常声响和泄漏。

（2）二级保养。喷油螺杆空气压缩机一般要求每月进行如下保养：

1）取油样，观察油质是否变质。

2）检查排气温度传感器是否失灵。

3）清洁机组外表面。

（3）三级保养。对喷油螺杆空气压缩机一般要求每三个月进行一次三级保养，内容如下：

1）清洁冷却器外表面、风扇叶片和机组周围灰尘。

2）电动机前后轴承加润滑脂。

3）检查所有软管有无破裂和老化现象，根据情况决定更换软管与否。

4）检查电器元件，清洁电控箱内的灰尘。

5）每运转 2500h 后应换油，但一年内运行不足 2500h，一年后也应换油。应使用制造厂推荐的空气压缩机油。不同油种不得互相混杂。

6）目前，空气压缩机多采用纸质空气滤清器，当滤清器阻力过大时，通常空气压缩机仪表盘指示灯有所显示，此时应更换滤清器滤芯，或者机组运行一年后更换空气滤清器滤芯。

7）当油分离器两端压差是开车之初的三倍或最大压差大于 0.1MPa 时，应更换油滤芯。

（4）活塞空气压缩机的三级保养，一般在空气压缩机运行 4000h 后进行。具体内容如下：

1）换润滑油，清洗油过滤器，更换滤芯。

2）清洗空气滤清器，更换滤芯或滤网。

3）检查仪表控制系统，修复或更换失效或动作不可靠的元器件，校正仪表。

4）校正安全阀。

5）检查运动部件的磨损情况和紧固锁紧装置，磨损严重或间隙过大时应修理或更换。

6）检查吸、排气阀的密封情况和活塞环、导向环的磨损情况，更换已损坏的阀片和弹簧，更换磨损过大的活塞环和导向环。

7）清洗冷却器换热面的水垢，对风冷式冷却器可用压缩空气清扫。

8）对空气压缩机进行全面检查，包括管路、电路和各部分连接。

【思考与练习】

1. 空气压缩机维护保养的通用要求有哪些？

2. 空气压缩机一级保养的检查内容有哪些？

3. 简述喷油螺杆空气压缩机的换油方法。

▲ 模块 4　空气压缩机维护保养（Z52H2004 I）

【模块描述】本模块介绍空气压缩机维护保养工艺要求，通过空气压缩机维护保养的通用要求、定期维护保养注意事项和检查标准介绍，掌握空气压缩机日常维护保养工艺要求。

【模块内容】

空气压缩机的日常维护保养是空气压缩机正常、高效、安全、可靠运行的保证。进行维护保养前，应仔细阅读制造厂提供的使用维护说明书和有关技术文件，并将具体规定和要求转化为维护保养制度。

一、空气压缩机维护保养的通用要求

（1）设备完整无损，处于良好状态，压力、温度、电流、电压均在正常参数范围左右，不能偏离过大，通过合理的维护保证良的好状态。

（2）空气压缩机应无漏油、漏水、漏气现象。

（3）保持仪表的完整齐全，指示准确，并按期校验。

（4）管路、线路整齐、正规、清洁畅通，绝缘良好。

（5）冷却水与润滑油应符合要求。不能混用不同的润滑油。

（6）新空气压缩机和大修后的空气压缩机，首次运行200h后，应更换润滑油，清洗运动部件和油池或油箱，并清洗或更换油过滤器。若排出的润滑油经过滤化验，符合润滑油质量要求时，可继续使用。

（7）油位应符合要求。

（8）安全装置（如安全阀、保险装置、自控或保护装置）灵敏可靠，接地装置应符合要求。

（9）设备与工作场地应整齐、清洁、无灰尘、无油渍，标牌齐全，连接可靠。

（10）认真填写记录和维护保养日志。

二、定期维护保养

定期维护保养通常分一级、二级和三级保养。

1. 一级保养

一级保养应每天或每次巡回检查时进行，保养内容如下：

（1）检查润滑油位和油压。油量不足应加油，油压不合格应进行处理。

（2）检查仪表指示是否正确，更换指示值不准或已损坏的仪表。

（3）检查油过滤器和空气过滤器压差是否超限，对超限的过滤器予以清洗或更换。

（4）检查喷油螺杆空气压缩机油分离器前后压差。

（5）检查空气压缩机有无异常声响和泄漏。

2. 二级保养

（1）喷油螺杆空气压缩机一般要求每月进行如下保养：

1）取油样，观察油质是否变质。

2）检查排气温度断路器是否失灵。

3）清洁机组外表面。

（2）活塞空气压缩机对二级保养要求如下：

1）每运转1000h取油样，确定润滑油是否需更换，并清洗或更换油过滤器芯或网。

2）每运转2000h清洗气阀一次，清洗阀座、阀盖积碳，检查气阀气密性。

3）每运转2000h检查运动部件紧固螺栓有无松动，防松装置有无松动或失效，摩擦面（气缸镜面、十字头滑道）有无拉毛现象。

3. 喷油螺杆空气压缩机三级保养

对喷油螺杆空气压缩机一般要求每三个月进行一次三级保养，内容如下：

（1）清洁冷却器外表面、风扇叶片和机组周围灰尘。

（2）电动机前后轴承加润滑脂。

（3）检查所有软管有无破裂和老化现象，根据情况决定更换软管与否。

（4）检查电气元件，清洁电控箱内的灰尘。

（5）每运转 2500h 后应换油，但一年内运行不足 2500h，一年后也应换油。应使用制造厂推荐的空气压缩机油。不同油种不得互相混杂。

换油时，在油过滤器（或油分离器）底下放一合适的容器，旋下壳体上的油塞，放出润滑油。然后旋下油过滤器壳体。检查壳体内和滤芯上的外来细小颗粒。如果发现较多的金属小颗粒，则应分析这些颗粒的来源，判断空气压缩机内部有无非正常摩擦和磨损。有些颗粒已陷入滤芯内部，不能清洗干净的则应更换滤芯。再从头到尾检查过滤器的总体情况，清洗壳体。将新的滤芯或清洗干净的滤芯装到油过滤器壳体内，如果发现 O 形密封圈或垫片已损坏，则应更换。放油时应注意，在电气系统与电源未切断之前及系统内压力全部释放前，不得放油，避免人身伤害。放油时间最好在停车之后几分钟进行，可乘油温高时黏度低，放油比较彻底，微小颗粒悬浮物易随油一起排出。排油后，应彻底清洗分离器壳体，并擦拭干净。装上新的油过滤器和分离器芯子，向系统加入符合要求的润滑油，应使润滑油加到刚超过油分离器上油窥镜的可视孔，旋紧油塞。启动空气压缩机，运行 2～3min，然后停机，检查油位，再加进足够多的油，让油面刚好超过油窥镜的可视孔。

（6）目前，空气压缩机多采用纸质空气滤清器，当滤清器阻力过大时，通常空气压缩机仪表盘指示灯有所显示，此时应更换滤清器滤芯，或者机组运行一年后更换空气滤清器滤芯。更换空气滤清器时，必须停机。松开滤清器壳体顶盖上的螺母，拿掉顶盖，小心拆下旧滤芯，当心别让灰尘进入进气阀。清洗滤清器壳体，擦洗内、外表面，装上新滤芯，同时，要检查滤芯的位置是否正确。最后装上顶盖。

（7）当油分离器两端压差是开车之初的三倍或最大压差大于 0.1MPa 时，应更换油滤芯。倘若分离器芯子两端压差数值为零，说明芯子有故障或气体已短路，此时应立即更换芯子。更换芯子时应停机，关闭系统管路上的隔离阀，切断电气控制和电源断路器，确保分离器中气体压力放空。拆下空气压缩机上的回油管，松开油分离器顶盖上的回油管接头，抽出回油管部件。拆下分离器顶盖上的管道，拆下紧固顶盖的螺栓，吊去顶盖。小心将分离器芯子取出。清理顶盖和筒体上两个密封面。清理时，防止破碎垫片落进油分离器筒体。清洗并吹干油分离器，检查油分离器内部确无杂物。放好新的垫片和芯子，要使芯子和筒体轴线一致。放上顶盖，拧紧螺栓。把回油管部件插进分离器芯子，应使油管刚好碰到油分离器芯子底部，拧紧管接头。装好顶盖上的管路。启动机组，检查有无泄漏。

4. 活塞空气压缩机的三级保养

一般在空气压缩机运行 4000h 后进行，具体内容如下：

（1）换润滑油，清洗油过滤器，更换滤芯。

（2）清洗空气滤清器，更换滤芯或滤网。

（3）检查仪表控制系统，修复或更换失效或动作不可靠的元器件，校正仪表。

（4）校正安全阀。

（5）检查运动部件的磨损情况和紧固锁紧装置，磨损严重或间隙过大时应修理或更换。

（6）检查吸、排气阀的密封情况和活塞环、导向环的磨损情况，更换已损坏的阀片和弹簧，更换磨损过大的活塞环和导向环。

（7）清洗冷却器换热面的水垢，对风冷式冷却器可用压缩空气清扫。

（8）对空气压缩机进行全面检查，包括管路、电路和各部分连接。

三、维护保养的注意事项

（1）凡是保养、检查及修理后，都应详细做好分类记录，并注意对易损件和零、配件的图纸、资料的测绘和经验积累工作。

（2）拆卸的零部件要按原样装回，先拆的后装，后拆的先装，不得互换。为防止混淆，拆卸前可在醒目位置做上标记。

（3）拆卸和装配时，不得乱敲乱打。注意不要碰伤和划伤工件，尤其是各摩擦表面，应采用或自制专用工具来拆装。

（4）清洗时最好用柴油或煤油（一般不用汽油）。必须将油揩干和无负荷运转 10min 以上，才能投入正常运行。清洗气缸要用煤油，禁止用汽油，要等煤油全部挥发或揩干后才能进行装配。

（5）要防止杂物（如木屑、棉纱、工具等）存留在油池、气缸、管道或储气罐内。装配前要做好机件的清洁、擦干和必要的润滑。

（6）定期保养后的空气压缩机，一定要经过空转、试车，待检验正常后才能投入正常使用。

四、空气压缩机维护保养检查标准

空气压缩机维护保养检查标准见表 4-11-8。

表 4–11–8 空气压缩机维护保养检查标准

项目	检查内容
整齐	电气控制、仪表、安全防护装置齐全、灵敏可靠
	设备的气、水、油管路保持完整、牢固和不漏
	设备零部件齐全无缺
	工具、附件存放在指定地点，整齐有序
清洁	设备外表清洁，无油污、积尘，呈现本色
	各运动表面无黑斑、油污及锈痕，光滑明亮
	设备周围地面清洁，无积油、积水，无其他堆积物
润滑	润滑系统完整畅通，保持内外清洁
	油箱、油池有油，油标醒目，油量在规定的范围内，保持清洁
	润滑油的油质符合性能要求
安全	设备实行定人、定机管理
	有操作、检修规程，操作者能理解并按照执行
	不违章使用设备，认真执行交接班制度
	安全阀，各种信号、仪表装置齐全，灵敏可靠

注 以上维护保养内容只供参考，非强制性要求。

【思考与练习】

1. 空气压缩机维护保养的通用要求有哪些？

2. 空气压缩机一级保养的检查内容有哪些？

3. 简述喷油螺杆空气压缩机的换油方法。

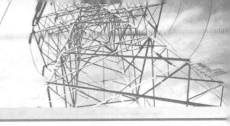

第十二章

空气压缩机故障处理

空气压缩机的故障主要来自长期运转后机件的自然磨损，零部件制造时材料选用不当或加工精度差，大件安装或部件组装不符合技术要求，操作不当、维修欠妥等原因。

故障发生后，如不及时处理，将对空气压缩机的生产效率、安全、经济运行，以及使用寿命带来不同程度的影响。能否准确、迅速地判断故障部位和原因至关重要；如判断失误，不但延误采取相应措施的时间而酿成更大的事故，也将延长检修时间，造成人力、物力的浪费。因此，要求有关人员必须熟悉设备的结构、性能，掌握正确的操作和维修方法，在平时勤检查、勤调整、加强维护保养，不断积累经验。一旦出现异常，才能及时、准确地判断故障部位和原因，迅速排除，确保设备的正常运行。

空气压缩机的常见故障，大致表现在油路、气路、水路、温度、声音等方面。下面以往复式活塞空气压缩机典型故障及事故分析为例。

▲ 模块 1　气路、油路及水路故障（Z52H3001Ⅱ）

【模块描述】本模块包含空气压缩机气路、油路及水路故障处理知识，通过典型故障现象案例分析及知识讲解，总结正确的故障处理方法，掌握气路、油路及水路故障处理原则及方法。

【模块内容】

一、气路故障

气路故障包括空气压缩机气路压力、温度、容积流量、声音及振动不正常。气路故障及原因见表 4-12-1。

表 4-12-1　　　　　　　　　　气 路 故 障 及 原 因

故障类别		故障位置	原　　因
压力不正常	吸气压力偏低	压缩机吸气口	总进气管供气量不足； 进气管阻力过大或进气滤清器阻力过大； 压缩机气量调节功能不正常

续表

故障类别	故障位置		原　　因
压力不正常	吸气压力偏低	多级压缩机的某级（第一级除外）吸气口	前级吸气阀或排气阀漏气； 前级活塞环或气缸镜面不正常； 前级填料函漏气； 级前管路漏气； 级前系统不正常（包括压力损失，温度及气量缩减）
	吸气压力偏高	各级吸气口	本级及后级吸气阀、排气阀漏气； 本级及后级活塞环或气缸镜面不正常； 级前冷却器工作不正常； 后级通本级吸气管旁通阀泄漏
	排气压力偏低	各级排气口	本级吸气阀、排气阀工作不正常,包括气阀本身漏气及安装不合理； 本级活塞环或气缸镜面不正常及填料函漏气； 本级吸气压力偏低； 气缸部件漏气； 排气管或阀门漏气； 耗气量偏大
	排气压力偏高	各级排气口	末级用气量或耗气量不正常（偏少）； 流量调节功能不正常； 本级吸气压力偏高； 后级吸气压力偏高； 后级通过平衡段或级层活塞直接向本级漏气； 本级冷却器不正常； 后级管路向本级排气管路漏气； 本级排气管路不畅，有阀门不正常或管路堵塞； 有油压缩机排气管积碳严重及积碳高速氧化燃烧（危险！）
	压力不稳定	各级吸、排气压力	压力脉动过大； 压力表气源阻尼偏小； 气阀启闭不稳定； 驱动机转速不稳定； 以上均不排除压力测量仪表不正常
温度不正常	吸气温度高	各级吸气温度	排气旁通管向吸气管漏气； 吸气阀漏气； 级前冷却器工作不正常
	排气温度偏高	各级排气温度	本级吸气温度偏高； 本级压力比偏大； 本级气阀、活塞环漏气（排气阀漏气比吸气阀漏气对排气温度影响大得多）； 本级气缸冷却不正常
	气阀温度高	各级吸气阀孔盖	吸气阀漏气
	安全阀温度偏高	各级安全阀	安全阀漏气

续表

故障类别		故障位置	原　因
流量不正常	流量偏小	各级	第一级和从系统吸气级的气阀、活塞环漏气； 与第一级或与从系统吸气级构成差级差活塞的级的气阀、活塞环漏气； 平衡段漏气； 各级管道和阀门漏气，其中，阀门内漏不易察觉； 气缸内漏，向冷却水漏气易察觉，向吸气侧内漏不易察觉； 第一级或从系统吸气级的压力比偏大； 进气管供气不足或阻力过大，包括进气管阀门不能完全开启，阀门螺杆虽全开但阀板未全开，滤清器堵塞； 吸、排气阀安装不合理； 空气压缩机达不到规定转速； 空气压缩机的用户管网漏气大，看起来好像流量偏小
声响与振动不正常		气缸和缸盖	气阀弹簧断裂或弹力偏小； 气阀松动； 气阀破损； 活塞松动使余隙变小； 异物落入缸内； 气阀间断性启闭不灵活（气阀"咳嗽"）； 气缸镜面圆柱度出现大的偏差，引起"响缸"； 吸气带液； 内置填料压盖松动； 活塞与气缸不正常摩擦引起黏结现象
		管路	气阀工作不正常，声音传到管路； 管道松动； 冷却器内零件出现不正常活动或断裂； 止回阀或其他阀门工作不正常

二、油路故障

油路故障可分为油压偏低、瞬时油压偏高、油温过高、局部润滑不良、注油不正常等，油路故障及其原因见表 4-12-2。

表 4-12-2　　　　　　　油 路 故 障 及 其 原 因

故障	现象	原　因
油压偏低	润滑油压力表示值偏低（循环润滑油压力不应低于 0.2MPa）	油泵能力不足，或者制造质量差，或者油泵磨损出现齿轮齿面不平整，或者轴向间隙偏大； 油泵吸油口过滤器堵塞； 油压调节阀（回油阀）漏油； 油质黏度低； 油过滤器太脏或堵塞； 吸油管有漏油处； 机身（油箱）油位低； 润滑油压力管至润滑点之间有漏油处； 运动部件的间隙偏大； 油温偏高； 油泵转速偏低； 压力表失灵或压力表管口堵塞

续表

故障	现象	原 因
油压瞬时偏高	油压表超压严重	启动压缩机时，油温过低，油黏度过大
油温偏高	润滑油温度偏高	空气压缩机运动部件摩擦过大，其原因包括间隙偏小或轴承、滑道表面粗糙度过大； 运动部件摩擦部件有润滑不足处； 径向或轴向定位轴承轴向部位合金脱落； 润滑油黏度过大； 润滑油污染； 润滑油压力偏高； 润滑冷却不良，或者油冷却器偏小，或者油冷却器水侧结垢，或者机身（曲轴箱）散热差； 油过滤器堵塞
局部润滑不良	个别部位磨损严重或磨损太快	个别部位油路有堵塞现象； 个别部位油孔、油槽不合理，不是连续供油； 由于油管不合理，出现油压表压力不低，但个别供油点油压过低。在对称平衡压缩机中，运动部件间隙增大，主轴颈圆柱度严重超差时易出现

三、水路故障

压缩机的水路故障见表4-12-3。

表4-12-3   压 缩 机 的 水 路 故 障

故障	现象	原 因
冷却效果不良	冷却后的气体温度偏高	冷却器换热面结垢； 冷却器换热面积偏小； 冷却水量不足； 冷却中有部分热气体未经冷却，直接与冷却后的气体混合
水温不正常	进、排水温度偏高	循环水散热差（可加玻璃钢冷却塔降低进水温度）； 冷却水量不足； 气体温度偏高
水量不正常	冷却水量不足，气体未被充分冷却	进水管压力低； 冷却水阀门开度不足； 因结垢，水流阻力增大
结垢严重	冷却效果不良	冷却水硬度高； 压缩机运行时，出水温度偏高； 冷却水流速低； 冷却水未经处理
水质差	循环水被污染	污水与回水合流； 环境污染
漏气	回水中有大量气泡	冷却器漏气； 气缸部件漏气
冷却水放不出水	气缸内的冷却水放不彻底	冷却水管道最高点未设放气阀，或者虽有放气阀而未放气； 气缸或冷却器放水管不在最低处，若有一部分水放不出，易形成冻缸； 放水口有异物堵塞

【思考与练习】

1. 空气压缩机吸气压力偏高有哪些原因？
2. 空气压缩机吸气压力偏低有哪些原因？
3. 空气压缩机排气压力偏高有哪些原因？
4. 空气压缩机润滑油温度偏高有哪些原因？
5. 空气压缩机进、排水温度偏高有哪些原因？

▲ 模块 2　机械故障及气阀、活塞环和联轴器故障（Z52H3002 Ⅱ）

【模块描述】本模块包含空气压缩机机械故障及气阀、活塞环和联轴器故障故障处理知识，通过典型故障现象案例分析及知识讲解，总结正确的故障处理方法，掌握机械故障及气阀、活塞环和联轴器故障处理原则及方法。

【模块内容】

一、空气压缩机运动部件的机械故障

空气压缩机运动部件的机械故障见表 4–12–4。

表 4–12–4　　　　　　　　　空气压缩机运动部件的机械故障

故障	现象	原　因
运动部件响声不正常	轴承处声响过大	主轴轴承间隙过大，滚动轴承保持架磨损严重； 连杆大小头瓦间隙过大； 十字头销与销座孔间隙过大； 回转压缩机的轴承过度磨损
	连接松动（这种声响预兆危险将要发生）	连杆螺母松动（开口销断裂）； 平衡铁螺栓松动； 十字头销连接片松动； 十字头与活塞杆的连接松动； 连杆大小头瓦或主轴瓦因间隙过大，润滑不良，轴承合金与销轴黏结，引起轴瓦或轴套外圆转动，响声逐步加大
振动不正常	机身或曲轴箱板振动明显加大	连接松动造成响声不正常的 5 种原因； 轴承处声响过大的 4 种原因； 气缸支座松动； 机身、曲轴箱地脚螺栓松动； 压缩机与电动机或其他驱动机同轴度发生变化； 联轴器连接件松动或断裂； 压缩机共振区； 压缩机地基产生不正常振动； 压缩机本身平衡性不好； 底座刚度及地脚螺栓位置不合适； 压缩机负载不稳定； 压缩机主轴产生变形超限

续表

故障	现象	原 因
温度 不正常	轴承温度过高	轴瓦过度磨损，以致润滑失效； 压缩机活塞力在气缸的内外止点无正负变化，出现"单向活塞力"，使连杆小头轴承无法全面润滑；维护保养不合理，使轴承间隙普遍增大，润滑油压力发生变化，实际油压最低的轴承磨损严重； 运动部件的连接松动； 轴承的合金脱落； 轴承间隙偏小（修理后）； 轴承或滑道处有脏物； 润滑油变质或太脏； 压缩机超负载运行； 压缩机与驱动机水平度、同轴度发生变化，包括地基沉降原因

二、气阀故障

空气压缩机气阀故障见表 4-12-5。

表 4-12-5 空气压缩机气阀故障

故障	现象	原 因
气阀弹簧 故障	弹簧力变小，气阀响声大，阀片损坏，排气量变小	弹簧磨损，螺旋弹簧两端面和外表面，波型弹簧和片弹簧的翘起部位磨损； 弹簧在使用中产生永久变形； 阀片的严重磨损； 质量差的弹簧出现断裂
气阀严密 性差	气阀漏气	阀座密封面不平和表面粗糙度达不到要求； 使用中密封面被磕碰； 阀片变形； 环状阀的阀片定位爪严重磨损； 阀片破裂； 阀隙通道有异物卡住； 弹簧力过小； 阀座、阀片磨损严重
阀片有时 被卡住	气阀出现"咳嗽" 现象	弹簧断裂或弹簧力过小； 气阀升程偏大； 环状阀升程限制器定位有沟槽； 阀片与升程限制器定位爪间隙偏小，当阀片在运行中转动时，有时被卡住
不正确 安装	气阀组装有误或在气缸上的安装有误	气阀组装时，阀片被压在升程限制器上或气阀螺母未旋； 吸、排气阀位置装错； 气阀安装不到位或不对中； 气阀未压紧（气阀在气缸孔座活动）
气阀 寿命短	气阀早期损坏	阀片、弹簧片、弹簧丝的材质不符合材料标准； 阀片和弹簧的加工、热处理有缺陷； 气阀设计不合理； 气体脏； 气体有黏稠的液雾； 安装不正确； 空气压缩机工况变化； 空气压缩机转速偏高

三、活塞环故障

空气压缩机活塞环故障见表4–12–6。

表4–12–6　　　　　　　　　　空气压缩机活塞环故障

故障	现象	原因
磨损过快	活塞环外圆面有轴向拉毛呈沟槽状	气缸内有异物，此时气缸镜面也有轴向的沟状磨痕；活塞环材质不合适；注油不适当，包括注油孔位置不适当，压缩机气缸润滑油牌号错，注油量偏少； 气缸或缸套硬度偏低，气缸镜面易拉毛； 活塞环在环槽中的轴向间隙偏小（特别是聚四氟乙烯活塞环）； 活塞环开口间隙偏小； 活塞环轴向高度和径向宽度尺寸偏小； 活塞环结构形式不合理
密封性能差	气体向低压级倒流、排气压力低	气缸镜面拉毛，活塞环也拉毛； 活塞环断裂； 活塞环过量磨损； 活塞环开口漏气，聚四氟乙烯活塞环应尽量采取搭接口、T形环或双环结构，减少环开口处漏气

四、联轴器故障

空气压缩机联轴器故障见表4–12–7。

表4–12–7　　　　　　　　　　空气压缩机联轴器故障

故障	表现	原因
过早损坏	机器振动大	空气压缩机轴线与驱动机轴线的跳动（外圆跳动和端面跳动）过大； 联轴器的紧固件松动，造成连接件的损坏； 两半联轴器的间隙不合适

【思考与练习】

1. 空气压缩机轴承处声响过大有哪些原因？
2. 空气压缩机轴承温度过高有哪些原因？
3. 空气压缩机气阀漏气有哪些原因？
4. 空气压缩机活塞环故障现象及原因是什么？

▲ 模块3　电动机故障及主要零件破坏事故（Z52H3003Ⅱ）

【模块描述】本模块包含空气压缩机电动机故障及主要零件破坏事故处理知识，通过典型故障现象案例分析及知识讲解，总结正确的故障处理方法，掌握电动机故障及主要零件破坏事故处理原则及方法。

【模块内容】

一、电动机故障

空气压缩机电动机故障见表 4-12-8。

表 4-12-8 空气压缩机电动机故障

故障	表现	原 因
噪声偏大	声响不正常	电动机轴承缺油磨损，或者原轴承精度低； 紧固件或连接件松动； 转子部件上有零件松动造成"扫膛"，严重时电动机报废
振动偏大	振动不正常	电动机半联轴器对压缩机半联轴器的外圆跳动和端面跳动偏差过大； 底座刚性差或地脚螺栓松动； 轴承磨损； 转子平衡性产生变化； 电动机轴弯曲
温度偏高	定子温度偏高	电动机额定功率偏小； 空气压缩机超载； 电压低； 电网功率因数低； 电动机冷却不良； 环境温度超过 40°； 有一相接触不良
	轴承过热	润滑不良、油压低、润滑油质差； 润滑脂漏失后未及时加油，或者润滑脂加入过量、油质差； 轴承间隙太小，轴瓦接触面积小，或者轴承座加工、安装调整有问题； 定子、转子轴线不重合； 空气压缩机轴线与电动机轴线同轴度误差过大； 电动机轴颈有缺陷； 电动机超载； 冷却不良； 环境温度偏高； 轴承磨损过大
电流表不稳定	短时缺相，电流表不停摆动	绕线式电动机转子绕组接触不良； 电动机定子绕组接线某处接触不良； 电线或接触器接触不良
启动困难	启动力矩偏小	空气压缩机机内有压力，不能实现空载启动； 电动机启动力矩偏小或电动机功率小，造成相应启动力矩小； 电网电压低； 启动过程电路压降过大； 电网功率因数低； 自耦变压器接线选择压降过大； 空气压缩机启动位置不对，应避免所有级在止点位置启动

二、主要零件破坏事故

主要零件破坏事故见表 4-12-9。

表 4-12-9　　　　　　　　　　主 要 零 件 破 坏 事 故

事故	现场情况	原　　因
活塞杆断裂	活塞杆从与十字头连接处断裂或从安装活塞处断裂	连接螺栓断裂（主要原因）； 连接螺栓预紧力不足（主要原因）； 多极压缩机某级严重超载； 材质问题； 活塞杆螺纹应力集中严重； 缺乏探伤（活塞杆断裂多是疲劳断裂，最好定期进行探伤）
连杆断裂	连杆从杆身处折弯或断裂	开口销断裂引起连杆螺栓松动，导致螺栓断裂； 连杆螺栓疲劳断裂； 设计不合理或材质达不到要求，或者锻压热处理不合理； 受到较大冲击载荷后长期带病运行
曲轴断裂	曲轴从拐臂处断裂，甚至破坏十字头、连杆和曲轴箱等	气缸轴线发生变化，与曲轴轴线不垂直，使曲轴承受附加弯矩； 空气压缩机超载或某缸严重超载； 设计不合理或材质达不到要求，或者锻压热处理不合理； 轴颈与拐臂的过渡圆角与轴颈外圆面过渡不圆滑，圆角处表面粗糙，未抛光； 未认真检修致使设备长期带病运行
十字头断裂	十字头从销孔处断裂，并使滑道拉毛	采用锥销连接的十字头销松动，并窜出； 十字头滑板脱落，使十字头断裂； 十字头毛坯有内在缺陷； 其他运动部件断裂使十字头一起破坏； 其他故障给十字头造成内伤； 大修时没有探伤； 安装不仔细
活塞破裂	活塞撞破或粉碎性破裂	气缸内掉入异物，如活塞上的丝堵，气阀碎片，螺母等； 活塞杆断裂顶破活塞； 活塞壁厚不均严重； 制造中存在较大内应力，尤其是焊接后未进行消除应力处理； 设计不合理； 活塞材质不当，强度低，有的铸件有严重夹渣； 铸件不合格，如严重晶粒粗大，疏松，气孔等

【思考与练习】

1. 空气压缩机电动机故障有哪几种？

2. 空气压缩机轴承过热有哪些原因？

3. 空气压缩机主要零件破坏事故有哪些现象？

参 考 文 献

［1］汤正义. 水轮机调速器机械检修. 北京：水利电力出版社，2003.

［2］沈祖诒. 水轮机调节. 北京：水利电力出版社，1981.

［3］李欣. 水工机械设计、制造与安装及检修实用手册. 吉林：银声音像出版社，2005.

［4］杨万涛. 中国水力发电工程　机电卷. 北京：中国电力出版社，2000.

［5］刘文清. 最新水利水电机电组安装工程施工工艺与技术标准实用手册. 合肥：安徽文化音像出版社，2004.

［6］魏守平. 水轮机控制工程. 武汉：华中科技大学出版社，2005.

［7］郭中枢. 中小型水轮机调速器的使用与维护. 北京：水利电力出版社，1984.

［8］金少士，王良佑. 水轮机调节. 北京：水利电力出版社，1994.

［9］徐少明，金光焘. 空气压缩机实用技术. 北京：机械工业出版社，1994.

［10］郁永章. 容积式压缩机技术手册. 北京：机械工业出版社，2000.